全国专业技术人员新职业培训教程 ●●●

云计算
工程技术人员

云计算基础知识

人力资源社会保障部专业技术人员管理司　组织编写

中国人事出版社

图书在版编目(CIP)数据

云计算工程技术人员. 云计算基础知识/人力资源社会保障部专业技术人员管理司组织编写. -- 北京：中国人事出版社，2022

全国专业技术人员新职业培训教程

ISBN 978-7-5129-1782-8

Ⅰ.①云… Ⅱ.①人… Ⅲ.①计算机网络-软件工程-职业培训-教材②云计算-职业培训-教材 Ⅳ.①TP311.5

中国版本图书馆 CIP 数据核字(2022)第 134092 号

中国人事出版社出版发行

(北京市惠新东街 1 号　邮政编码：100029)

＊

保定市中画美凯印刷有限公司印刷装订　　新华书店经销

787 毫米×1092 毫米　16 开本　26.5 印张　399 千字

2022 年 10 月第 1 版　　2022 年 10 月第 1 次印刷

定价：**70.00** 元

营销中心电话：400-606-6496

出版社网址：http://www.class.com.cn

本书编委会

指导委员会

主　　任：梅　宏

副 主 任：左仁贵　战晓苏　谭建龙

委　　员：李明宇　盛　浩　顾旭峰　郑　强　郑夏冰　曹海坤

编审委员会

总 编 审：谭志彬

副总编审：龚玉涵　顾旭峰　曹海坤　咸汝平

主　　编：胡方霞

副 主 编：宫锦文　池瑞楠　吴海军

编写人员：李明宇　颜嘉琪　郭熙铜　郑夏冰　张　弘　张雷宝

　　　　　俞伟东

主审人员：郑　强　宗　平

出版说明

当今世界正经历百年未有之大变局，我国正处于实现中华民族伟大复兴关键时期。在全球经济低迷，我国加快形成以国内大循环为主体、国内国际双循环相互促进的新发展格局背景下，数字经济发挥着提振经济的重要作用。党的十九届五中全会提出，要发展战略性新兴产业，推动互联网、大数据、人工智能等同各产业深度融合，推动先进制造业集群发展，构建一批各具特色、优势互补、结构合理的战略性新兴产业增长引擎。"十四五"期间，数字经济将继续快速发展、全面发力，成为我国推动高质量发展的核心动力。

近年来，人工智能、物联网、大数据、云计算、数字化管理、智能制造、工业互联网、虚拟现实、区块链、集成电路等数字技术领域新职业不断涌现，这些新职业从业人员通过不断学习与探索，将推动科技创新、释放巨大能量，推动人们生产生活方式智能化、智慧化、数字化，推动传统产业转型升级，为经济高质量发展注入强劲活力。我国在技术、消费与应用领域具备数字经济创新领先优势，但还存在数字技术人才供给缺口较大、关键核心技术领域自主创新能力不足、数字经济与实体经济融合的深度和广度不够等问题。发展数字经济，推进数字产业化和产业数字化，推动数字经济和实体经济深度融合，急需培育壮大数字技术工程师队伍。

人力资源社会保障部会同有关行业主管部门将陆续制定颁布数字技术领域国家职业标准，坚持以职业活动为导向、以专业能力为核心，遵循人才成长规律，对从业人员的理论知识和专业能力提出综合性、引导性培养标准，为加快培育数字技术人才提供基本依制。根据《人力资源社会保障部办公厅关于加强新职业培训工作的通知》（人社厅发〔2021〕28 号）要求，为提高新职业培训的针对性、有效性，进一步发挥新职业培训促进更好就业的作用，人力资源社会保障部专业技术人员管理司组织相关领域的专家学者编写了全国专业技术人员新职业培训教程，供相关领域开展新职业培训使用。

本系列教程依据相应国家职业标准和培训大纲编写，划分初级、中级、高级三个等级，有的职业划分若干职业方向。教程紧贴数字技术人员职业活动特点，定位于全国平均水平，且是相关数字技术人员经过继续教育或岗位实践能够达到的水平，突出该职业领域的核心理论知识、主流技术及未来发展要求，为教学活动和培训考核提供规范和引导，将帮助广大有意或正在从事数字技术职业人员改善知识结构、掌握数字技术、提升创新能力。

希望本系列教程的出版，能够在加强数字技术人才队伍建设、推动数字经济快速发展中发挥支持作用。

目　录

第一章　云计算职业简介与相关法律法规 ············· 001

第一节　职业认知 ················· 003

第二节　云计算相关法律、法规 ················· 007

第二章　云计算系统搭建理论知识 ················· 011

第一节　云计算硬件系统搭建 ················· 013

第二节　云计算软件系统部署 ················· 025

第三节　机房管理 ················· 042

第三章　云计算平台开发理论知识 ················· 063

第一节　云计算平台客户端开发 ················· 065

第二节　云计算平台服务端开发 ················· 078

第三节　云计算平台底层开发 ················· 099

第四节　云计算平台架构设计 ················· 110

第四章　云计算系统运维理论知识 ················· 119

第一节　云计算平台管理 ················· 121

第二节　云计算系统运维 ················· 145

第三节　云系统灾备管理 ················· 176

第五章　云计算应用开发理论知识······ 197

第一节　云应用前端开发 ················ 199

第二节　云应用后端开发 ················ 216

第三节　云应用架构设计 ················ 237

第六章　云计算平台应用理论知识 ······ 251

第一节　云计算平台主流服务应用 ········ 253

第二节　云计算平台行业应用 ············ 273

第三节　云计算平台技术应用 ············ 286

第七章　云计算安全管理理论知识 ······ 315

第一节　云计算硬件安全管理 ············ 317

第二节　云计算系统安全管理 ············ 331

第三节　云计算服务安全管理 ············ 345

第八章　云技术服务理论知识 ·········· 365

第一节　技术咨询服务 ·················· 367

第二节　解决方案设计 ·················· 375

第三节　指导与培训 ···················· 393

第四节　优化与管理 ···················· 399

参考文献 ···························· 409

后记 ······························ 411

第一章
云计算职业简介与相关法律法规

云计算工程技术人员需要了解云计算行业整体的发展历史，熟悉云计算技术的演进规律，对最新的热点技术领域保持学习习惯，以适应职业发展需要；既要了解传统职业的基本要求，同时也应熟悉计算机、信息安全等领域的相关法律法规与从业准则，并具备良好的科学精神与人文素养。

第一节　职业认知

考核知识点及能力要求：

- 了解云计算的基本定义。

- 了解云计算行业的发展。

- 掌握云计算工程技术人员职业定义。

- 了解云计算工程技术人员基本工作内容。

一、云计算的基本定义

云计算是分布式计算的一种，指通过网络"云"将巨大的数据计算处理程序分解成无数个小程序，然后通过多部服务器组成的系统，分析和处理这些小程序，得到结果后再返回给用户。云计算在早期就是简单的分布式计算，用来解决任务分发、合并计算结果，因而云计算又称为网格计算。通过这项技术，人们可以在很短的时间内（几秒钟）完成对海量数据的处理，从而提供强大的网络服务。现阶段所说的云计算已经不仅仅是一种分布式计算，而是分布式计算、效用计算、负载均衡、并行计算、网络存储、热备份冗杂和虚拟化等计算机技术混合、演化、跃升的结果。人们逐渐将大数据、人工智能等技术融入云计算之中，使其功能越来越强大。

云计算是继互联网、计算机之后，在信息时代的又一种革新产物。云计算是信息时代的产物，未来很可能是云计算时代。概括来说，云计算具有很强的扩展性，可以为用户提供一种全新的体验。云计算的核心是将许多计算机资源协调在一起，用户通过网络就可以获取到无限的资源，且获得的资源不受时间和空间的限制。云计算的服务类型通常分为以下三类。

（1）基础设施即服务（IaaS）。基础设施即服务是主要的服务类别之一，它可以向云计算提供商的个人或组织提供虚拟化计算资源，如虚拟机、存储、网络和操作系统。

（2）平台即服务（PaaS）。平台即服务是一种服务类别，它为开发人员提供通过全球互联网构建的应用程序和服务的平台。PaaS 为开发、测试和管理软件应用程序提供按需开发环境。

（3）软件即服务（SaaS）。软件即服务通过互联网提供按需付费应用程序，云计算提供商托管软件应用程序，并允许用户连接到应用程序、通过全球互联网访问该应用程序。

二、我国云计算领域发展现状

过去的十几年里，云计算迅猛发展，全球云计算市场规模增长数倍。2019 年，以 IaaS、PaaS 和 SaaS 为代表的全球云计算市场规模达到 1 883 亿美元，预计未来几年其市场平均增长率在 18% 左右，到 2023 年其市场规模将超过 3 500 亿美元。我国云计算行业产值也从最初的十几亿元增长到现在的千亿元。2020 年，我国云计算整体行业产值达到 2 091 亿元，较 2019 年增长 56.6%。如图 1-1 所示，2020 年公有云市场规模达 1 277 亿元，较 2019 年增长 85.2%；如图 1-2 所示，2020 年私有云市场规模达 814 亿元，较 2019 年增长 26.1%。

厂商市场份额如图 1-3 所示。据中国信息通信研究院（以下简称"信通院"）调查统计，阿里云、天翼云、腾讯云、华为云、移动云占据了公有云 IaaS 市场份额前五；公有云 PaaS 市场份额占比方面，阿里云、腾讯云、百度云、华为云仍位于前列。

在世界各国政府纷纷制定并推出"云优先"策略的背景下，我国云计算政策环境日趋完善，云计算技术不断发展成熟。虽然与美国相比还有些差距，但是我国云计算市场增速更快、发展潜力更大。云计算的应用领域不仅涉及传统的 Web 领域，而且在物联网、大数据和人工智能等新兴领域也有比较重要的应用。当然，在 5G 通信时代，

图 1-1 中国公有云市场规模及增速

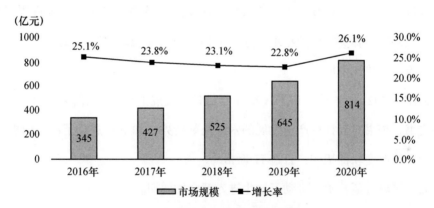

图 1-2 中国私有云市场规模及增速

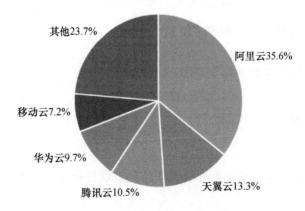

图 1-3 2020 年中国公有云 IaaS 市场份额占比

云计算的服务边界还会得到进一步拓展。云计算正在为整个 IT 行业构建起一种全新的计算（存储）服务方式，并且在全栈云和智能云的推动下，云计算也会全面促进大数据和人工智能等技术的应用落地。

从产业结构升级的大背景来看，云计算将全面深入到传统产业领域，进一步促进互联网"脱虚向实"，为传统产业的发展赋能。当前，互联网、交通物流、金融、电信、能源、制造、政府、教育等领域对云计算依赖程度都比较高，而在 5G 时代，农业领域对于云计算的依赖程度也在不断提升。

未来，云计算仍将高速发展。一是随着新基建的推进，云计算将加快应用落地进程，在互联网、政务、金融、交通、物流、教育等不同领域实现快速发展；二是在全球数字经济背景下，云计算成为企业数字化转型的必然选择，企业上云进程将被进一步提升；三是新冠肺炎疫情的出现加速了远程办公、在线教育等云服务发展，因而推动了云计算产业快速发展。

信通院于 2021 年 7 月发布了《2021 年云计算白皮书》，这是信通院第七次发布云计算白皮书。该书对云计算产业发展的六大变革趋势（如下）进行了深入剖析：

- 云计算改变软件架构，打造 IT 新格局。
- 云计算融合新技术，带动云原生进入黄金发展期。
- 云计算整合网边端操作系统，重新定义算力服务方式。
- 云计算打破安全边界，零信任与原生安全深入融合。
- 云计算打造新 IT 管理模式，优化治理需求明显。
- 云计算促进业技融合，加速企业数字化转型。

三、云计算工程技术人员职业简介

据相关数据显示，社会对云计算工程技术人员需求庞大，相关人才缺口预计有 150 万人。

《新职业——云计算工程技术人员就业景气现状分析报告》描述了云计算人才分布状况。

1. 云计算人才区域分布

当前云计算人才的需求保持持续增长状态，一线城市人才需求量最为明显。2020年北京云计算人才缺口将近 12 万人，其次为上海、深圳和广州，分别突破 9 万人、7 万人和 6 万人。

2. 云计算人才岗位分布

云计算人才的分布在设计研发等技术要求高的岗位比例偏低，以技术服务、基础设施维护型技术岗位及销售工程师岗位为主；对于基础硬件综合服务型岗位，应用研发综合服务型企业以及云计算服务提供商人才需求基数普遍较大；对于集成服务企业和云计算机服务岗位，设置这类岗位的企业虽然规模偏小，岗位技能要求相对偏低，但是企业数量较多，以销售工程师、交付工程师、运维工程师、系统管理员为主。

云计算相关岗位主要包括云计算平台规划、部署、开发、服务和运维等。云计算不仅为人工智能提供发展所需的算力支撑，同时也为海量数据提供了存储平台，使得数据能够有效地被提取、处理和利用，所以云计算工程技术人员也可以向大数据或人工智能相关岗位发展。

第二节　云计算相关法律、法规

考核知识点及能力要求：

- 了解云计算相关法律、法规的主要内容。
- 了解云计算相关法律、法规的作用与意义。

一、《中华人民共和国个人信息保护法》

2021年8月20日，第十三届全国人大常委会第三十次会议表决通过了《中华人民共和国个人信息保护法》，并于2021年11月1日起施行。

该法共八章七十四条。在有关法律的基础上，该法进一步细化并完善个人信息保护应遵循的原则和个人信息处理规则，明确个人信息处理活动中权利与义务的边界，健全个人信息保护工作体制机制。

二、《中华人民共和国数据安全法》

云计算技术与数据安全密不可分。2021年6月10日，《中华人民共和国数据安全法》正式发布，该法于2021年9月1日起施行，是数据领域的基础性法律，也是国家安全领域的一部重要法律。

云计算工程技术人员与数据安全息息相关，既可能承担基础数据的安全维护责任，也可能是数据的最终使用获益人员，应当充分了解此法律的内容，自觉维护数据安全。

三、《中华人民共和国网络安全法》

《中华人民共和国网络安全法》（以下简称《网络安全法》）是我国第一部全面规范网络空间安全管理方面问题的基础性法律，是我国网络空间法治建设的重要里程碑，是依法治网、化解网络风险的法律重器，是让互联网在法治轨道上健康运行的重要保障。《网络安全法》将近年来一些成熟的做法制度化，并为将来制度创新做了原则性规定，为网络安全工作提供切实法律保障。

四、《全国人民代表大会常务委员会关于加强网络信息保护的决定》

2012年12月28日，第十一届全国人大常委会第三十次会议审议通过《全国人民代表大会常务委员会关于加强网络信息保护的决定》（以下简称《决定》），旨在以法律形式保护公民个人及法人信息安全，建立网络身份管理制度，明确相关各方的权利、义务和责任，赋予政府主管部门必要的监管手段，对进一步促进我国互联网健康有序发展具有重要意义。《决定》的公布和施行，解决了我国网络信息安全立法滞后的问题，为加强网络信息保护提供了法律依据，有利于进一步规范互联网安全运行。

五、《关键信息基础设施安全保护条例》

2021年4月27日，国务院第133次常务会议通过了《关键信息基础设施安全保护条例》（以下简称《条例》），并于2021年9月1日起施行，为我国深入开展关键信息基础设施安全保护工作提供了有力的法治保障。

《条例》总则中指出，关键信息基础设施，是指公共通信和信息服务、能源、交通、水利、金融、公共服务、电子政务、国防科技工业等重要行业和领域，以及其他一旦遭到破坏、丧失功能或者数据泄露，可能严重危害国家安全、国计民生、公共利益的重要网络设施、信息系统等。本《条例》中涉及的网络设施、信息系统等，都与云计算工程技术人员的工作职责密不可分，随着云计算市场规模的不断扩大，应用场景涉及个人数据存储、企业数据及应用支撑、国家公共基础设施支撑等多个领域，云安全已然成为业界关注的焦点。

六、《云计算服务安全评估办法》

2019年7月，国家互联网信息办公室、国家发展和改革委员会、工业和信息化部、财政部联合发布了《云计算服务安全评估办法》（以下简称《评估办法》），旨在提高党政机关、关键信息基础设施运营者采购使用云计算服务的安全可控水平，降低采购使用云计算服务带来的网络安全风险，从而使党政机关、关键信息基础设施运营者增强了将业务及数据向云服务平台迁移的信心。《评估办法》的出台，是国家持续推动云计算产业健康发展和市场规范化运行、提升云安全服务能力的重要体现。

思考题

1. 我国云计算行业的发展现状是怎样的？

2. 我国于2021年6月发布的《数据安全法》对云计算行业发展有哪些积极作用？

3. 遵守职业道德行为规范的意义有哪些？

第二章
云计算系统搭建理论知识

云计算作为计算资源的一种新型利用模式，其本身有很多好处，客户不需要自建数据中心、购买软硬件资源，而是通过网络以购买服务的方式就可获得可弹性伸缩的共享物理或虚拟的计算、存储、软件等资源，即客户仅需投入较少的成本即可获得优质的信息技术资源和服务。

云计算系统是一类典型的复杂系统，其具有规模大、层次多、架构复杂等特点。它能够通过网络以便利、按需付费的方式获取计算资源（包括网络、服务器、存储、应用和服务等），并提高其可用性。这些资源来自一个共享的、可配置的资源池，并能够以最省力、无人干预的方式获取和释放。

第一节 云计算硬件系统搭建

考核知识点及能力要求：

- 了解数据中心建设需求分析和设备选型。

- 掌握数据中心实施架构设计及对相关设备联调。

- 掌握数据中心常见设备故障问题的处理方法。

数据中心是企业（机构）各级信息系统的中枢，它既是企业（机构）各级信息交换体系的中心节点，又是企业（机构）各级信息数据的聚集地。本节主要介绍了不同类型的数据中心硬件组成、具体实施以及数据中心设备常见故障的处理方法。通过本节的学习，读者能够对数据中心硬件系统搭建有一个基本的认识。

一、硬件组成

数据中心建设是一个系统工程，要切实做到从工作需要出发，以人为本，满足功能需要，兼顾美观实用，为设备提供一个安全运行的空间，为从事计算机操作的工作人员创造良好的工作环境。关于数据中心基础建设，硬件设备是关键。以下从硬件组成角度，分别对小型数据中心建设、中型数据中心建设以及云数据中心建设进行详细介绍。

（一）小型数据中心建设

小型数据中心建设主要从需求分析和设备选型两个核心要素方面介绍相关内容。

1. 需求分析

按照机房规模，小型数据中心面积为 30～200 m²，机柜数量为 10～50 个。小型数据中心建设的硬件主要包括网络接入设备、服务器设备、存储设备、防火墙安全设备、制冷设备以及电源设备等。

小型数据中心建设的主要需求是为数据提供安全、可靠的集中存储空间，并且为数据采集平台、移动巡检、数据存储系统以及未来可能新增的各类服务提供可伸缩和高可用的部署载体。小型数据中心建成后有以下特点：①可灵活分配数据整合资源，消除信息孤岛；②具有高可靠性与高可用性，可以适应不间断高负荷运行，不因突发性的硬件故障或者断电中断系统运行，从而保障业务连续性；③整体的安全设计遵循行业安全规范，保障了客户数据中心安全；④集中数据存储具有容灾备份功能；⑤可对系统进行统一管理，易于部署和发布新的应用。

2. 设备选型

对于小型数据中心建设的设备选型，本小节主要描述网络接入设备、服务器设备、制冷设备以及供配电系统。

（1）网络接入设备。网络设备供应商主要有思科、华为、华三通信、锐捷和中兴等。在局域网交换机的选购方面应该注意考虑外形尺寸、可管理性、端口带宽等因素。用户可根据自己组网带宽需要及交换机端口带宽设计方面来考虑选购。路由器的选购主要考虑路由器的管理方式、所支持的路由协议等方面。例如，常用的交换机设备有 H3C S10506、H3C S7506E 等，路由器设备型号有 H3C MSR5660 等。

（2）服务器设备。小型数据中心建设使用的服务器所连的终端比较有限（通常为 20 台左右），适用于没有大型数据交换的场景，若日常工作网络流量不大，就无须长期不间断开机。此外还可以选择工作组（50 台左右）的用户服务器，这是比入门级高一个层次的服务器，但仍属于低档服务器。工作组服务器较入门级服务器性能有所提高，功能有所增强，有一定的可扩展性，能满足小型数据中心网络用户的数据处理、文件共享、网络接入及简单数据库应用的需求，但不能满足大型数据库系统的应用。

（3）制冷设备。数据中心各设备产生的热量需采用空气冷却的方法去解决，数据中心的最佳制冷设备就是机房专用精密空调。

（4）供配电系统。按小型数据中心的业务性质，可选用 C 级（基本级）供配电系统满足小型数据中心 IT 设备可靠性用电需求。

（二）中型数据中心建设

中型数据中心建设主要从需求分析和设备选型两个核心要素介绍相关内容。

1. 需求分析

中型数据中心机房的面积在 200~800 m²，服务器机柜数量约为 50~200 个。这一类的数据中心机房可以按照相关标准建设为 A 类机房，如中等规模的证券公司全国数据中心；也可以建设为 B 类机房，如地方政府的信息中心机房等。

中型数据中心机房的建设需求来自用户对服务器、软件系统的规划与需求。需求规划部分包括容量规划（密度规划）、供电系统规划、制冷系统规划与设计、网络监控系统规划等。

（1）容量规划。容量是指中型数据中心机房的初期、终期的服务器等 IT 设备数量或者面积。容量规划可以基于数据中心机房的机柜数量和平均每个机柜服务器的数量来考虑。

（2）供电系统规划。当中型数据中心机房的最大容量确定后，用户可以根据预算、机房重要程度，结合《电子信息系统机房设计规范》（GB 50174—2008），确定供电系统规划。

（3）制冷系统规划与设计。制冷系统是机房另外一个关键的基础设施。在中型数据中心机房，制冷系统设计包括地板下送风系统，服务器机柜、机房专用空调等。

（4）网络监控系统规划。中型数据中心机房的安全与运营监控管理是用户关注的核心内容之一，而这些数据中心机房通常采用无人值守工作模式，机房的安全与运营监控是无人值守的重要手段和工具。它包括以下两个系统：

● 机房视频监控系统。视频监控可实现机房全年 24 小时监控。

● 机房设备与环境的监控系统。

2. 设备选型

对于中型数据中心建设的设备选型，主要描述服务器设备、制冷设备和供配电系统。

（1）服务器设备。部门级服务器属于中档服务器，一般有如下特点：①支持双CPU以上的对称处理器结构，具备比较完全的硬件配置，如磁盘阵列、存储托架等；②具有全面的服务器管理能力，可监测如温度、电压及风扇、机箱等状态参数；③具有优良的系统扩展性，能够及时在线升级系统，充分保护用户的投资。部门级服务器可连接100个左右的计算机用户，适用于对处理速度和系统可靠性要求高一些的中型企业网络，其硬件配置相对较高，可靠性也比工作组级服务器要高一些，当然其价格也随之较高。企业级服务器属于高档服务器。企业级服务器最起码采用4个以上CPU的对称处理器结构，有的高达几十个。另外其一般还具有独立的双PCI通道和内存扩展板设计，高内存带宽、大容量热插拔硬盘和热插拔电源、超强的数据处理能力和集群性能等。对于一些中型数据中心，或者主要应用于复杂商务应用的企业如电信、金融、证券等行业的核心业务系统，建议选择高性能处理器。除了处理器，还需要对内存和硬盘的类型、容量以及工作模式进行选型。这些选型都要根据具体服务应用来确定。

（2）制冷设备。中型数据中心的制冷设备选型可以根据可靠性优先或者节能性优先的标准分别进行考虑。系统设计考虑单点故障情况下，可靠性优先方案（以金融行业、政府行业为代表）推荐采用CoolRow5000（金戈）列间机房空调系列水冷型或冷冻水型机组。在长江以北地区，节能性优先方案（以托管行业、互联网行业为代表）推荐采用热管智能换热机组、分布式机架背板 & 前板产品机组，系统节能设计推荐采用CoolRow5000（金戈）列间机房空调系列水冷型或冷冻水型机组、分布式机架背板 & 前板产品机组。

（3）供配电系统。中型数据中心配电系统可选用B级（冗余级）供配电系统，采用多路市电源互为备份，并且机房设有专用柴油发电机系统作为备用电源系统，市电电源间、市电电源和柴油发电机间通过ATS（自动切换开关）进行切换，为数据中心内的UPS（不间断供电电源）、机房空调、照明等设备供电。

（三）云数据中心建设

云数据中心建设主要从需求分析和设备选型两个方面进行介绍。

1. 需求分析

进入 21 世纪，数据中心规模进一步扩大，服务器数量迅速增长。虚拟化技术的成熟应用和云计算技术的迅速发展使数据中心进入了新的发展阶段。数据中心一般都具备核心运营支持、信息资源服务、核心计算、数据存储和备份等功能。随着社会信息化的发展，IT 技术的应用普及，各行各业需要更多的服务器、存储设备来满足这些应用的承载，安置和维护好这些 IT 设备常常通过数据中心项目来满足。

云数据中心通过整合硬件、应用软件、业务系统等各类 IT 资源，为系统提供具有按需分配、弹性伸缩、自动化、可计量等云计算特性的信息化资源交付服务。在硬件资源基础上通过虚拟化技术和超融合技术，实现包括服务器、计算、存储、网络等基础资源的池化，将资源与物理设备解耦，并通过云管理平台对资源按需分配、灵活调度、运维监控，提高资源利用率，改善服务模式。[①]

通过云上部署数据中心可极大缩短建设时间与流程，用户仅需采购支持公司或企业业务平台系统的云计算、云存储、云安全资源等服务和配套网络服务，即可快速上线应用系统。云数据中心采用虚拟化、自动化、能源管理以及安全策略等多种技术，是一系列新技术集中应用和面向业务服务运营管理的集中体现。现阶段，在金融、电信等行业中，云数据中心已经取得了大范围的关注以及运用。云数据中心可以使得数据彼此互通互联，更直观地节省成本，展开互联网经营。

2. 设备选型

根据业务的分析主要选定的云设备包括主机服务器及存储设备、网络设备、供配电系统以及消防系统。

（1）主机服务器及存储设备。云数据中心的主机设备选型要根据数据容量、交易吞吐量、运行性能、集群能力、热备处理能力等各方面作为主要指标进行选型。在主机选型时要着重考虑容量、可靠性、扩展性、安全性、管理性方面的要求。服务器的类型定为机架式服务器。机架式服务器被安装在标准的机柜中，占用空间小，便于管理和维护。根据功能需要，需要配置以下几种服务器：①云计算平台管理服务器；

---

① 李劲. 云计算数据中心规划与设计 [M]. 北京：人民邮电出版社，2018.

②计算节点服务器；③虚拟化资源节点服务器；④存储节点服务器；⑤数据库服务器（可使用多台组成备份的结构）；⑥数据共享交换服务器。

（2）网络设备。网络设备可从以下几个方面考虑设备选型：①以实用性为主，兼顾技术的先进性与经济的可行性；②网络结构的稳定性和性能的可伸缩性；③标准化与开放性；④可靠性和安全性。

（3）供配电系统。云数据中心供配电系统一般采用 A 级（容错级）供配电系统来满足云数据中心关键 IT 设备高可用性用电需求。采用两路市电电源和机房专用柴油发电机组系统分别互为备份，市电电源之间连通，两路市电电源与柴油发电机间通过 ATS（自动切换开关）进行切换，为 2N 市电配电柜和 2NUPS 输入配电柜分别供电。其中，2N 市电配电柜经 ATS 切换为数据中心机房内机房空调、新风、照明、维修插座等设备供电；2NUPS 输入配电柜分别为 2N 台模块化 UPS 冗余实现 2（N+M）容错型双总线供电方式，且不会因操作失误、设备故障、外电源中断、维护和检修而中断关键 IT 设备，大大提高了供配电系统的可靠性和稳定性，确保了数据中心供电高连续性；2（N+M）UPS 输出到服务器等设备输入间，选用精密配电列头柜进行电源分配和供电管理，实现对每台机柜用电监控管理，提高了供电系统的可靠性和易管理性。

（4）消防系统。气体灭火系统广泛地用于各类重要设备数据中心机房的保护。该系统的特点是对设备没有明显的损害，系统也相对简单、灵活。气体灭火系统可分为化学气体灭火剂和惰性气体灭火剂。数据中心使用的灭火常规的做法是用七氟丙烷气体灭火系统，火灾报警主控制器可采用 JB-QG-GST9000 系统。

二、硬件实施

硬件实施主要阐述对于小型数据中心、中型数据中心和云数据中心的建设内容。

（一）小型数据中心建设

小型数据中心建设主要描述了常用的架构设计和相关设备联调测试。

1. 架构设计

小型数据中心采用成熟的虚拟化技术方案，在池化服务的 CPU、内存及存储资源的基础上，灵活虚拟出各类服务的系统，方便服务部署、备份与系统管理。它基于数据中心，负责部署数据采集平台、SQL/NoSQL 数据库及各类服务后台程序。数据中心的计算机服务能支持各类软件，且能存储至少 10 年的各类数据。

本教材设计的小型数据中心参照传统数据中心的整体架构，具体架构设计如图 2-1所示，包括 IT 基础设施层、企业级 ETL 平台、数据存储中心、数据共享服务、应用层、统一门户以及数据管控平台。其中，IT 基础设施层包括服务器、共享存储、防火墙、交换机等，它对服务器及共享存储进行虚拟化部署与管理。数据存储中心不仅包括关系型数据库，还有分布式数据库（如 HDFS），以及基于 Hadoop 构建的数据仓库分析系统 Hive 等。数据共享服务着重实现对存储的数据进行可视化展示。数据管控平台采用 VMware vSphere Client 对数据中心进行统一管理。

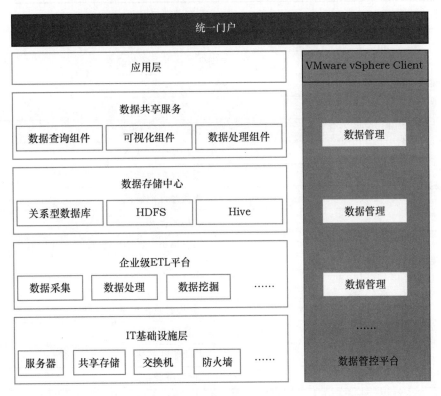

图 2-1　小型数据中心架构设计

2. 设备联调

数据中心是一个承载关键 IT 负载的空间，IT 设备一旦投入运行，数据中心就难以停下来。一个符合运行使用要求的数据中心应该是安全可靠、节能高效和具有可扩充性的基础设施。因此，数据中心投产上线之前，内部所有系统必须接受完整的系统联调测试，并对系统性能进行充分验证。基于数据中心项目的最佳实践，主张采用"五步法"流程对数据中心的基础设施进行联合调试：①图纸资料评审与调试计划制定；②工厂验收测试；③现场检查；④单系统验收测试；⑤综合系统性能联动调试验证。

由于每个数据中心的使用需求、设计方案、设备选型都各不相同，因此数据中心联调工作流程的具体内容也不尽相同。小型数据中心设备联调测试验证见表 2-1，具体联调测试程序和计划将视特定项目而定。

表 2-1   **小型数据中心设备联调测试验证**

设备名称	测试项目内容
UPS 设备	启动实验
	三相平衡与不平衡负载测试
	切换测试
	满载稳定性测试
	模拟常见故障实验
服务器设备	运行指示灯状态
	服务器参数指标
	服务器性能调试
	功能性测试
网络设备	运行指示灯状态
	网络设备连接方式
	网络功能性测试
消防设备	消防报警系统测试
	管道密闭性
	功能性测试
	灭火系统模拟测试
弱电系统	连通性测试
	模拟系统通信故障
	模拟监控系统故障
	模拟照明系统故障

（二）中型数据中心建设

中型数据中心建设主要描述了常用的架构设计和相关设备联调测试。

1. 架构设计

中型数据中心架构设计思想是以数据为中心，按照数据中心系统内在的关系来划分。数据中心系统的总体结构由基础设施以及应用支撑等部分构成，具体架构设计如图2-2所示。其中，基础设施层是指支持整个系统的底层支撑，包括数据中心机房环境、分布式系统基础服务以及构建的计算资源池、存储资源池和网络资源池等。应用支撑层构建应用层所需要的各种业务服务支撑组件，是基于组件化设计思想和重复利用的要求提出并设计的，也包括采购的第三方组件。

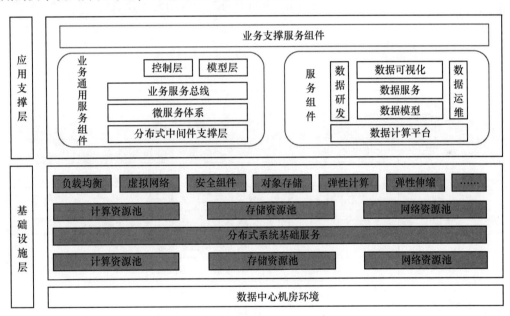

图 2-2 中型数据中心架构设计

2. 设备联调

设备联调测试是为了查找系统设计、设备性能是否存在明显的短板，检测设备安装是否适应日后的运行维护，以及检测设备安装和运行是否稳定可靠等。相比小型数据中心，中型数据中心设备联调内容更多，如电气设备、空调设备、消防设备、弱电系统等。

中型数据中心设备联调测试验证见表 2-2，具体联调测试程序和计划将视特定项目而定。

表 2-2　　　　　　　　　　　　中型数据中心设备联调测试验证

设备名称	测试项目内容
电气设备	模式 A 路市电高压侧断电
	模式 A 路市电高压电源恢复
	模式 B 路市电高压侧断电
	模式 B 路市电高压电源恢复
	模式 A、B 两路市电高压侧断电，发电机供电
	模拟 UPSA/B 系统故障
	模拟两路市电断电后 A/B 路电力恢复
空调设备	模拟精密空调末端故障
	模拟管道系统故障
	模拟单台冷冻机故障
	模拟单台冷却水泵故障
消防设备	模拟配电房火灾报警
	模拟空调机房火灾报警
	模拟核心机房火灾报警
	模拟公共区域火灾报警
	气体灭火系统测试
弱电系统	模拟控制板块故障
	模拟系统通信故障
	模拟漏水报警
	模拟新风系统故障
	模拟照明系统故障
	模拟监控主机系统故障

（三）云数据中心建设

云数据中心建设主要描述了常用的架构设计和相关设备联调测试。

1. 架构设计

云数据中心通过运行在单独的服务器上的云操作系统对服务器、存储、网络等资源进行虚拟化管理，可以进行自动管理和动态分配、部署、重新配置以及回收资源，也可以自动安装软件和应用，具有良好的弹性和灵活性。云数据中心可以向用户提供虚拟基础架构，用户可以自己定义虚拟基础架构的构成，如服务器配置、数量，存储类型和大小等等。用户通过自服务界面提交请求，每个请求的生命周期由平台维护。服务器虚拟化系统基于服务器、存储和网络设备构建资源池，在资源池上通过资源的管理、调用和镜像管理实现系统的各种高级功能。例如，计算层面的系统负载均衡和虚拟高可用，存储层面的镜像复制和冗余。系统支持以主机或者虚拟集群（一组共享存储管理的物理主机）为单位管理资源。

云数据中心架构包括四层结构，具体架构设计如图 2-3 所示。图中，底层为绿色数据中心机房；第二层为 IT 云平台，包括云管理平台、虚拟化以及计算、网络、存储等设备；第三层为应用平台，包括虚拟桌面平台、统一门户、API 管理平台等；最上层是 IDC 业务层，包括基础业务、云业务和增值业务。

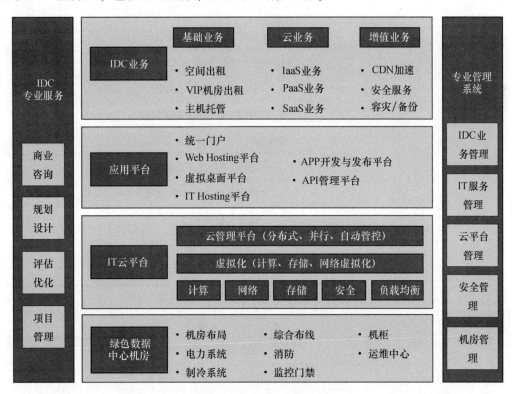

图 2-3 云数据中心架构设计

2. 设备联调

云数据中心设备联调测试是模拟云数据中心正式运行状态，旨在验证在预设场景中各路电源是否能如期切换，各层空调、AHU 设备制冷情况是否正常，以及所有设备与中控系统的通信连接是否正常等问题。

云数据中心设备联调测试验证见表 2-3，具体联调测试程序和计划将视特定项目而定。

表 2-3　　　　　　　　　　　云数据中心设备联调测试验证

设备名称	测试项目内容
电气设备	模式 A 路市电高压侧断电
	模式 A 路市电高压电源恢复
	模式 B 路市电高压侧断电
	模式 B 路市电高压电源恢复
	模式 A、B 两路市电高压侧断电，发电机供电
	模拟 UPSA/B 系统故障
	模拟两路市电断电后 A/B 路电力恢复
	UPS 外部旁路实验
空调设备	模拟因负载增加系统设备自动投入
	模拟因负载减少系统设备自动退出
	模拟单台冷冻机故障
	模拟单台冷冻水泵故障
	模拟单台冷却水泵故障
	模拟单台冷却塔故障
	模拟精密空调末端故障
	模拟管道系统故障
消防设备	模拟配电房火灾报警
	模拟空调机房火灾报警
	模拟核心机房火灾报警
	模拟公共区域火灾报警
	气体灭火系统测试

续表

设备名称	测试项目内容
弱电系统	模拟控制板块故障
	模拟系统通信故障
	模拟漏水报警
	模拟新风系统故障
	模拟照明系统故障
	模拟监控主机系统故障

第二节 云计算软件系统部署

考核知识点及能力要求：

- 掌握云计算的三种服务模式。

- 掌握云计算平台部署方案。

- 掌握云计算平台项目交付内容及注意事项。

本节主要介绍关于软件系统部署的各种基础知识，包括云计算三种服务模式、云计算平台部署方案以及项目交付内容，描述了云计算服务模式和部署模式，同时介绍了云计算的优势和关键技术。通过本节的学习，读者能够对云计算有一个基本的认识。

一、云计算平台概述

云计算平台也称为云平台，指基于硬件资源和软件资源的服务，提供计算、网络和存储功能。以下从云计算服务模式和部署模式两个方面阐述相关内容。

(一) 云计算服务模式

云计算主要分为三种服务模式，而且这三种服务模型主要是从用户体验的角度出发的。如图 2-4 所示，这三种服务模型分别是软件即服务、平台即服务和基础设施即服务。对普通用户而言，主要面对的是软件即服务这种服务模式，并且几乎所有的云计算服务最终的呈现形式都是软件即服务。

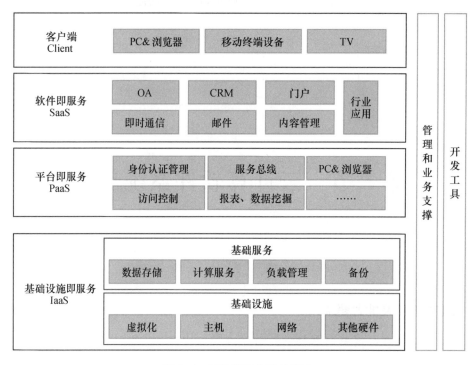

图 2-4　云计算三大服务模式

1. 基础设施即服务 (IaaS)

基础设施即服务 (Infrastructure as a Service, IaaS) 供应商提供计算、存储功能，用户根据自身需求租用适宜的资源，并对其租用的部分进行周期性付费。用户不再需要考虑设备的冗余、管理、灾备等烦琐的事情，只需要在租用的平台部署或装载相关的应用即可。

（1）IaaS 的概念与发展状况。IaaS 的雏形出现得比较早，早期的 IDC（Internet Data Center，互联网数据中心）和 VPS（Virtual Private Server，虚拟专用服务器）已经具备了 IaaS 的一些理念，但是由于虚拟技术比 IDC 和 VPS 出现得晚，致使它们在性能方面有着较大的差距，同时由于价格方面的因素并未得到大规模的发展。

2006 年 8 月 25 日，亚马逊发布了 EC2（Elastic Compute Cloud，弹性计算云），采用了开源虚拟化技术 Xen，用户可以通过 Web 服务的方式租用 EC2 的实例（为虚拟机），在这个虚拟机上自主、弹性地安装自己所需的软件或者应用程序。

随后，IBM "蓝云"（Blue Cloud）计划的推出使虚拟化技术和自动化技术从部署到管理再到备份都通过统一的平台处理完成，其资源的管理和利用上升到一个新的高度，IaaS 的高速发展时代逐渐到来。

（2）IaaS 的优势。相对于传统的数据中心，IaaS 有着一定的优势，具体体现在如下几个方面。

1）"零"维护。用户租用 IaaS 供应商提供的资源，如果服务出现中断或者网络出现缓慢的迹象，只需要供应商在他们的数据中心进行调整，用户完全避开了烦琐的维护工作，将所有的精力放在主营业务系统的建设方面，使处理效率大大提高。

2）更经济。建设数据中心、购置设备、招聘数据中心管理与运营人员都会耗费大量的资金。而 IaaS 更多地使用虚拟化技术，公有云环境租用者不会再为建设数据中心、购置设备而担心，IaaS 支出甚至只有传统建设成本的 10%。在私有云环境，虚拟化的整合也同样会降低成本。

3）门槛低、易扩展。从租用一个新的计算资源，到最终应用通常只需要十几分钟，而传统数据中心部署一个应用通常要耗费数周的时间。对 IT 人员来说，IaaS 的入门门槛比较低，建设的生命周期也非常短。如果当前资源不足以满足应用的需求，只要动动鼠标、简单地敲击键盘，即可灵活地扩展当前的计算资源。

4）异构平台支持。信息系统需要 Windows 系统、Linux 系统或者 Unix 系统等多个系统同时部署在数据中心，从而会提升管理难度，传统的部署不能将多个系统放置在单台服务器上。而 IaaS 虚拟化技术可以将不同的异构系统同时构建在一个宿主主机之上，因此，应用的范围和利用率提升非常显著。

（3）IaaS 的关键技术。IaaS 作为全新的商业运作模式，由它所带来的资源的最佳利用和成本的大幅缩减无疑是最吸引市场和客户目光的地方。借助于虚拟化技术，

IaaS 的推广逐渐深入。诚然，虚拟化技术也是 IaaS 最为关键的技术。

在虚拟化实现过程中通常使用如下几种方式。

1）单资源→多逻辑表示。指一个物理资源被分解成多个逻辑资源，供不同的用户或者服务使用（如图 2-5 所示），最常见的例子是在服务器虚拟化中，单台服务器被虚拟成多个。服务器虚拟化可以是 IBM System p、System z 这样的硬件物理分区和逻辑分区，也可以是 VMware、Hyper-V 这样的软件平台。

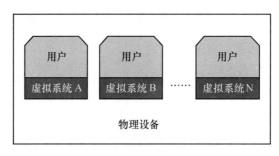

图 2-5　单资源→多逻辑表示

2）多资源→单逻辑表示。多组资源的性能、配置也许不尽相同，独立使用难以发挥其所有的优势，这时可以将这些资源整合到一起，共同发挥其最大用途。比较常见的是在服务器虚拟化中，多台服务器被整合成单一服务器来运行。例如，在存储中，多个存储卷整合到一起，形成一个巨大的资源池，用户可以按需在资源池中读/写数据，而不必关心数据分在哪个卷内。

3）分层虚拟。这是一种服务于底层的虚拟化模式，管理的资源会涉及很多异构平台和元数据，通过这些资源和数据，集成并传递体系架构（如图 2-6 所示）。每个架构中本层都是下一层的抽象，并为上层架构提供定义接口。

这种分层虚拟化可以管理更加复杂的模型，如利用任务负载虚拟化为上层的网络和存储虚拟化进行定义，完成更高级的任务。

IaaS 中虚拟化技术很多，最常见的是服务器虚拟化，此外还有网络虚拟化、存储虚拟化等。其中服务器虚拟化大大改善了资源的利用率，它将服务器的负载提高到一个崭新的高度；网络虚拟化增强了网络的安全性，并通过内存与网络的虚拟关系满足服务器虚拟化产生的新型网络需求；存储虚拟化则构建了一个统一逻辑视图的存储资

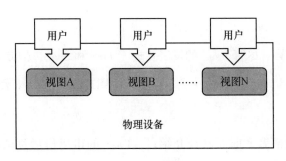

图 2-6 分层虚拟

源池，优化的资源池供用户按需使用。

不管是哪种虚拟化技术，它们的优势都很明显：简化管理、优化资源、节约成本……每一项虚拟化技术都支撑着 IaaS 技术。

2. 平台即服务（PaaS）

平台即服务（Platform as a Service，PaaS）把服务器平台打包成一个服务，向用户提供该服务的一个模式。通常来说，PaaS 是将软件研发平台打包，再通过软件即服务的模式交付给用户。PaaS 平台定位于中间件，可以提供定制化的研发，同时涉及应用与数据库。

（1）PaaS 的发展状况。PaaS 从逻辑关系上看，处在云计算体系的中间层，而它也确实起到了承上启下的作用，它对上层的 SaaS 在应用与服务方面提供了良好的支持，对下层弱化了硬件基础环境和操作系统的配置，这让用户可以更容易上手。

相对于 IaaS 和 SaaS，PaaS 不管是在市场熟知度和用户数方面都没有优势，但是随着开发者的逐渐增多，PaaS 应用呈现较大规模的增长。根据相关数据统计，2019 年全球 PaaS 服务市场规模达到 375 亿美元，相较于 2018 年的 264 亿美元增长了 42%。2022 年底，全球 PaaS 服务市场规模达 690 亿美元，2019—2022 年复合增长率为 23%，这主要是因为 PaaS 面向的对象是开发者。作为开发者，一方面要处理虚拟主机、虚拟存储、网络优化的工作，一方面还要做出高质量的程序设计，很多开发人员不了解硬件和系统的底层环境，只希望将精力完全投入到开发主体方面。

而 PaaS 恰好能满足开发者的需求，所有硬件和系统层面的运营与管理予以隔离，开发者看到的只是一个熟悉的开发环境和测试环境，不涉及过多的底层技术，他们可以专注于熟悉的开发领域，这样开发效率和灵活性自然大大提升。

（2）PaaS的优势。尽管PaaS的发展要逊于IaaS和SaaS，但是放眼未来，PaaS超越IaaS也只是时间的问题，PaaS在成本控制、应用环境、开源技术等方面的优势和价值比较明显。

1）低成本简约部署。前面已经介绍过，PaaS的市场份额逐渐超越IaaS，主要就是因为它不用考虑数据库的安装和优化，不用考虑虚拟化的配置和管理，这一切都是由PaaS已经配置并测试完毕的。

2）针对性的应用环境。不一样的企业需要不同的信息系统，即便同是制造型企业，内部的部门设置、信息化水平也不尽相同，在业务流程系统和生产管理等方面也会有各种差异。SaaS可以提供大众化的信息系统，如财务管理、HRM等，也可以提供个性化的定制服务，如OA、ERP等，但是SaaS所提供的定制服务基本上是在原有系统上的二次定制，如果原有系统不适合企业的应用，二次定制也很难奏效。PaaS平台对技术路线进行统一和简化，各种接口之间会更加平衡，团队中每一个用户都必须遵守既定的开发规则，有效地提升测试和上线的效率，各个系统的应用环境也更加稳定。

3）充分利用开源技术。越来越多的企业开始注重软件版权，为了避免版权应用纠纷，很多开发人员更习惯于使用开源的组件和基础架构，这大大降低了开发成本，但是使用开源的组件在后期会增大维护的难度。在PaaS层面，开源技术在向上兼容和环境择取方面有了新的改变，PaaS的用户不需要再考虑升级的兼容性问题。PaaS平台供应商已经建立了标准化的研发、实施过程，所有的升级、兼容性测试工作从普通的开发者转移到了PaaS平台。

4）解放被"绑架"的平台。云服务供应商既可以提供IaaS平台，也可以提供PaaS平台，如果所有的应用都采用一个企业的云计算平台无疑会受到制约。企业的信息发展受制于平台厂商的产品和解决方案，这种供求关系会严重制约企业的发展。在PaaS中，用户有了更多的选择，不管是开源的还是闭源的技术都可以在此找到合适的开发环境，信息系统的建设也不再受到平台供应商的种种制约。

（3）PaaS的关键技术。PaaS为应用开发者提供了一个良好的平台，它采用了分布式技术来构建各个子系统，作为中间件，它还需要为开发者提供良好的实例接口，并在应用交付方面做诸多安全的限制。PaaS 平台较多地利用了分布式技术，以解决大规模服务器群协同运行的问题。在 PaaS 平台中主要应用分布式文件系统、分布式计算、分布式数据库、分布式同步机制以及诸多平台的协同管理技术。下面介绍 PaaS 最常见、最关键的几项技术。

1）分布式文件系统。文件系统管理的资源位置从本地节点过渡到网络节点，并将文件资源以统一的视图交付给用户，用户不必了解数据存储在何处，也不必了解存储的方式。同时，这种从底层即开始接管的存储方式简化了存储过程的诸多细节，更加易于管理。Hadoop HDFS 是分布式文件系统的典型应用。

2）分布式数据库。分布式文件系统通过主服务和块服务器的存储，进行非结构化的管理，其面对的对象繁多且复杂，而分布式数据库则更多地处理结构化的行数据，以逻辑的方式统一管理数个物理场内的数据库资源。分布式数据库有以下优点：①存储效率高、响应速度快，并拥有良好的负载均衡能力；②有良好的扩展能力，即假如只有几台服务器面对大规模存储需求时，分布式数据库可以动态地识别所有关系数据模型，并对其进行统一的存储管理，即便数据量面临峰值危险时数据库也可以从容应对。

3）分布式计算。假如计算一个模型，一个计算能力需要花费 100 秒，如果拥有 10 个计算能力则需要 10 秒，100 个计算能力则只需要 1 秒。分布式计算即将计算能力打散，来完成高性能、高质量的计算处理。

分布式计算主要分为两种处理机制：①分割计算，即将应用程序的功能分割成多个计算能力，然后分发到多台计算机上协同处理，适合于小规模的数据处理。②分割数据，即将数据集进行分割，再分发到多台计算机分别计算。对于海量密集型数据通常会采用分割数据的处理机制，而对于超大规模分布式系统则会同时应用以下两种机制：

• 分布式同步机制。PaaS 采用松耦合的分布式系统，一旦出现不可预知的灾难，分布在网络中的数据就会出现诸多状况，为避免这种状况的发生需要引入分布式同步机制。

• 协同管理技术。基于 PaaS 平台的开发会涉及很多语言和数据库，如果平台支持的语言或者数据库不够丰富，就很难吸引众多潜在用户的眼球。如果用户的开发行为有所改变，但平台没有及时跟进，同样也会损失部分用户。

因此，PaaS 需要很好的协同管理技术，虽然不能囊括市面上所有的语言，但是较为流行的语言一定要涵盖在内，如 Java、.NET、Ruby on Rails、Node.js、Scala on Lift、Python、PHP 等，这样用户在语言选择方面会有很多自主性，平台的建设方面才会存在更多的灵活性。

协同管理技术还需要考虑分布式服务环境管理、自动化的管理、流程的编排、应用的集成等诸多环节。对于业务层面，还需要考虑简化业务逻辑开发流程，统一基础业务，这就需要在平台方面建立业务能力组件、技术能力组件和一个完整的协同管理机制。[①]

3. 软件即服务（SaaS）

软件即服务（Software as a Server，SaaS）采用 Internet 交付软件的模式，用户不用购置信息系统，而是向 SaaS 服务提供商租用信息系统，并通过 Web 浏览器登录、操作该信息系统来完成企业的生产、经营与管理行为。

（1）SaaS 的发展状况。SaaS 的发展需要追溯到 19 世纪 60 年代，彼时大型机有了软件和系统的雏形；19 世纪 80 年代的 C/S 架构集中数据处理模式产生后，人们开始为系统应用注入新的活力，但由于少了网络和多用户的支持，C/S 架构的发展并不算顺风顺水；接下来，随着网络的发展，ASP（Application Service Provider，应用服务提供商）作为第三方服务公司开始在远程主机上部署信息系统，客户可以按需定制软件，ASP 已经具备了 SaaS 架构的一个特征，但是 ASP 只能针对每个用户定制应用，不能将所有的用户整合到一起集中考虑；2001 年 2 月，SaaS 的概念出现在了公众的视野；2003 年 6 月，Salesforce.com 推出了 SaaS 应用。

相对于 ASP，SaaS 更显成熟，逐渐进入公众的视野。

（2）SaaS 的优势。基于 SaaS 的解决方案本身优点如下。

1）可重复使用。这是 SaaS 的最大优点之一，如果确信企业应该使用 SaaS 解决方

---

① 杨欢. 云数据中心构建实战：核心技术、运维管理、安全与高可用 [M]. 北京：机械工业出版社，2014.

案，实际上等同于企业不从事重复工作，而单单利用现有的解决方案。该解决方案实施起来速度更快、成本更低，虽然算不得最好，也会是"足够好"。

2）成本较低的解决方案。SaaS 解决方案可以提供非常有竞争力的价格，其原因在于大多数 SaaS 提供商可以非常轻松地利用其在特定行业领域"重复使用"的优点，能提供具有高度可复制的"标准化"的解决方案。

3）可以更快地提供解决方案。SaaS 的提供商早已对企业即将采用的针对特定领域的解决方案进行了规划、设计、实施、部署及测试。以大多数 SaaS 解决方案为例，软件均可实时运行、随时可以使用。

4）灵活的定价模式。采用 SaaS 解决方案时，企业可以在需要时购买所需服务。这意味着企业可以根据发展模式购买相应软件。企业规模扩大时，只要开启新的连接即可，用不着购置新的基础设施和资源。而一旦企业规模缩小时，只要关闭连接即可。这样，企业可以避免被过多的基础设施和资源所累。

5）更好的支持。使用 SaaS 解决方案时，企业使用由专家提供、管理及支持的 24 小时解决方案，而连接到 SaaS 提供商对使用者而言是一种成本非常低的方式。

6）为企业减少所需的 IT 资源。通常只要使用浏览器就可以连接到 SaaS 提供商的托管平台，所以用户需要的全部基础设施就是用来运行浏览器设备及让该设备可以访问互联网的简易网络。这意味着企业不必提供、运行、管理及支持自己的内部基础设施。对那些规模非常小、不想自行管理 IT 部门这项复杂工作的企业而言，SaaS 无疑是一种行之有效的方案。

（3）SaaS 的关键技术。SaaS 服务提供商向用户交付的方式为 Web 服务的模式，从用户的角度来看这种交付方式简单便捷，接下来介绍 SaaS 的几项关键技术。

1）基于 Web 的访问。SaaS 全部是 B/S 架构。那些需要向系统安装软件、通过客户端来进行应用程序的 C/S 架构的平台全部不属于 SaaS 范畴。同时，由于智能手机的飞速发展，如果采用 C/S 架构则需要开发 Windows Phone7、WebOS、Android、Nokia Symbian、IOS 等多个智能系统平台，不利于平台的统一、深入发展。因此，SaaS 平台所有的应用都是采用 B/S 架构。

2）单软件多重租赁。云计算的技术架构决定了它的服务对象不是固定的某个人或者节点，SaaS 同样如此，它面向的对象有很多不确定性，这也就决定了 SaaS 的架构和传统软件的架构有着很大的区别，这也是两者之间最大的差异。

SaaS 支持单软件多重租赁（Single Instance Multi-tenancy），用户可独享一个数据库 Instance 及其中的一个表，或者在业务表中增加新的字段以区分不同的用户，用户通过相关字段标记自主的用户界面、逻辑接口、数据库和个性化配置等。不同用户之间数据、安全、隐私相互隔离，也不会造成数据的混乱。单软件多重租赁可以让同一个系统服务于不同的用户。

3）单点登录。企业防火墙后部会存在多个系统应用，每一个应用都会让用户使用自己的账户、密码进行身份验证，这样既影响工作效率，又容易遗失密码，因此很多企业开始基于微软活动目录的账户来开发系统，用户只需输入活动目录的账户和密码即可登录所有的系统，这就是单点登录的优势。很多企业的用户会拥有多个云账户和密码，多密码的弊端会逐渐显现出来。随着 SaaS 技术的发展，平台会利用现有的认证基础架构，采用安全声明标记语言（SAML）或者 OpenID 识别管理的开源措施来管理身份。

4）扩展、配置和伸缩。不同用户会有不同的信息需求，他们存储名称、存储内容不尽相同，这就会涉及为不同用户定制个性化的应用实例。在 SaaS 中会建立多用户管理表、字段配置表、业务扩展表，用户所有的定制要求全部在这些表中体现，不会造成资源浪费、结构损坏、效率下降等情况，这是 SaaS 应当具有的扩展技术。

配置技术更加体现了 SaaS "按需使用"的精髓。用户在选择某一个系统时只希望得到需要的部分。比如 HRM 系统包括了素质管理、薪酬管理、福利管理、招聘管理、奖惩管理、培训管理等，但是只需要薪酬管理、福利管理、招聘管理这几个模块。在传统应用中，供应商是打包销售的，企业用宝贵的资金购买了一些无用的模块。SaaS 的配置技术要求将应用拆分成基本的独立的原子功能，用户可自行考虑自身项目的需求、业务的流程、应用的场景等多个方面，将拆分的原子功能组合自己需要的功能模式并递交给 SaaS 供应商后再付费使用即可。

（二）云计算部署模式

前面介绍了云计算能提供的业务模型分别有 IaaS、PaaS、SaaS 等，那么，这些服务的 IT 资源部署在哪里呢？为了满足不同用户对安全性和可靠性的要求，根据云计算的部署方式和服务对象范围又可将云计算分为四类——公有云、私有云、容器云和混合云。四类部署模型特点见表 2-4。

表 2-4　　　　　　　　　　　　　四类部署模型特点

分类	特点	适用行业及客户
公有云	多租户、快速获取资源、按需要取用、按量付费、弹性伸缩	电商、游戏、视频等
私有云	安全可靠、数据私密性好、高服务质量	金融、医疗、政务等
容器云	灵活性好、高弹性、快速交付与部署	金融、电商、电信等
混合云	可扩展性、更完美、架构灵活	金融、医疗、政务等

1. 公有云

公有云（Public Cloud）指为外部客户提供服务的云，它所有的服务是供别人使用，而不是自己用。在此种模式下，应用程序、资源、存储和其他服务都由云服务供应商提供给用户，这些服务多半是付费的，也有部分出于推广和市场占有需要提供免费服务，并只能使用互联网来访问和使用。同时，这种模式在私人信息和数据保护方面有较高的安全性。公有云部署模式通常都可以提供可扩展的云服务并能高效设置。目前，典型的公有云有微软的 Azure、亚马逊的 AWS，以及国内的阿里云、腾讯云、华为云等。

对于用户而言，公有云的最大优点是其所应用的程序、服务和相关数据都存放在公有云的提供者处，自己无须做相应的投资和建设。由于数据不存储在用户自己的数据中心，目前其最大的问题是安全性存在一定的风险。同时，公有云的可用性不受使用者控制。

2. 私有云

私有云（Private Cloud）指企业自己使用的云，它所有的服务不是供别人使用，而是供自己内部人员或分支机构使用。

这种云基础设施专门为某一个企业服务，私有云的部署比较适合于有众多分支机构的大型企业或政府部门。随着这些大型企业数据中心的集中化，私有云将会成为部署 IT 系统的主流模式。私有云部署在企业自身内部，因此其数据安全性、系统可用性都可由自己控制。其缺点是投资较大，尤其是一次性的建设投资较大。

3. 容器云

容器云（Container Cloud）是以容器为资源分割和调度的基本单位，封装整个软件运行时环境，为开发者和系统管理员提供用于构建、发布和运行分布式应用的平台。其具备一套标准的镜像格式，可以把各种应用打包成统一的格式，并在任意平台之间部署迁移，其容器服务之间又可以通过地址、端口服务来互相通信，做到了既支持对应用的无限定制，又可以规范服务的交互和编排。

容器云的 Docker 容器几乎可以在任何平台上运行，包括物理机、虚拟机、公有云、私有云、个人计算机、服务器等。这种兼容性可以让用户把应用程序从一个平台直接迁移到另外一个。容器云的这种特性类似于 JAVA 的 JVM。[①]

4. 混合云

混合云（Hybrid Cloud）指供自己和客户共同使用的云，它所提供的服务既可以供别人使用，也可以供自己使用。

混合云是两种或两种以上的云计算模式的混合体，如公有云和私有云混合。它们相互独立，但在云的内部又相互结合，可以发挥出所混合多种云计算模型的各自优势。相对而言，混合云的部署方式对提供者的要求较高。

二、云计算平台部署方案

云计算平台部署方案主要描述小型数据中心建设、中型数据中心建设和云数据中心建设等相关内容。

(一) 小型数据中心建设

小型数据中心建设主要从需求分析和部署方案两个方面介绍。

1. 需求分析

规划与设计小型数据中心应当满足当前与未来的需求，在规划建设时，要注意以

---

① 吕云翔，张璐，王佳玮. 云计算导论 [M]. 北京：清华大学出版社，2020.

下几点需求。

（1）解决传统数据中心普遍存在的局部过热的问题。传统数据中心因设计不合理导致制冷不能按实际设备的需要进行分配，总体能源浪费高，且存在因局部过热而宕机的问题。机房空调设置不合理，没有采用机房专用的精密空调，而是直接采用了家庭舒适性空调。没有配备保障电源，机房的设备安全运行就无法保障。

（2）数据中心科学的动力配置。数据中心建设成本在建设初期较高，但相较运营期间由此带来的系统稳定运营和业务高可靠性，反而能体现出其节能减耗和低成本价值。

（3）解决系统宕机问题。大量企业、事业单位等都会自己建设机房，或者通过电信服务商、IDC运营服务商等拥有自己的机房，由于各种原因出现的数据中心停机和暂时关闭的情况会给企业带来不可估量的损失。

（4）注重整体的绿色节能问题。所谓数据中心的绿色，业界对其标准虽然不统一，也没有形成可以参考的规范，但总体可以体现在两个方面：①整体设计科学合理和设备的节能环保。绿色应该体现在通过科学的机房建设设计或改善，实现初始投入最小化，在保障机房设备稳定运营的同时，达到节能减耗。②满足IT环境的基本运营，同时确保可扩展性。要合理规划数据中心的使用寿命。

2. 部署方案

本节描述小型数据中心基础设施子系统的最佳部署实践，包括服务器、网络以及存储等。

（1）服务器。为提高小型数据中心服务器的利用率，可对服务器进行虚拟化部署，一个物理服务器可以虚拟出多个虚拟机，分别运行各自的任务，并通过虚拟化技术在一个服务器上提供多种服务，极大提高服务器的利用率。

在日常工作中，一般将多台服务器分别作为主机搭建虚拟化平台，并对虚拟化平台进行统一操作管理。每个ESXi服务器组中安装了大量的虚拟机，服务器虚拟化后，vCenter Server成为ESXi主机及其虚拟机的中央管理工具。通过安装vCenter vSphere套件可以管理ESXi服务器以及其中安装的VM虚拟机，设置VMware vSphere Client和各主机的管理IP、系统中的ESXi服务器组，并通过光纤交换机连接到共享存储。

（2）网络。小型数据中心网络总体架构可采用分级互联网络架构模型，包含接入层、汇聚层和核心层这三层。为配合服务器虚拟化，需要提供网络访问与隔离。VMware vSphere 自带的 vNetWork 可以让处于不同 ESXi 服务器上的虚拟机实现网络互联和通信，进而实现网络虚拟化。vSphere 网络提供分布式虚拟交换机体系的网络连接体系架构，来实现虚拟网络交换功能。分布式虚拟交换机是在 vCenter Server 上进行设置的，用来设置虚拟机上虚拟网络访问。所有主机的分布式交换机配置都是相同的，并存放在 vCenter Server 上，网络交换存在于多个 ESXi 主机构成的集群之间，通过分布式虚拟交换机进行关联，虚拟机之间和虚拟机与外部流量都通过分布式交换机交换管理。

（3）存储。通过使用 VMware vSphere 虚拟化技术可以对虚拟存储架构进行更好的管理，提高对存储资源的利用率和使用存储资源的灵活性。考虑到数据传输速度、设备扩展性、安全性、网路冗余度等因素，小型数据中心可采用 FCSAN（Fibre Channel Store Area Network，光纤—存储区域网络）的架构来实现小型数据中心的存储虚拟化。如搭建基于 Hadoop 集群的高可用数据仓储，对数据进行统一存储、管理与应用。

（二）中型数据中心建设

中型数据中心建设主要从需求分析和部署方案两个方面介绍相关内容。

1. 需求分析

由于中型数据中心承载企业、机构的核心业务，因而中型数据中心一般根据 TIA—942 标准中的 Tier4 和 Tier3 标准建设，可靠性要求 99.999%以上，以保证数据中心正常工作，核心业务不受影响。随着数据业务的不断发展，初始阶段数据中心提供的服务对象主要为中小企业，服务内容以专线租用和主机托管为主。随着业务的发展及收藏的增加，会逐步发展成应用服务供应中心。

中型数据中心规划需求时，应该考虑以下几个方面。

（1）数字化。企业的业务、流程、经营、管理等相关活动全部进行数字化。

（2）无纸化。过去基于传真、电话的订单模式不能适应数字化的要求，企业或组织的各种活动通过计算机网络自动进行，办公方式转为无纸化办公。

（3）集中化。分散的信息不能形成规模效应，信息孤岛不能带来效率提高。当前信息化的趋势是集中管理、集中存储、集中传输、集中交换，这种集中效应表现为数据中心的兴起。

中型数据中心网络存储系统需求应该满足集中式管理、整合型存储、高性能、高安全、高效率的目标，满足系统不断扩展。数据中心要建设一个设备集中、集中管理、满足应用、方便扩展、安全稳定、共享统一的数据存储系统；要优化整合现有数据资源，对数据资源进行统一管理和维护，为数据库和应用系统建设提供统一的运行支撑环境；运用各种先进的技术，对数据中心运行中所产生的大量数据进行高效、安全地存储。

2. 部署方案

中型数据中心的部署方案主要包括计算虚拟化、网络架构和存储资源建设。

（1）计算虚拟化。将服务器物理资源抽象成逻辑资源，让一台服务器变成多台相互隔离的虚拟服务器，并不再受限于物理上的界限，通过虚拟机监视器 Hypervisor 使 CPU、内存、磁盘、I/O 等硬件变成可以动态管理的资源池，从而提高资源的利用率、简化系统管理、实现服务器整合，让 IT 对业务的变化更具适应力。

（2）网络架构。资源池转化为逻辑的大二层网络架构，是近些年来云计算、大数据等分布式技术在数据中心大规模部署后使用的一种网络架构。资源池化为逻辑的大二层网络架构，是云计算、大数据时代下中型数据中心网络部署中使用的一种网络架构。资源虚拟化后，对于虚拟机的管理、迁移等需求使得数据中心内二层的流量大增。因此，在数据中心网络部署中出现了很多新的技术。随着数据中心规模的扩大，基于 VxLAN 的大二层网络架构成为主要部署的方案。

（3）存储资源建设。中型数据中心系统建设过程中，建议针对存储系统做统一整体规划。需要关注以下几个方面。

1）存储容量。存储系统的容量可以支撑应急平台系统的未来 5 年正常运行，同时存储系统能够提供较强的扩展能力。

2）强化扩展能力。磁盘阵列必须具备性能、功能上的扩展能力。存储容量能够满足未来几年的发展要求，存储系统能够从本地存储扩展为远程容灾。

3）提高设备和存储空间利用。采用 SAN 联结方式，提供设备和存储资源的共享能力。

建议首先采用先进的 IP-SAN 存储技术来实现应急平台数据集中存储，然后按照业务需要，建立本地备份系统和灾备系统。此外，新出现的 SAN（存储区域网络）、NAS（附网存储）和集群存储等新的网络存储结构为扩展存储系统容量和性能提供了有力支持。另外，Standby 技术、系统整体冗余、远程实时备份和灾难恢复等技术也是高可用性存储所不可缺少的技术。

（三）云数据中心建设

云数据中心主要从需求分析和部署方案两个方面介绍相关内容。

1. 需求分析

随着社会信息化的发展，IT 技术的应用越来越普遍，各行各业需要更多的服务器、存储设备来满足这些应用的承载，再加上云计算和大数据分析技术的出现对服务器和存储设备的使用需求呈几何级数的增加，如何安置和维护好这些 IT 设备就显得格外重要。

（1）云数据中心的建设需求。第一，要考虑各个层次对于业务的支撑要求，需遵循统一的标准体系和顶层架构，实现整体规划、分步实施。第二，要进行统一的网络建设，保障系统安全，实现业务协同和数据统一。第三，要进行统一的云计算数据中心建设，提高资源利用率，更有效利用数据价值。

（2）云数据中心的功能需求。以丰富的云基础设施、云存储、云安全和各类云服务共同构建云计算数据中心的 IaaS 平台，服务于各级部门，为各部门集中提供基础的信息处理能力，承担应用系统迁移和部署，实现相关云数据中心的资源整合、集中部署与统一管理。

（3）云数据中心的安全体系需求。由于数据中心是核心业务的重要承载平台，因此必须向用户提供一个安全的运行环境。从安全防护对象和技术实施方式来看，安全的内容应包括系统安全、网络安全、业务安全、业务数据安全、主机安全和安全审计等。

2. 部署方案

云数据中心部署方案由云操作系统、计算虚拟化、存储资源池、网络资源池构成，虚拟化系统将所有的硬件资源进行池化，为用户提供透明的资源服务。在此基础上，云管理平台为用户提供各类服务，以服务的形式来实现业务应用，并通过纵向和横向扩展，提供对接第三方系统的能力。

（1）云操作系统。作为分布式云数据中心的核心，云操作系统的定位为实现跨多厂家异构的计算、存储，实现网络安全资源池的虚拟化、自动化、云化的横向整合。例如，具备异构物理资源和虚拟化资源能力的基于 OpenStack 扩展的云操作系统及其关联的集成咨询服务，可以帮助企业和运营商现有 IT 基础设施的"云化"与"智能化"改造，实现现有异构计算、存储、网络、完全乃至虚拟化软件资源的大颗粒资源池化。

（2）计算虚拟化。将基础设施资源虚拟化并构成单一统一的"逻辑资源池"，通过跨所有物理数据中心站点实现全局连通的管理与调度。扁平化、分布式的数据中心构成了百万主机级的超大规模云数据中心，其基于 OpenStack 开放架构，确保可以兼容异构的物理设备、多 HyperVisor 和第三方虚拟化平台。服务器、存储、网络和安全设备等 IT 基础设施资源被全面和深度虚拟化后，通过细粒度的、跨数据中心的资源调度，以及基于 SDN 虚拟化网络的流量工程等核心技术，实现云数据中心资源使用率最大化和全局能效比最大化。

（3）存储资源池。新型的以分布式文件系统为基础的存储技术在云计算领域高度发展。以 GFS（Google File System，谷歌文件系统）为例，它采用主从架构，由存储节点和管理节点组成。存储节点自身携带文件系统，可以对本地存储资源进行管理，管理节点管控分布式文件系统，并为所有的存储资源提供统一的文件名字空间，形成虚拟的存储资源池。数据存取则以文件为单位，以分块的方式保存，并且存有多个副本。也就是说，同一个文件可以分成多个数据块，并存储在不同的存储节点中，多个数据块可以被并行地存取，吞吐性能非常出色。

（4）网络资源池。云数据中心内部局域网可采用"核心+TOR 接入"二级交换结构，在网络设备的部署时按照业务、管理二类业务进行隔离，同时建设"内网"和"外网"两套物理隔离网络平台。一方面，扁平化的二级网络简化了设备层级和网络结构；另一方面，业务隔离降低了业务之间的相互影响，减少了性能 Bug，提高了网络性能，同时还满足了云数据中心核心系统和数据库对互联网物理隔离的安全保障需求。这就要求网络设备包括路由器、交换机、防火墙、负载均衡器，需要支持虚拟化，并且能够通过 SDN 以及 OpenFlow 平台实现网络的按需调整配置和组网。除了专用的网络设备，分布式云数据中心还需要支持 SDN 隔离架构，通过云操作系统中的 SDN 控制器实现基于软件的 vSwitch 分布式虚拟网络功能，并装载到标准 x86 服务器中的 PCI-E 装置。

第三节　机房管理

考核知识点及能力要求：

● 了解机房的组成部分。

● 掌握机房的日常管理办法。

● 掌握机房维护与检查的方法。

随着云计算、物联网、移动互联网、大数据、智慧城市等新技术的快速发展和广泛应用，人们对机房运维的要求越来越高，机房运维的难度也越来越大。拥有强大的数据中心机房被越来越多的企业视为核心竞争力，机房的管理也越来越被企业所重视。在这种背景下，机房的运维面临巨大的压力。如何有效地对机房进行监控和管理，提高运维效率，已经成为很多大型数据中心机房亟需解决的问题。本节首先介绍了机房的组成，然后从机房管理制度、机房维护与检查介绍相关制度和方法。

一、机房组成

机房主要包括室内装饰装修、配电系统、防雷与接地系统、空调系统、给水排水系统、综合布线及网络系统、监控与安全防范系统等。

（一）室内装饰装修

数据中心装饰装修目的是满足数据中心对于防火、防水、防尘、防静电、隔热保温、屏蔽抗干扰、防雷、防鼠等的要求，它涉及数据中心基础设施各专业的协调配合，有利于数据中心内设施的合理安装。数据中心装饰装修工程应根据用户提出的技术要求，依据国家有关标准和规范，结合数据中心各系统运行特点进行总体设计，做到业务完善、技术规范、安全可靠，以保障数据中心场地工作人员的身心健康，延长 IT 设备的使用寿命。

（二）配电系统

数据中心供配电系统是将电力系统上端发电系统、输变电系统、配电系统输送来的电能，供给和分配给最终用电设备的系统，它是整个电力系统末端的一部分。从整个电力系统的角度来看，数据中心的供配电系统属于用电系统（电力配电系统接户线后的用户侧电力系统），其包含的内容随用户用电的规模和需求的不同而不同，通常包含中低压变电系统、配电系统、自备电源系统以及作为一种技术手段的接地系统。其中，自备电源系统主要包括柴油发电机组系统和不间断电源（UPS）系统。数据中心供配电系统设计的目标是给用电设备提供可靠且充足的电能供给，做到电能合理的分配及系统安全可靠的运行。

（三）防雷与接地系统

生活中产生的电荷不会对地球的电位产生任何影响。在工程技术上，常以机壳或大地作为参考点，参考点又称零电位点。

为了保障电力网或电气设备的正常运行和工作人员的人身安全，电气设备的某部分与大地之间作良好的电气连接，称为接地。按照接地的作用，可以将接地分为工作接地、保护接地、防雷接地和防静电接地等。

（四）空调系统

根据数据中心机房环境及设计规范，要求主机房和基本工作间均应设置空气调节系统。其组成包括精密空调、通风管路、新风系统。流送回风采用下送上回、上送下回、上送侧回等方式。新风宜采用经温湿度、洁净度预处理后的新风，与回风混合后送入机房。

（五）给水排水系统

随着数据中心规模的增大和系统复杂程度的提高，数据中心对给水排水系统的要求也逐渐增多。数据中心给水排水系统包括空调水系统的补水、机房加湿用水和辅助房间的用水等。用水量需要计算日最大自来水用量，并与市政水网对接。用水量主要包括生产用水、生活用水、室外绿化用水和消防用水。

（六）综合布线及网络系统

机房综合布线系统是架构在机房内部网络高速路。它连接着机房内部的众多的网络设备，并支持语音、图像、数据等传输。综合布线系统由水平子系统、垂直子系统、管理子系统、设备间子系统和工作区子系统构成。机房内的综合布线主要为水平布线，多采用多模光纤作为数据主干。机房网络系统宜根据需要配置网络交换设备、路由设备、网络安全设备。

（七）监控与安全防范系统

机房安全防范系统是保障机房安全的重要措施。它对机房内的重点区域进行实时图像监视和录像，对出入口实施门禁控制管理和考勤管理，对有可能发生入侵的场所实施报警管理。它由图像监控系统、门禁系统、防盗报警系统等子系统构成。各子系统之间实行一定的联动管理控制，以实现更优化的安全防范控制。

二、机房维护

信息系统能否安全、稳定、高效地运行，取决于机房的运行状况，这也决定了高效的运维服务与管理不可或缺。

从某种程度上来说，维护与管理比建设更重要，过程更长，要想让系统继续使用下去，那么运维就得持续进行。数据中心运维通过管理 IT 资源，保障系统合规、安全、可靠、稳定地运行，并持续提高业务连续性和 IT 服务水平。机房的维护与检查主要内容有多种划分方式，依据前面章节中介绍的数据中心，可以将维护与管理划分为机房基础设施维护、计算子系统运维、存储子系统运维、网络子系统运维以及安全子系统运维。

（一）机房基础设施的日常维护

机房基础设施的日常维护主要包括供配电系统、暖通系统、消防系统及安防与监控系统的维护管理。

1. 供配电系统的维护管理

数据中心供配电系统为机房内所有需要动力电源的设备提供稳定、可靠的动力电源支持，其通过电源线路进入数据中心，经过高/低压供配电设备再到负载的整个电路系统，具体包括中低压变配电系统、柴油发电机系统、UPS 不间断电源系统。中低压配电系统中用于 IT 供电的低压配电系统，通常包括自动转换开关系统、输入低压配电系统、不间断电源系统、UPS 输出列头配电系统和机架配电系统等。供配电系统的维护管理工作流程如图 2-7 所示。

日常巡检与维护的工作内容有以下三个方面。

（1）巡检范围。主要包括变压器、高压配电室、低压主配电室、配电间等相关配电室。动力设备主要包括交流高、低压变配电设备、交流稳压器、直流配电设备、UPS、蓄电池、发电机组、防雷接地系统和电缆等。

（2）巡检周期。根据不同巡检要求，供配电系统分为日检、月检、季检和年检。

（3）巡检内容。机房的供配电系统是基础工程的心脏和大动脉，是其他系统发挥作用和核心业务正常运行的保障。因此，数据中心机房供电系统的日常巡检和保养尤为重要。巡检主要包括如下内容。

1）保持设备整洁，防止异物干扰造成接触不良或短路。

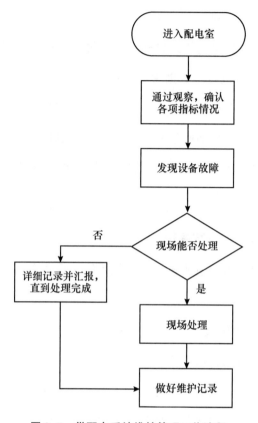

图 2-7　供配电系统维护管理工作流程

2）检查各种仪表指示、储能指示、运行指示是否完好。

3）检查各仪表二次控制线路接点有无松动、碳化现象。

4）检查各路进线柜、出线柜、电压（电流）互感器、避雷器各接点有无弧光闪络痕迹和打火现象。

5）检查各路高压带电显示装置是否完好。

6）检查直流屏操作电源电压是否正常，蓄电池有无破裂、漏液，接点有无松动。

7）检查各路变压器高低压接点有无弧光闪络痕迹和打火现象，听变压器有无异常声响，观察变压器温升情况。

8）检查变压器是否额定（电流）运行，超差值是否在允许范围内。

9）检查各路变压器低侧电压显示是否正常，三相电流是否平衡。

10）检查电容补偿柜断路器、复合开关、接触器、电抗器是否完好，电容器有无异响、膨胀、接点松动现象，各连接线有无焦煳变色现象。

11）检查各路负载计量运行是否正常，接点有无松动、碳化现象。

12）检查母线、各路负载出线接点有无松动、变色、打火现象，温升是否正常。

13）检查照明应急装置是否完好。

14）检查一次接零或接地装置是否完好可靠。

15）雨雪天气，检查配电室、电缆室、电缆沟有无漏水、积水。

2. 暖通系统的维护管理

日常巡检与维护的工作内容有以下两个方面。

（1）巡检范围。包括风冷空调和水冷空调。风冷空调包括精密空调机组、冷凝器、加湿器等设备。水冷空调包括冷水机组、冷却塔、水泵、控制阀门、供水管路等设备。

（2）巡检内容。巡检内容分为月度巡检工作内容和季度巡检工作内容。

1）月度巡检工作。内容包括如下部分：

• 过滤器：检查空气滤网气流是否通畅；检查过滤器开关。

• 主风机：检查并调整皮带轮和电机的装配，检查其是否牢固和正确；检查并调整皮带（如果有）松紧程度和状况；检查风机轴承；检查风机电机和风机电流。

• 压缩机：检查是否有漏油及油位；检查压缩机电流；检查压缩机运转声音和机身温度（运转中）是否正常；检查压缩机高低压传感器的工作参数。

• 加湿器：检查水盘排水管是否被堵塞；检查加湿器灯管工作状态是否正常；检查加湿器是否有水垢；检查进水流量是否适当；检查进排水阀和电极的工作状态。

• 制冷循环部分：检查制冷管路是否有泄漏；通过视镜，检查系统是否有水汽；检查吸气压力、压头、排气压力和热气旁通。

• 风冷凝器：检查风扇绕组，测量风扇电流；检查风扇是否紧固，轴承工作状态是否正常；检查清洁状况；检查调整控制板及温度开关工作状态。

• 电气装置：检查所有电器外观和动作情况；检查和紧固所有导线连接；检查校验运行状态显示。

2）季度巡检工作。即每季度对数据中心暖通设备进行一次维护保养。季度维护保养工作内容包括以下几个方面：

●检查控制器设置，压缩机吸、排气压力；检查压缩机工作电流、高低压力报警值、风机噪音及运行电流、加热器过热保护、冷凝器散热情况、制冷循环管路各部件的运行情况；检查过滤网、加湿器和供排水管路及电器系统等部分的清洁情况。

●对检查中发现的故障进行处理，提交检查报告和建议。

●更换空气过滤网，清洁加湿器和进排水管路。一、四季度的第二个月，二、三季度每个月分别用冷凝器专用清洗剂清洗室外冷凝器一次。炎热季节视设备工作情况增加清洗次数，以保证设备正常运行。

3. 消防系统的维护管理

机房灭火系统禁止采用水、泡沫及粉末灭火剂，适宜采用气体灭火系统。机房消防系统应该是相对独立的系统，但必须与消防中心联动。一般大中型计算机机房为了确保安全并正确地掌握异常状态，需要装置自动消防灭火系统。

（1）机房消防管理要求。为了加强机房的消防安全管理，严格落实消防、安全责任制，结合实际情况，可以制定以下安全管理制度：①机房内不准吸烟、乱抛纸屑及杂物，不准携带易燃品等非生产需要物品进入机房。客户维护工作中如用到纸张，工作完成后应全部带走。②禁止乱拉电源线，要经常检查机房用电情况，发现隐患及时消除。机柜内严禁使用插排供电，禁止将多个电源接线板进行串联使用。③严禁非托管外接设备使用机柜 UPS 电源供电，机柜规定非托管外接设备必须使用墙面插座电源供电。④机房内应设置紧急照明设备、灭火装置，并设专人负责定期检查，每年进行一次灭火知识学习，值班人员应熟悉消防器材放置地点及使用方法。⑤遇到火警等紧急情况，要听从部门主管或安全管理员的指挥。

（2）日常巡检与维护。确保七氟丙烷灭火系统处于运行状态。为防止误操作的发生，一般只测试报警系统是否正常。可人工模拟防护区内任意一个探测器动作，检查此时相关的报警设备（警铃、声光讯响器）运作是否正常。

由于气体灭火系统储存气体压力非常大（家用自来水压通常为 0.4 MPa，气体系统工作压力最大为 17.2 MPa），因此气体灭火系统的验收和日常检查中，要注意安全性。具体检查注意事项有以下三点。

1）日常检查时不要进行模拟喷射试验，以防发生误喷事故。

2）日常检查时不建议通过检查瓶头阀撞针是否运作的方法来进行测试，防止测试后因安装不专业造成事故。

3）日常检查时应注意对钢瓶阀门和围护结构的检查，泄压口宜设在外墙防护区净高的 2/3 以上。

4. 安防与监控系统的维护管理

数据中心安防与监控系统包含安防视频监控、门禁监控系统、红外线防盗系统、巡更系统、动力环境监控系统及网络监控系统等。数据中心监控系统发展早期并未针对各项监控进行详细功能划分，对各项专业的管理模式亦不完善。随着近年数据中心的迅速发展，国内数据中心规模逐渐扩大，数据中心监控系统对于自动化、智能化、精细化的要求也不断提高，市场内涌现出了一批以不同业务为方向的公司，分别专注于特定细分市场，自此成就了分散的数据中心监控系统。近年来，由于分散式的监控管理系统出现信息孤岛等问题，阻碍了数据中心监控管理系统向大数据时代发展的步伐，由此引出了可联动的综合管理监控系统方案。

日常巡检与维护的工作内容包括以下三方面。

（1）巡检范围。包括安防视频监控系统、门禁监控系统、红外线防盗系统、巡更系统、动力环境监控系统、网络系统监控系统等系统软件及其相关部署硬件。

（2）巡检周期。根据不同巡检要求，供配电系统分为日检、月检和年检。

（3）巡检内容。包括以下四方面。

1）检查安防视频监控系统。为了保障电视监控系统总体性能和设备寿命，监控中心环境温度应保持在 25 ℃左右，并保持通风、干燥。一是检查视频线 BNC 接头，如有松动现象，必须用电烙铁进行焊接处理，并检查 BNC 接头与主机接口是否松动，以保证连接是牢固的，每次做完这项工作后，必须对线路进行整理以保证线路的顺畅、整齐、规范。二是检查图像质量，对出现的故障及时进行维修。三是拆下摄像机的防护罩进行内部清洁除尘，清洁除尘时须使用干燥、清洁的软布和中性清洁剂，以防止产生静电和腐蚀摄像机。四是检查录像记录是否正常，记录录像时长。

2）检查门禁监控系统。一是检查电控锁确保机械和电机功能是否有效，工作是否正常；检查门开关状态是否有效。二是检查出入口数据处理设备及数据是否有效完整，对数据进行完整性和异常性检查。如有故障，及时处理。

3）检查巡更系统。一是检查巡更棒是否工作正常。二是检查巡更记录是否正常。

4）检查红外线防盗系统。一是对容易老化的设备部件进行全面检查，一旦发现老化现象应及时更换、维修。二是检查探测器位置是否移动，探测器是否牢固，是否存在引起误报的障碍物。三是对所有红外线防盗系统各组成部分进行报警测试，确保系统功能有效。四是检查报警记录是否正常。

（二）计算子系统运维

计算子系统的运维主要包括服务器基础运维、操作系统运维、应用服务运维等方面。

1. 服务器基础运维

服务器承载着上层的应用系统，为保证应用系统能 24 小时稳定运行，实现整个系统年度可用率在 99.9% 以上，首先需要做好的就是服务器基础运维。

（1）服务器上架流程。第一，确认需要上架服务器的数量、规格及型号等信息，综合考虑配电、散热等因素，分配合理的机柜空间，并将其记录于服务器管理文档中。第二，规划服务器配置的 IP 地址、电源接口位置、交换机端口号等信息，同样记录于文档。第三，阅读服务器厂商的安装手册，明确注意事项、操作步骤、线缆连接方式等重要内容，通过导轨或者托架的方式安装上架服务器。第四，完成电源及网线的布线工作，网线和电源线需要分布于机柜两侧。第五，进行服务器加电测试。第六，安装操作系统并完成网络配置。第七，更新服务器相关管理文档。

（2）服务器巡检流程。首先，检查指示灯。一般服务器指示灯包括系统面板指示灯、电源指示灯、硬盘指示灯、网卡指示灯等。正常情况下为绿色或者蓝色，出现故障为琥珀色或者红色。琥珀色代表降级工作，红色代表部件故障。其次，查看系统日志信息，重点关注高危事件信息，确保是否存在硬件故障，分析硬件性能与使用生命周期。再次，通过第三方检测工具定时检查服务器状态，及时发现故障。最后，定期巡检，并做相应巡检记录。

（3）服务器故障处理流程。服务器故障处理流程如图 2-8 所示。首先，根据服务器故障状态判断故障类型。其次，预估恢复时间。如果是一般故障，就立即处理并进行记录；如果短时间不能解决故障和缺陷，则汇报主管部门，同时通知用户。再次，制定方案并进行处理。最后，如果仍无法处理，联系厂家寻求支持。

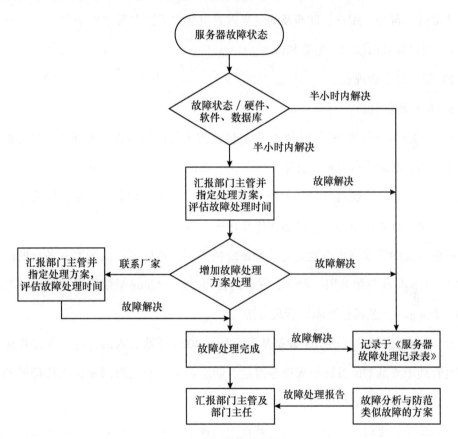

图 2-8　服务器故障处理流程

2. 操作系统运维

目前主流的操作系统主要有 Windows 操作系统和 Linux 操作系统。

（1）操作系统日常巡检。操作系统管理日常的工作首要的就是系统的日常巡检，可以通过第三方工具、自定义脚本、计划任务等方式实现。巡检的主要内容包括以下四方面。

1）检查操作系统补丁是否及时更新。

2）检查操作系统内安装的防病毒软件的病毒库是否及时更新。

3）查看操作系统日志是否确实有警告及报错信息。

4）检查 CPU、内存、文件系统等资源占用率。

（2）用户管理。用户是计算机的使用者在计算机系统中的身份映射，不同的用户身份拥有不同的权限，每个用户包含一个名称和一个密码，所以用户管理是系统管理非常重要的一部分。用户管理涉及的主要内容包括以下三方面。

1）用户账号的添加、删除和修改。

2）用户口令管理。

3）用户组的管理。

（3）磁盘与分区管理。计算机中存放信息的主要存储设备就是硬盘，但是硬盘不能直接使用，必须进行分割，分割成的一块一块的硬盘区域就是磁盘分区。在传统的磁盘管理中，将一个硬盘分为两大类分区——主分区和扩展分区。主分区能够安装操作系统，进行计算机启动，直接格式化并存放文件。

磁盘分区的管理方法不能完全满足系统的需要，所以操作系统都有各自的磁盘管理方法。Windows 系统采用一种动态磁盘的管理方法，Linux 系统则采用 LVM（Logical Volume Manager，逻辑卷管理）管理方法。

1）动态磁盘管理。动态磁盘是从 Windows 2000 开始引入的，可以在计算机管理的磁盘管理中将基本磁盘转换成动态磁盘。动态磁盘没有卷数限制，支持跨区卷，同时支持具有容错功能的带区卷，具体分类如下：

• 简单卷：要求必须建立在同一硬盘上的连续空间中，建立好之后可以扩展到同一硬盘中的其他非连续的空间中。

• 跨区卷：将来自多个硬盘的空间置于一个卷中，构成跨区卷。

• 带区卷 RAID 0（条带）：将来自多个便盘的相同空间置于一个卷中，构成带区卷。基本磁盘中的分区空间是连续的。

• 镜像卷 RAID 1：可以看作简单卷的复制卷，由一个动态磁盘内的简单卷和另一个动态磁盘内的未指派空间组合而成，或者由两个未指派的可用空间组合而成，然后给予一个逻辑磁盘驱动器号。

●RAID 5 卷：具有容错能力的带区卷。

2）LVM 管理。LVM 管理方法是 Linux 系统环境下对磁盘分区进行管理的一种机制。LVM 是建立在硬盘和分区之上的一个逻辑层，用来提高磁盘分区管理的灵活性。通过 LVM，系统管理员可以轻松管理磁盘分区，如将若干个磁盘分区连接为一个整块的卷组并形成一个存储池。管理员也可以在卷组上随意创建逻辑卷组，并进一步在逻辑卷组上创建文件系统。通过 LVM，管理员可以方便地调整存储卷组的大小，并且对磁盘存储按照组的方式进行命名、管理和分配。而且，当系统添加了新的磁盘，通过 LVM 管理员就不必将磁盘的文件移动到新的磁盘上，而是直接扩展文件系统跨越磁盘即可。

（4）系统防火墙管理。系统防火墙主要分为 Windows 系统防火墙和 Linux 系统防火墙。

1）Windows 系统防火墙。Windows Server 2003 及其之前的 Windows 系统防火墙功能非常单一，仅仅支持基于主机状态的入站防护，从 Windows Server 2008 之后防火墙的功能得到了巨大改进。微软新的防火墙成为 Windows 系统高级安全防火墙。它具有出入站双向保护、高级规则配置等新的特性。以下是定制入站规则的一般步骤：

●识别要屏蔽的协议。

●识别源 IP 地址、源端口号、目的 IP 地址和目的端口。

●打开 Windows 系统高级安全防火墙管理控制台。

●增加规则。单击在 Windows 系统高级安全防火墙 MMC 中的"新建规则"按钮，开始启动新规则的向导。

●为一个端口选择要创建的规则。

●启动规则。

2）Linux 系统防火墙。防火墙在做信息包过滤决定时，有一套遵循和组成的规则，这些规则存储在专用的信息包过滤表中，而这些表集成在 Linux 内核中。在信息包过滤表中，规则被分组放在所谓的链（chain）中。Netfilter/iptables IP 信息包过滤系统是一款功能强大的工具，可用于添加、编辑和移除规则。

IP 信息包过滤系统的最大优点是可以配置有状态的防火墙，这是以前的工具都无法提供的一种重要功能。防火墙可以从信息包的连接跟踪状态中获得该信息。在决定新的信息包过滤时,防火墙所使用的这些状态信息可以提升其效率和速度。这里有四种有效状态:NEW、ESTABLISHED、RELATED 和 INVALID。

3. 应用服务运维

在操作系统之上,运行着应用系统软件,为用户提供各种各样的应用服务,如DNS 服务器、Web 服务器、FTP 服务器、数据库服务器等。由于应用服务器的种类众多,同一应用服务的实现方式也多种多样,这里仅以 DNS、Web、数据库服务器为例进行简单介绍。

(1)DNS 服务器。DNS 服务将 IP 地址与形象易于记忆的域名对应起来,使用户在访问服务器或者网站的时候不再使用 IP,而使用域名。DNS 服务器将域名解析成 IP地址并定位服务器。

DNS 解析方式分为正常解析(域名到 IP 地址的解析)和反向解析(IP 地址到域名的解析)。DNS 查询方式分为递归查询和迭代查询。一般通过 nslookup 和 dig 命令来查询和追踪 DNS 解析,nslookup 使用方法如图 2-9 所示。

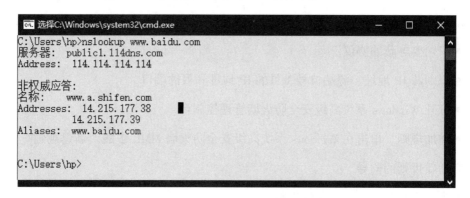

图 2-9 nslookup 使用方法

DNS 常见记录类型有 NS(域名服务器记录)、A(IPv4 地址记录)、AAAA(IPv6地址记录)、PTR(反向指针)、CNAME(别名记录)、MX 记录(用于邮件服务器)、TXT 记录(备注,用于记录特殊信息,如管理员邮件等)。DNS 服务器可以通过 Windows 自带的 DNS 组件搭建,也可以使用 BIND 等开源软件搭建。

(2)Web 服务器。Web 服务器一般指网站服务器,是指驻留于因特网上某种类似计算机的程序，可以向浏览器等 Web 客户端提供文档，也可以放置网站文件，供用户浏览；同时可以放置数据文件，供用户下载。目前三个主流 Web 服务器是 Apache、Nginx、IIS。这里以 Nginx 为例进行介绍。Nginx 是一款轻量级的 Web 服务器/反向代理服务器及电子邮件（IMAP/POP3）代理服务器，其特点是占有内存少、开发能力强。国内使用 Nginx 的用户有百度、京东、新浪、网易、腾讯、淘宝等。

（3）数据库服务器。数据库（Database）是按照数据结构来组织、存储和管理数据的仓库。随着信息技术发展和应用需求的增长，特别是 20 世纪 90 年代以后，数据管理不再仅仅是存储和管理数据，而转变成用户所需要的各种数据管理的方式。数据库有很多种类型，涵盖了从最简单的表格到能够进行海量数据存储的大型数据库系统，并得到了广泛的应用。主流的数据库有 SQL Server、Oracle、MySQL 等。

（三）存储子系统运维

存储子系统的运维可分为存储基础设施运维、存储系统运维和存储区域网络运维。

（1）存储基础设施运维。好的存储设备的基础设施环境能够保证存储资源正常运营。存储基础设施运维包括以下四方面。

1）物理环境。数据中心内所有的设备都必须工作在合适的物理环境下，如数据中心温度、湿度等都必须严格按照要求设定。

2）电源。存储设备的电源数量在数据中心的设备中是相对较多的。由于存储设备的磁盘比较多，因此耗电量比较高。如今的存储设备为了保障设备的可靠性，大多采用多控制器，最少也是两个控制器，一个控制器一般需要 2~3 个电源。这就需要机房的物理实施提供足够的供电设备。

3）机架和线路。存储设备里有很多的磁盘，由机械磁盘的原理可知，磁盘是不能撞击的。存储设备的体积一般比较大。因此在安装的时候必须严格按照说明书要求。由于存储设备需要的以太网或者光纤线路比较多，因此必须确保线路的整洁性。

4）硬件设施监控。机房都会提供环境监测如电源监测、温湿度监测等，以保障机房环境的正常运行。

（2）存储系统运维。在对存储基础设施进行管理时，监控是重要手段之一。可以监控不同存储部件运行状态的相关信息，并根据反馈的信息对存储基础设施进行管控。

1）存储组件的监控。对存储组件的监控主要是为了监控存储基础设施的可访问性、容量、性能和安全。

可访问性保障了存储设备提供服务的连续性。监控的硬件组件如 HBA 卡、控制器、磁盘等都是保障设备提供服务的前提，需要被监控。

容量需要被监控，以确保存储基础设施能够提供足够的资源。容量的监控主要包括监控整体容量、分配给不同上层业务的 LUN 容量的使用情况。

性能是存储基础设施的工作效率。通过监控存储基础设施的性能，有助于确认业务的瓶颈所在。

安全需要被监控。为了保障安全，后端的存储基础设施一般不会接入外网，但安全仍需要被监控。数据中心的每个层面都需要注重安全的问题。

2）存储设备的告警方式。包括三方面。

一是存储厂商自带的告警机制。存储系统的可用性应该被监测，如磁盘阵列故障、存储的容量使用情况等。磁盘阵列配有冗余策略，若磁盘出现损坏或者存储系统的一些进程出现问题，就要及时给存储支持中心或者管理员报警。一些存储设备就提供了这种报警功能，当硬件或者进程出现问题时，会向设备厂商发送信息。

二是 SMTP（Simple Mail Trasfer Protocal，简单邮件传输协议）。存储设备大多可以通过邮件告警。存储系统会收集告警信息并在告警页面显示出具体的出错信息。这样的告警信息是需要管理员登录到存储系统界面才能看到的。管理员可以通过设置 SMTP，将告警信息以邮件的方式发送给管理员。很多时候，为了安全考虑，存储设备一般不接入外网，可以在内部局域网搭建 SMTP 服务器，这样邮件告警不需要接入外网就可以正常使用。

三是 SNMP（Simple Network Management Protocol，简单网络管理协议）。现在很多设备都支持 SNMP 监控，如路由器、交换机、打印机等，当然存储设备也支持 SNMP。各类存储设备系统的 SNMP 配置大同小异。SNMP 设置好之后，在 SNMP 接收端需要有处理软件对接受到 SNMP 信息进行处理，检索出有用的信息，发送给运维管理人员。

（3）存储区域网络运维。数据中心中存储基础设施若采用存储区域网络构建，前端的主机资源和后端存储则是通过网络连接的，一旦网络出现问题，必然会对业务造成影响，因此对存储区域网络的监控也是必要的。存储区域网络中的主要设备是交换机，可采用第三方监控软件利用 SNMP 进行监控。

在维护管理中，比较常用的开源监控软件有 Zabbix、NagiOS、Cacti 等。例如，在需要被监控的目标服务器上安装 Zabbix Agent，通过它可以收集所在服务器的硬件、内存、CPU、磁盘使用情况等信息，并反馈给 Zabbix Server。Zabbix Server 可以单独监控服务器的状态，也可以与 Zabbix Agent 配合监控；可以通过轮询 Zabbix A-gent 主动接收数据（Agent 方式），也可以被动地接受 Zabbix Agent 发送的数据（Trapping 方式）。

（四）网络子系统运维

数据中心中网络子系统的运维工作主要包括文档建立、网络系统巡检、运维监控软件。

1. 文档建立

数据中心网络运维人员需要熟练地掌握数据中心的网络构成、业务走向、设备互联等信息，因此一套内容完整的运维文档是必不可少的。通过运维文档，运维人员可以方便地查看设备的基本信息，快速地调整网络配置，并进行网络故障的排查。一般来说，数据中心网络子系统运维文档应该包含以下几部分。

（1）网络整体拓扑。按照数据中心的总体架构以及设备连接情况，画出数据中心的网络拓扑图。拓扑图需标识清楚设备名称、设备与设备连接的接口及连接介质类型。一张完整的拓扑图可以帮助运维人员快速掌握整个数据中心的网络架构。

（2）网络设备基本信息。这个部分记录了网络设备的基本信息，包括设备型号、规格参数、机房位置及上架信息、系统版本、IP 地址等。

（3）地址表。当网络出现故障时，运维管理人员为了查找故障源 IP，需要先查找多台设备的 ARP 表和 MAC 表，最后定位到故障源 IP 所在端口位置。这个过程需要运维管理人员花费较长的时间，如果出现多个故障源，情况会更加地恶劣。可以把整个网络中所有 IP 地址、MAC 地址、交换机端口的对应关系整理成一个表格，当网络出现故障时，就可以通过这个表格进行快速的故障定位。

运维文档非常重要。因此该文档在建立好之后，一是要定期进行内容的更新，二是要定期进行备份。

2. 网络系统巡检

数据中心的网络设备是支撑数据中心业务运行的桥梁，每台设备都有一定的使用寿命，因此在数据中心网络系统的运维过程中，应定期检查每台网络设备的工作状态，并记录每台设备的状况。

在运维工作中，要定期去机房内检查每台网络设备。如通过检查其设备指示灯的状态来判断设备的状况，若指示灯呈报警状态，应及时记录，并联系设备售后进行处理。运维人员还可以通过远程登录设备操作界面检查设备的状况，包括设备的电源、背板、接口板、风扇等。

3. 运维监控软件

运维人员可以使用监控软件对网络设备进行监控和管理，内容包括网络设备的可用性、设备性能、流量管理和业务分析等。目前业界主流的开源监控工具有很多，如Cacti、Zabbix 等。

（五）安全子系统运维

安全子系统运维是保障及机房稳定运行的重要环节，本节主要包括安全运维体系简介、安全监控系统运维和安全防护系统运维。

1. 安全运维体系简介

根据国家信息安全等级保护的相关标准及要求，安全运维应以数据中心安全防护需求为出发点，数据中心安全系统从事前监控、事中防护和事后审计这三个维度进行规划，并采用纵深防御的安全防护原则，实现设备物理层、网络层、系统层、应用层、数据层的整体安全防护。结合数据中心所承载的业务系统的特点及需求，对业务系统进行分层分域防控，从而全面提升数据中心的风险防御能力。[①]

数据中心安全运维体系由安全监控系统和安全防护系统组成，并通过安全运维管

① 林子松，李润如，刘炜. 数据中心设计与管理 [M]. 北京：清华大学出版社，2017.

理平台和安全运维管理规范，将技术、流程、人三者有机结合，实现信息安全运维工作的闭环管理，如图 2-10 所示。

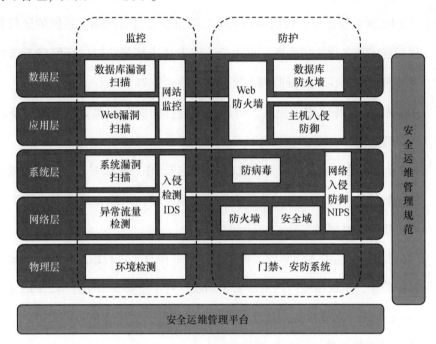

图 2-10　机房安全维护技术体系框架

2. 安全监控系统运维

数据中心安全监控系统主要由安全评估系统和入侵监测系统组成，分别从应用层、系统层、网络层进行综合风险分析，实现对安全态势的动态感知及威胁预警。

（1）安全评估系统运维。安全评估系统以服务器和应用系统为对象，通过对服务器和应用系统进行漏洞监测、挂马监测、可用性监测、网页篡改监测，实现对应用系统的可用性、脆弱性进行评估和预警。安全评估系统日常运维操作如下。

1）必须定期进行漏洞特征库的更新，每周至少进行一次。重大安全漏洞发布后，应立即进行更新，确保漏洞库为最新版本。

2）制定漏洞扫描策略，保证每月至少一次对重要的应用系统和主机设备进行漏洞扫描。重大安全漏洞发布后，应立即对相关系统进行扫描，建议将扫描安排在非工作时间，避免在业务繁忙时执行。

3）根据漏洞扫描的报告，及时通知系统管理员对相应的高危漏洞进行修复。

4）跟踪漏洞修复的状态，在系统管理员完成漏洞修复后，重新对相关应用系统进行扫描，确认漏洞是否修复完毕。

（2）入侵监测系统运维。数据中心入侵监测系统通过对网络、系统的运行状况进行监视，尽可能发现各种攻击企图、攻击行为或者攻击结果，以保证网络系统资源的机密性、完整性和可用性。入侵监测系统日常运维工作如下。

1）定期进行入侵特征库的更新，每周至少进行一次。重大安全漏洞和事件发布后，应立即进行更新。

2）针对监测到的不同入侵行为采取相应的响应动作。建议对于拒绝服务攻击、蠕虫病毒、间谍软件类高威胁攻击，及时调整防火墙策略，采取会话丢弃或拒绝会话动作，将可疑主机阻挡在网络之外。

3）针对已确认发生的入侵事件，需要对入侵监测日志进行跟踪分析，确定入侵源以及入侵动作特征，采取相应措施消除安全问题。对于重要安全事件应及时上报。

4）每月定期统计入侵报告，并分析历史安全事件，优化安全防范策略。

3. 安全防护系统运维

结合数据中心的基础环境及业务系统的实际情况和特点，以实现纵深防御为原则，将信息系统网络划分为外网接入区、内网服务区等相对独立的安全区域，并根据各安全区域的功能和特点选择不同的防护措施。

（1）外网接入区——防火墙系统运维。数据中心外网接入区主要实现网络出口的安全管理、带宽管理、负载均衡控制。根据外网接入区的特点，在该区域部署网络访问控制、入侵事件防御、抗拒绝服务攻击等安全策略。

（2）内网服务区——云安全管理平台运维。数据中心内网服务区是承载业务系统运行的重要区域，根据应用服务对象划分不同区域，并对各安全区域进行严格访问控制。

数据中心通过部署云安全管理平台，实现在虚拟化环境下为主机系统提供防恶意软件、防火墙、IDS/IPS、完整性监控和日志检查在内的安全防护功能。

思考题

1. 云数据中心设备联调包含哪些方面？

2. 数据中心服务器有哪些常见故障问题？

3. 简述云计算服务模式与部署模式分别有哪三种？

4. 机房常见组成部分包含哪些？

5. 机房服务器故障处理流程是什么？

第三章
云计算平台开发理论知识

按照前面所讲，云计算平台、私有云平台、企业云平台都称为云平台，是指可以提供 IaaS、PaaS、SaaS 等各种云服务的平台。

目前市场常见的开源云平台有 OpenStack、CloudStack、Hadoop、Apache Mesos 以及基于 Docker 的 Kubernetes、Swarm 等，而 AWS、阿里云、腾讯云之类就是比较出名的商业云平台，费用也比较昂贵。

云计算平台开发就是利用现有开发工具，在云平台的基础上实现更多方便用户使用的功能。云计算平台开发总体可以分为客户端开发、服务端开发和底层开发等。

底层主要指物理机服务器层，这里主要是 Linux 系统服务器。其中，虚拟化、网络和存储等技术都要深入到系统内核，所以需要了解底层虚拟化相关技术，再往上是容器（Docker）和 Kubernetes，开发语言是 Go 语言，而如果要参与到这其中的开发，仍然需要了解 Linux 系统底层的东西。

原生的 Kubernetes 在运行时对普通用户并不友好，那么就需要用一些界面友好的客户端工具来改善 Kubernetes。客户端开发即根据客户需求，通过编写程序来访问云平台的 API，以方便用户比较快捷地完成某些功能操作。

对于架构师来讲，他们真正关心的并不是服务器、交换机、负载均衡器、监控与部署这些事物，而是"服务"本身。他们希望有一个平台（或工具）来自动完成相关服务的分布式部署，并且对其持续进行监控。当发现某个服务器宕机或者某个服务实例出现故障的时候，平台能够自我修复，从而确保在任何时间点正在运行的服务实例的数量都是用户所预期的，这里所涉及的就是服务端开发。

第一节 云计算平台客户端开发

考核知识点及能力要求:

- 了解前端开发技术。

- 了解云计算平台客户端的实现形式及开发流程。

- 熟悉云计算平台客户端开发中常见的前端开发框架。

前面已经介绍了 OpenStack。而最近几年更加火爆的云计算平台是 Kubernetes。Kubernetes 是一个可移植的、可扩展的开源平台,用于管理容器化的工作负载和服务,可促进声明式配置的使用和自动化管理运维的普及。它拥有一个庞大且快速增长的生态系统,Kubernetes 建立在 Google 数十年大规模运行生产工作的经验基础上,并结合了社区中最好的想法和实践。

无论是私有云、公有云还是容器云,具体功能的操作都是通过 API 实现的。

一、云计算平台 API 介绍

使用云计算平台时一般有三种调用方式——Web 界面方式、命令行方式和 API 方式。如 OpenStack 可以通过 Web 界面,即 Dashboard(面板)来使用平台上的功能;也可以通过命令行的方式,即通过 Keystone、Nova、Neutron 等命令或者最新的 OpenStack 命令来使用各个服务的功能(社区目前的发展目标是使用一个单一的 OpenStack 命令替代过去的每个项目用一个命令的方式);还可以通过 API,即通过各个 OpenStack 项目提供的 API 来实现各个服务的功能。

其中，Web 界面方式是通过 OpenStack 项目的 Horizon 项目提供的。Horizon 项目是一个基于 Python 语言的 Django 应用，包含了前后端的代码。Horizon 项目主要是提供一种交互界面，它会通过 API 和各个 OpenStack 服务进行交互，然后在 Web 界面上展示各个服务的状态，也会接收用户的操作，然后调用各个服务的 API 来完成用户对各个服务的使用。

云计算平台客户端开发是根据客户需求，通过编写程序来访问云计算平台的 API，方便用户比较快捷地完成某些功能操作。下面分别介绍 Kubernetes 和 OpenStack 相关 API。

（一）Kubernetes API 介绍

Kubernetes 控制平面的核心是 API 服务器。API 服务器负责提供 HTTP API，以供用户、集群中的不同部分和集群外部组件相互通信。使用 Kubernetes API 可以查询和操纵 Kubernetes API 中对象（如 Pod、Namespace、ConfigMap 和 Event）的状态。大部分操作都可以通过 kubectl 命令行接口或类似 kubeadm 这类命令行工具来执行。这些工具背后调用的是 API，用户也可以使用 REST 调用来访问这些 API。

如果在开发客户端时要访问 Kubernetes API，可以考虑使用客户端库。在使用 Kubernetes REST API 编写应用程序时，开发者并不需要自己实现 API 调用和"请求/响应"类型。用户可以根据自己的编程语言需求选择使用合适的客户端库。客户端库通常用于常见任务（如身份验证之类）。如果 API 客户端在 Kubernetes 集群中运行，会被大多数客户端库所发现，会使用 Kubernetes 服务账户进行身份验证，或者能够依据 kubeconfig 文件格式来读取凭据和 API 服务器地址。

1. 官方支持的 Kubernetes 客户端库

官方支持的客户端库见表 3-1。客户端库由 Kubernetes SIG API Machinery 正式维护。

2. 社区维护的客户端库

除官方支持的客户端库外，还有一些客户端库是由 Kubernetes 开源社区开发维护的，其用户量庞大，但 Kubernetes 项目作者不负责这些项目。部分开发语言所对应的客户端库见表 3-2。

表 3-1 官方支持的客户端库

语言	客户端库
DotNet	github. com/kubernetes-client/csharp
Go	github. com/kubernetes/client-go/
Haskell	github. com/kubernetes-client/haskell
Java	github. com/kubernetes-client/java
JavaScript	github. com/kubernetes-client/javascript
Python	github. com/kubernetes-client/python/

表 3-2 社区维护的客户端库

语言	客户端库
Go	github. com/ericchiang/K8s
Java（OSGi）	bitbucket. org/amdatulabs/amdatu-kubernetes
Java（Fabric8、OSGi）	github. com/fabric8io/kubernetes-client
Java	github. com/manusa/yakc
Python	github. com/fiaas/K8s
Python	github. com/mnubo/kubernetes-py
Python	github. com/tomplus/kubernetes-asyncio
Python	github. com/Frankkkkk/pykorm

（二） OpenStack API 介绍

OpenStack 作为流行的开源云计算平台，其最大特性是利用其提供的基础设施 API，以软件的方式动态管理资源。OpenStack 提供的 API 也是流行的 REST API。当通过认证服务认证后，可以使用其他的 OpenStack API 来创建和管理 OpenStack 云环境下的资源，也可以通过计算服务 API 或者 OpenStack 命令行创建云主机，并为云主机配置参数。

在当前阶段，基于 OpenStack 的客户端开发是将 OpenStack 各个组件的功能在用户交互层面重新排版。简单来说，就是模仿 Horizon 组件重新开发一套 OpenStack 的管理组件。因为默认的 Horizon 组件提供的功能有限，达不到用户使用需求。限于 Horizon

的种种不足，使得开发者有必要对其进行二次开发。

通过 API 使用 OpenStack 的方式是由各个服务来实现的。例如，负责计算的 Nova 项目实现了计算相关的 API，负责认证的 Keystone 项目实现了认证和授权相关的 API。这些 API 都是有统一形式的，它们采用了以 HTTP 协议实现的符合 REST 规范的 API。

OpenStack 都是基于 HTTP 协议和 JSON 来实现自己的 RESTful API。当一个服务要提供 API 时，就会启动一个 HTTP 服务端，用来对外提供 RESTful API。

OpenStack 的 API 都是有详细的文档记录的，用户可以在网站 http://docs. open-stack. org/看到所有 API 的文档。每个 API 的文档形式如图 3-1 所示，单击"detail"按钮可以查看详细信息，包括请求数据格式等。

图 3-1　OpenStack API 文档形式

（三）开发流程

和常规的软件开发工作类似，云计算平台客户端开发的流程也是从语言选择、环境搭建等工作开始一步步完成的。

1. 开发语言的选择

进行客户端开发时可根据环境和个人需求选择开发语言。在 Kubernetes 开发中，使用 Go 语言成为主流。而 Python 语言也已成为在 OpenStack 开发中的主流。

Go 语言被设计成一门应用于搭载 Web 服务器、存储集群或类似用途的巨型中央服务器的系统编程语言。对于高性能分布式系统领域而言，Go 语言比大多数其他语言具有更高的开发效率，还提供了海量并行的支持。

Python 是一种简单易学、功能强大的编程语言，具有高效率的高层数据结构，能够简单而有效地实现面向对象编程。Python 简洁的语法和对动态输入的支持，再加上其具备解释性语言的本质，使得其在大多数平台和领域都是一个理想的脚本语言，特别适用于快速的应用程序开发。①

2. 搭建开发环境

此处的开发环境的准备与常规开发不同，主要是对云计算平台环境的准备。

（1）OpenStack 开发环境搭建。OpenStack 是一个十分复杂的分布式系统，部署难度较大，调试也较困难。对于开发者而言，首先需要一个 ALL_IN_ONE 的开发环境，以便随时修改代码并查看结果。OpenStack 社区已经提供了现成的快速部署工具，即 DevStack（Develop OpenStack），这是专为开发 OpenStack 量身打造的工具。

DevStack 不依赖于任何自动化部署工具，因此用户在部署时不需要耗费大量时间在部署工具的准备上，而只需要简单地编辑配置文件，然后运行脚本，即可实现一键部署 OpenStack 环境。利用 DevStack 基本上可以部署所有的 OpenStack 组件，但并不是所有的开发者都需要部署所有的服务。DevStack 充分考虑了这种情况，其初始设计就是可扩展的，除了核心组件，其他组件都是以插件的形式提供，开发者只需要根据自己的需求配置自己的插件即可。

DevStack 除了快速部署最新的 OpenStack 开发环境，社区项目的功能测试也是通过 DevStack 完成，开发者提交的代码在合并到主分支之前，必须通过 DevStack 所有的功能集测试。另外，DevStack 是基于代码仓库的 Master 分支部署，如果开发者想尝试 OpenStack 的最新功能或者新项目，也可以通过 DevStack 工具快速部署最新代码的测试环境。

（2）Kubernetes 开发环境搭建。对于开发环境，常见的快速部署 Kubernetes 方式有 Kind、Minikube、MicroK8s、Vagrant 和 RKE 等。其中 RKE（Rancher Kubernetes Engine）是一种在裸机、虚拟机、公/私有云上安装 Kubernetes 的轻量级工具，是一个用 Golang 编写的 Kubernetes 安装程序，用户不再需要做大量的准备工作即可拥有快速的 Kubernetes 安装部署体验。

3. 搭建程序框架

开发过程中，开发者可以在开源项目的基础上进行二次开发，也可以在实际使用

① 肖斌涛，黄君强. Python 语言在教学辅助软件开发中的应用研究［J］. 现代计算机（专业版），2009（07）.

的云计算平台基础上进行开发。

在 Kubernetes 开发方面，可以结合 Kubernetes 的特点。如果使用 Go 语言进行 Kubernetes 的 Web 客户端开发，前端框架主要使用 Bootstrap 和 AngularJS；如果进行 OpenStack 的客户端开发，则可以根据开发语言选择适用框架进行进一步的开发。

4. 实现功能

最后，开发者根据需求应用相关库完成对应功能的开发。云计算平台开发中需要特别注意用户认证及相关安全，避免系统出现被攻击或信息泄露等安全问题。

二、常用框架和工具

在进行云计算平台客户端开发时，一般会使用 Web 形式展现。Web 开发经常要使用前端框架和后端框架。如 Web 前端开发中，经常要使用 Bootstrap、Vue. js、AngularJS、React 等；而后端开发中，根据开发语言的不同，可能会使用基于 PHP 框架的 Laravel、基于 Python 的 Django 或者基于 RESTful API 的 go-restful。以下框架可根据自身需要使用其中一部分。

（一）Bootstrap 框架

Bootstrap 是用于搭建 Web 页面的 HTML、CSS、JavaScript 的工具集。Bootstrap 基于 HTML5 和 CSS3，具有友好的学习曲线、卓越的兼容性。它提供了一套响应式、移动设备优先的流式栅格系统，是目前最受欢迎的 HTML、CSS 和 JavaScript 框架之一，可用于开发响应式布局、移动设备优先的 Web 项目。随着屏幕或视口（Viewport）尺寸的增加，系统最多会自动分为 12 列，包含了易于使用的预定义类及强大的 mixin，用于生成更具语义的布局。①

1. Bootstrap 框架的优点

第一，最近发布的 Bootstrap4 含有 box-flex 布局更新，紧跟最新的 Web 技术发展。

第二，Bootstrap 框架较为成熟，其在大量的项目中已进行了充分的使用和测试。

---

① 贾英霞. 浅谈 Bootstrap 制作响应式网站布局［J］. 福建电脑，2015，31（08）.

第三，拥有大量的组件样式，接受定制，使得 Web 开发更加快捷。

2. Bootstrap 框架的缺点

第一，若开发人员遇到特别的需求，就需要重新定制样式。如果一个网站中有大量的非 Bootstrap 风格的样式存在，那么就需要做大量的 CSS 重写，这也就失去了使用框架的意义。

第二，存在部分兼容问题。虽然网上存在很多兼容 IE 的办法，但需要引入其他文件，且文件一般很大，这势必导致加载速度变慢，影响用户体验。

3. Bootstrap 框架的安装使用方式

Bootstrap 的所有 JavaScript 插件都依赖 jQuery，因此 jQuery 必须在 Bootstrap 之前引入。

4. Bootstrap 框架的结构解读

下载 Bootstrap 压缩包之后，将其解压缩到任意目录，即可看到压缩版的目录结构。如图 3-2 所示，为 Bootstrap 的基本文件结构，预编译文件可以直接使用到任何 Web 项目中。这里提供了编译好的 CSS 和 JS（bootstrap. ＊）文件、经过压缩的 CSS 和 JS（bootstrap. min. ＊）文件，还提供了 CSS 源码映射表（bootstrap. ＊. map），可以在某些浏览器的开发工具中使用。同时也包含了来自 Glyphicons 的图标字体，在附带的 Bootstrap 主题中会使用到这些图标。

Bootstrap 源码中包含了预先编译的 CSS、JavaScript 和图标字体文件，并且还有 LESS、JavaScript 和文档的源码①，文件组织结构如图 3-3 所示。其中，less/、js/和 fonts/目录分别包含了 CSS、JS 和字体图标的源码。dist/目录包含了以上所说的预编译 Bootstrap 包内的所有文件。docs/目录包含了所有文档的源码文件，examples/目录是 Bootstrap 官方提供的实例工程。除了这些，其他文件还包含 Bootstrap 安装包的定义文件、许可证文件和编译脚本等。

（二）AngularJS 框架

AngularJS 是一个开发动态 Web 应用的框架，它使用 HTML 作为模板语言，并且可

---

① 李金亮，李春青. 基于 BootStrap 的 WEB 开发设计研究［J］. 中小企业管理与科技（中旬刊），2014（05）.

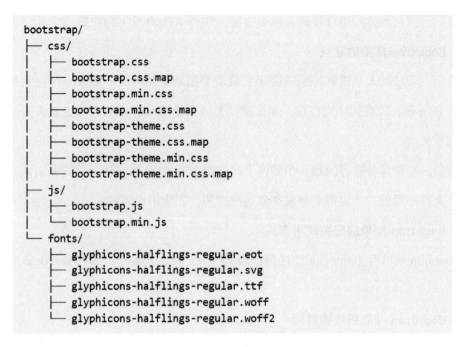

图 3-2　Bootstrap 框架的基本文件结构

图 3-3　Bootstrap 源码主要文件组织结构

以通过扩展的 HTML 语法，使应用组件更加清晰和简洁。它的创新之处在于其通过数据绑定和依赖注入减少了大量代码的使用，而这些在浏览器端可以通过 JavaScript 实现，能够和任何服务器端技术完美结合。[①]

　　AngularJS 是为了扩展 HTML 在构建应用时的不足而设计的。对于静态文档，HTML 是一门很好的声明式的语言，但对于构建动态 Web 应用它却无能为力。所以，构建动

① 张希花. 基于 Salesforce 云计算平台的毕业设计选题系统的研究与实现 [J]. 通讯世界, 2015（19）.

态 Web 应用往往需要一些技巧，才能让浏览器配合工作。AngularJS 通过指令"Directive"扩展 HTML 的语法。例如，通过"｛｛ ｝｝"进行数据绑定；使用 DOM 控制结构进行迭代或隐藏 DOM 片段；支持表单和表单验证；将逻辑代码关联到 DOM 元素上；将一组 HTML 做成可重用的组件。

在构建 Web 应用的前端时，AngularJS 提供的不是一个部分解决方案，而是一个完整的解决方案。它能够处理所有混杂了 DOM 和 AJAX 的代码，并能够以良好的结构组织它们。这使得 AngularJS 在决定怎样构建一个 CRUD（增加 Create、查询 Retrieve、更新 Update、删除 Delete）应用时显得有些"偏执（opinionated）"。但是尽管"偏执"，它也尝试确保使用它构建的应用能够灵活地适应变化。

1. AngularJS 的优点

基于 AngularJS 上面的这些功能扩展，相比传统的 HTML 语言，AngularJS 框架可以总结出以下优点。

（1）双向数据绑定。数据绑定可能是 AngularJS 最酷、最实用的特性。它能够帮助开发人员避免书写大量的初始代码，从而节约开发时间。一个典型的 Web 应用可能包含了 80% 的代码用来处理、查询和监听 DOM。

（2）代码模块化。每个模块的代码独立拥有自己的作用域，如 model、controller 等。

（3）自定义 directive。强大的 directive 可以将很多功能封装成 HTML 的 tag、属性或者注释等，这大大美化了 HTML 的结构，增强了可阅读性。

（4）依赖注入。将这种后端语言的设计模式赋予前端代码，这意味着前端的代码可以提高重用性和灵活性。未来的模式可能将大量操作放在客户端，服务端只提供数据来源和其他客户端无法完成的操作。

2. AngularJS 的基本概念

AngularJS 的基本概念见表 3-3。

AngularJS 是众多前端开源框架中的一种，开发人员可以根据不同的维度辨别是否要深入学习 AngularJS。例如，使用该框架是否简化了自身的前端开发、该框架是否符合未来前端的开发趋势。

表 3-3 AngularJS 的基本概念

概念	说明
模板	带有 Angular 扩展标记的 HTML
指令	用于通过自定义属性和元素扩展 HTML 的行为
模型	用于显示与用户互动的数据
作用域	用来存储模型的语境。模型放在这个语境中才能被控制器、指令和表达式等访问
表达式	通过它来访问作用域中的变量和函数
编译器	用来编译模板，并且对其中的指令和表达式进行实例化
过滤器	负责格式化表达式的值，以便呈现给用户
视图	用户看到的内容（即 DOM）
数据绑定	自动同步模型中的数据和视图表现
控制器	视图背后的业务逻辑
依赖注入	负责创建和自动装载对象或函数
注入器	用来实现依赖注入的容器
模块	用来配置注入器
服务	独立于视图的、可复用的业务逻辑

（三）Django 框架

Django 是一个由 Python 编写的开放源代码的 Web 应用框架。

使用 Django，Python 开发人员只需要很少代码就可以轻松地完成一个正式网站所需要的大部分内容，并进一步开发出全功能的 Web 服务。Django 本身基于 MVC 模型，即 Model（模型）+ View（视图）+ Controller（控制器）设计模式，MVC 模式使后续对程序的修改和扩展简化，并且使程序某一部分的重复利用成为可能。

1. Django 的组成

Django 是遵循 MVC 架构的 Web 开发框架，其主要由以下几部分组成。[1]

---

① 芮坤坤，阮进军. edX 平台集成 Django WebSSH 应用开发研究 [J]. 伊犁师范学院学报（自然科学版），2020，14（04）.

（1）管理工具（Management）。一套内置的创建站点、迁移数据、维护静态文件的命令工具。

（2）模型（Model）。提供数据访问接口和模块，包括数据字段、元数据、数据关系等的定义及操作。

（3）视图（View）。Django 的视图层封装了 HTTP Request 和 Response 的一系列操作和数据流，其主要功能包括 URL 映射机制、绑定模板等。

（4）模板（Template）。一套 Django 自带的页面渲染模板语言，用若干内置的 tags 和 filters 定义页面的生成方式。

（5）表单（Form）。通过内置的数据类型和控件生成 HTML 表单。

（6）管理站（Admin）。通过声明需要管理的 Model，快速生成后台数据管理网站。

2. MVC 和 MTV 模型

MVC 模式是软件工程中的一种软件架构模式，它把软件系统分为三个基本部分——模型、视图和控制器。MVC 具有松耦合、部署方便、可复用性高等优势。

MVC 以一种插件式、松耦合的方式连接在一起。模型主要功能是编写程序应有的功能，负责业务对象与数据库的映射（ORM）。视图作为图形界面，负责与用户的页面交互。控制器负责转发请求，对请求进行处理。具体工作流程如图 3-4 所示。

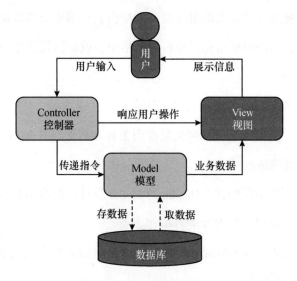

图 3-4 MVC 模式工作流程

Django 的 MTV 模式本质上和 MVC 是一样的，也是为了各组件间保持松耦合关系，只是定义上有些许不同。Django 的 MTV 分别是指模型、模板和视图。如图 3-5 所示，给出了 MTV 各组件的对比图。其中 M 表示模型（Model）对应编写程序应有的功能，负责业务对象与数据库的映射（ORM）。T 表示模板（Template），负责如何把页面（HTML）展示给用户。V 表示视图（View），负责业务逻辑，并在适当时候调用 Mode-ltTemplate。MVC 的控制部分在 MTV 模式中由 Django 框架自带的 URLconf 来实现。

MTV开发模式

M：模型（Model）　　　　　V：视图（View）　　　　　T：模板（Template）
与数据组织相关的功能　　针对请求选取数据的功能　　与表现相关的所有功能

组织和存储数据的方法和模　选择哪些数据用于展示，指　页面展示风格和方式，与具
式，与数据模型相关的操作　定显示模板，每个URL对应　体数据分离，用于定义表现
　　　　　　　　　　　　　一个回调函数　　　　　　　风格

图 3-5　MTV 各组件的对比图

用户通过浏览器向服务器发起一个请求（Request），这个请求会访问视图函数。如果不涉及数据调用，那么视图函数直接返回一个模板（一个网页）给用户；如果涉及数据调用，那么视图函数会去调用模型，模型会去数据库查找数据，然后逐级返回。最后，视图函数把返回的数据填充到模板的空格中，返回网页给用户。

3. Django 的优点

Django 在 Web 系统开发方面具有如下优点。

（1）功能完善、要素齐全。自带大量常用工具和框架（比如分页、权限管理等），适合快速开发企业级网站。

（2）强大的数据库访问组件。Django 的 Model 层自带数据库 ORM 组件，使得开发者无须学习 SQL 语言即可对数据库进行操作。

（3）自带后台管理系统 admin。只需要通过简单的配置和几行代码就可以实现一个完整的后台数据管理控制平台。

4. Django 的缺点

Django 封装的功能很完善，但也带来如下一些问题。

（1）过度封装。Django 封装了很多类和方法，使用简便，但开发人员修改较为困难。

（2）性能劣势。与 C、C++相比，Django 性能偏低，原因是 Python 运行速度低。

（3）模板问题。Django 的模板实现了代码和样式完全分离，不允许模板里出现 Python 代码，灵活度不足。

5. Django 开发步骤

使用 Django 进行开发主要包含以下几个步骤。

（1）安装 Django。安装 Python 并在配置环境变量后安装 Django。

（2）创建 Django 工程。PyCharm 是进行 Django 开发的最佳开发工具之一，请自行安装。如图 3-6 所示为 PyCharm 新建项目示意图。

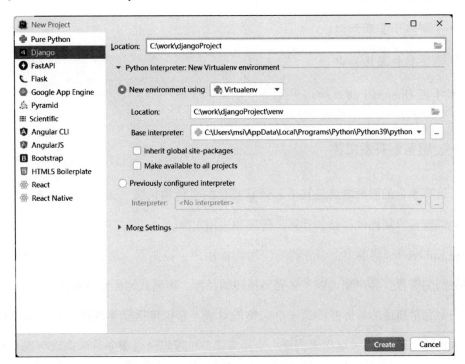

图 3-6 PyCharm 新建项目示意图

（3）启动服务器。执行项目目录下的 manage.py 文件，就可以在浏览器上访问了。

（4）进行具体功能开发。这部分工作主要包括编写前端模板代码、设置路由（本地路由和全局路由）、编写交互界面代码、实现具体功能等。

第二节　云计算平台服务端开发

考核知识点及能力要求：

- 了解权限管理知识。
- 熟悉软件架构知识。
- 掌握 OpenAPI 相关知识。

一、服务端开发概述

云计算平台的服务端就是基于云计算搭建的平台和系统。云计算服务端的功能是为移动端或客户端提供存储、计算、管理和应用支撑。

在 Kubernetes 集群中，服务器端应用协助用户、控制器，通过声明式配置的方式管理他们的资源。客户端可以发送完整描述的目标，声明式地创建或修改对象。

一个完整描述的目标并不是一个完整的对象，它仅包括能体现用户意图的字段和值。该目标（Intent）可以用来创建一个新对象，也可以通过服务器来实现与现有对象的合并。系统支持多个应用者（Appliers）在同一个对象上开展协作。

字段管理（Field Management）机制用来追踪对象字段的变化。当一个字段值改变时，其所有权从当前管理器（Manager）转移到施加变更的管理器。当尝试将新配置应用到一个对象时，如果字段有不同的值，且由其他管理器管理，将会引发冲突。冲突会引发警告信号，也可以被刻意忽略。这种情况下，值将会被改写，所有权也会发生转移。

当用户从配置文件中删除一个字段，然后应用这个配置文件时，将触发服务端应用检查此字段是否还被其他字段管理器拥有。如果没有，那就从活动对象中删除该字段；如果有，那就重置为默认值。该规则同样适用于 list 或 map 项目。

服务器端应用既是原有"kubectl apply"的替代品，也是控制器发布自身变化的一个简化机制。如果用户启用了服务器端应用，控制平面就会跟踪所有新创建对象管理的字段。

二、服务端实现的关键技术

服务端开发涉及相关 API 工具、权限和其他平台相关技术，下面就服务端开发涉及的其中几个主要方面做简单介绍。

（一）libvirt

OpenStack 项目的首要任务是简化云部署过程，并为其带来良好的扩展性。OpenStack 中 Nova 组件本身并不提供虚拟化技术，只是借助了各种主流的虚拟化技术，比如 Xen、KVM 等，来实现虚拟机的创建与管理。因此作为 Nova 的核心，Nova-compute 需要和不同的 Hypervisor 进行交互。KVM 是底层的 Hypervisor，用来模拟 CPU 的运行，OpenStack 不会直接控制 KVM，而是通过 libvirt 库来间接控制虚拟机。

1. 定义

libvirt 是一套开源的 API 管理工具，用来管理虚拟化平台，它可以应用在 KVM、XEN、VMware ESX、QEMU 等虚拟化技术。在 OpenStack Nova 中，默认采用 libvirt 对不同类型的虚拟机（OpenStack 默认 KVM）进行管理。

libvirt 由应用程序编程接口库（API）、守护进程（libvirtd）和默认命令行实用工具（virsh）等部分组成。libvirtd 是一个 Daemon 进程，可以被本地和远程的 virsh 调用，libvirtd 通过调用 Qemu-kvm 操作管理虚拟机。

如果要参与 libvirt 的代码开发，必须遵守 libvirt 现有的风格和框架。libvirt 的核心价值和主要目标就是提供了一套管理虚拟机的、稳定的、高效的应用程序接口。

2. 组成

libvirt API 大致可划分为如下八个大的部分。

（1）连接 Hypervisor 相关的 API。具体指以 virConnect 开头的一系列函数。

（2）域管理的 API。具体指以 virDomain 开头的一系列函数。

（3）节点管理的 API。具体指以 virNode 开头的一系列函数。

（4）网络管理的 API。具体指以 virNetwork 开头的一系列函数和部分以 virInterface 开头的函数。

（5）存储卷管理的 API。具体指以 virStorageVol 开头的一系列函数。

（6）存储池管理的 API。具体指以 virStoragePool 开头的一系列函数。

（7）事件管理的 API。具体指以 virEvent 开头的一系列函数。

（8）数据流管理的 API。具体指以 virStream 开头的一系列函数。

在使用 libvirt API 的具体操作中，凡是跟连接相关 libvirt 接口（virConnect＊）调用都需要首先调用 virConnectOpen。此接口目的是通过 libvirtd 建立与底层 Hypervisor 的连接，并长期执行后续接口任务直至不再需要为止。

开发者可以通过这样的方式调用相关 API 来完成 OpenStack 中虚拟机管理等操作。

（二）Kubernetes 权限管理

Kubernetes 主要通过 API Server 对外提供服务，对于这样的系统集群来说，需要对请求访问进行限制。如果不对请求加以限制，那么会导致请求被滥用，甚至被黑客攻击。

Kubernetes 对于访问 API 提供了两个步骤的安全措施——认证和授权。认证解决用户是谁的问题，授权解决用户能做什么的问题，两者通过合理的权限管理，保障系统的安全可靠。

如图 3-7 所示是 Kubernetes 中 API 访问要经过的三个步骤，前面两个步骤是认证和授权，第三个步骤是许可控制，它也能在一定程度上提高安全度。[1]

---

[1] 郭建伟. 认证机制保障 Kubernetes 安全［J］. 网络安全和信息化, 2019（04）.

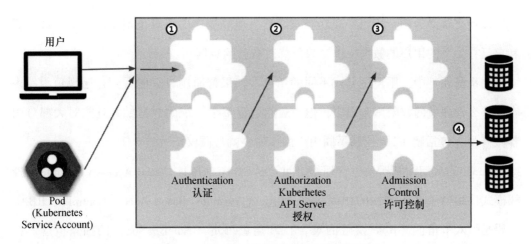

图 3-7　**Kubernetes 中 API 访问的三个步骤**

其中，http 协议是超文本传输协议，明文传输信息。https 协议是具有安全性的 ssl 加密传输协议，是由 ssl+http 协议构建的可进行加密传输身份认证的网络协议，比 http 协议安全。只有通过 https 访问的时候才会需要认证和授权，http 则不需要。

1. 认证（Authentication）

认证解决用户是谁的问题。认证关注的是谁发送的请求，即客户端必须用某种方式揭示自己的身份信息。常见的认证手段是采用用户名和密码的方法进行认证，几乎所有的社交网站都采用此方式。现在也有很多手机采用指纹的方式进行认证。无论如何，认证的功能只有一个，即提供用户的身份信息。

Kubernetes 并没有完整的用户系统，因此目前认证的方式并不是统一的，而是提供了很多可以配置的认证方式供用户选择。这些认证方式包括客户端证书认证、静态密码文件认证、静态 Token 文件认证、Service Account Tokens 认证、OpenID 认证、Webhook Token 认证、Keystone 认证等。其中 Keystone 是 OpenStack 提供的认证和授权组件，这个方法对于已经使用 OpenStack 来搭建 IaaS 平台的公司比较适用，直接使用 Keystone 可以使 IaaS 和 CaaS 平台保持一致的用户体系。

2. 授权（Authorization）

授权解决用户能做什么的问题。授权发生在认证之后，通过认证的请求就能知道 username，而授权判断这个用户是否有权限对访问的资源执行特定的动作。

以社交软件为例，当用户成功登录之后，他能操作的资源范围是固定的，如查看和自己有关系的用户的数据，但是只能修改自己的数据。

　　在系统软件中，用户还分成不同的角色。如果普通用户只能看到自己视角内的内容，那么管理员的权限则大得多，他一般能查看整个系统的数据，并且能对大部分内容做修改（包括删除）。控制不同用户操作内容就是授权要做的事情。

　　Kubernetes 启用基于角色管理的访问控制 RBAC（Role-Based Access Control）的授权模式，相当于基于属性的访问控制 ABAC（Attribute-Based Access Control）。RBAC 主要是引入了角色（Role 权限的集合）和角色绑定（RoleBinding）的抽象概念。在 ABAC 中，Kubernetes 集群中的访问策略只能跟用户直接关联；而 RBAC 中，访问策略可以跟某个角色关联，具体的用户再和某个角色或者多个角色关联。RBAC 拥有四个 Kubernetes 资源对象——角色（Role）、集群角色（ClusterRole）、角色绑定（RoleBinding）、集群角色绑定（ClusterRoleBinding）。同其他 API 资源对象一样，用户可以使用 kubectl 或者 API 调用方式等操作这些资源对象。如图 3-8 所示是 Kubernetes 中的 RBAC 授权模式。

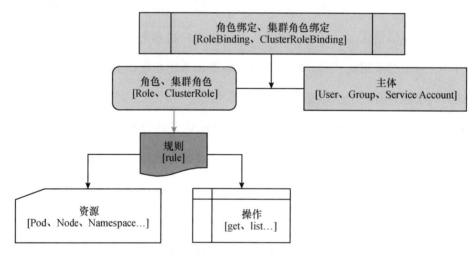

图 3-8　Kubernetes 中的 RBAC 授权模式

　　（1）角色（Role）。一个 Role 就是一组权限的集合，这里的权限都是许可的。Role 只能对命名空间内的资源进行授权，下面例子中定义的 Role 具备读取 Pod 的权限，代码如下所示：

```
kind: Role
apiVersion: rbac.authorization.k8s.io/v1beta1
metadata:
    namespace: default              //这里指的是 default 命名空间下的角色
    name: pod- reader
rules:
- apiGroups: [""]                   //""空字符串，表示核心 API 群
    resources: ["pods"]             //要操作的资源
    verbs: ["get", "watch", "list"] //操作资源对应具体的权限
```

其中，rules 中的参数说明如下。

1）apiGroups：支持的 API 组列表。如"apiVersion：batch/v1""apiVersion：extensions""apiVersion：apps"。

2）resources：支持的资源对象列表。如 pods、deployments、secrets、jobs、configmaps、endpoints、persistentvolumeclaims、replicationcontrollers、statefulsets、namespaces 等。

3）verbs：对资源对象的操作方法列表。如 get、watch、list、delete、replace、patch、create 等。

（2）集群角色（ClusterRole）。ClusterRole 除了具有和 Role 一致的命名空间内资源的管理能力，还可以用于对以下特殊元素的授权管理。

1）集群范围的资源，如 Node。

2）非资源型的路径，如/healthz。

3）包含全部命名空间的资源，如 pods（用于"kubectl get pods-all-namespaces"这样的操作授权）。

下面的 ClusterRole 可以让用户有权访问任意一个或所有命名空间的 secrets（视其绑定方式而定），代码如下所示：

```
kind: ClusterRole
apiVersion: rbac.authorization.k8s.io/v1beta1
metadata:
    name: my- cluster- role
```

```
# ClusterRole 不受限于命名空间,所以省略了 namespace 的定义
rules:
- apiGroups: [""]
  resources: ["secrets"]
  verbs: ["get", "watch", "list"]
```

（3）角色绑定（RoleBinding）、集群角色绑定（ClusterRoleBinding）。用来把一个 Role 绑定到一个目标上，绑定目标可以是 User（用户）、Group（组）或者 Service Account。使用 RoleBinding 可以为某个命名空间授权，使用 ClusterRoleBinding 可以为集群范围内的命名空间授权。RoleBinding 可以引用 Role 进行授权。下例中的 RoleBinding 在 default 命名空间中把 pod-reader 授予用户 jane，这一操作让 jane 可以读取 default 命名空间中的 Pod：

```
kind: RoleBinding
apiVersion: rbac.authorization.k8s.io/v1beta1
metadata:
  name: read- pods
  namespace: default          //角色绑定指定的命名空间
subjects:
- kind: User                  //操作的类型是 user
  name: jane                  //user 的名称
  apiGroup: rbac.authorization.k8s.io
roleRef:
  kind: Role                  //权限绑定的类型是 Role
  name: pod- reader           //对上述应角色名称
  apiGroup: rbac.authorization.k8s.io
```

RoleBinding 也可以引用 ClusterRole，对属于同一命名空间内 ClusterRole 定义的资源主体进行授权。常用的做法是集群管理员为集群范围预定义好一组 ClusterRole，然后在多个命名空间中重复使用这些 ClusterRole。这样可以大幅提高授权管理工作效率，也使得各个命名空间下的基础性授权规则与使用体验保持一致。如下面的代码，虽然 secret-reader 是一个 ClusterRole，但是因为使用了 RoleBinding，所以 dave 只能读取 development 命名空间中的 secret：

```
kind: RoleBinding
apiVersion: rbac.authorization.k8s.io/v1beta1
metadata:
  name: read- secrets
  namespace: development    # 集群角色中, 只有在 development 命名空间中的权
限才能赋予 dave
subjects:
- kind: User
  name: dave
  apiGroup: rbac.authorization.k8s.io
roleRef:
  kind: ClusterRole
  name: secret- reader
  apiGroup: rbac.authorization.k8s.io
```

ClusterRoleBinding 的 Role 只能是 ClusterRole，用于进行对集群级别或者所有命名空间都生效的 Role 授权。下面的例子中允许 manager 组的用户读取任意 Namespace 中的 secret，代码如下所示：

```
kind: ClusterRoleBinding
apiVersion: rbac.authorization.k8s.io/v1beta1
metadata:
  name: read- secrets- global
subjects:
- kind: Group
  name: manager
  apiGroup: rbac.authorization.k8s.io
roleRef:
  kind: ClusterRole
  name: secret- reader
  apiGroup: rbac.authorization.k8s.io
```

图 3-9 展示了 Role 和 RoleBinding 对 Pod 进行操作授权的逻辑关系。

多数资源可以用其名称的字符串来表达。然而，某些 Kubernetes API 包含下级资源，如 Pod 的日志（logs）。Pod 日志的 Endpoint 是如下路径：

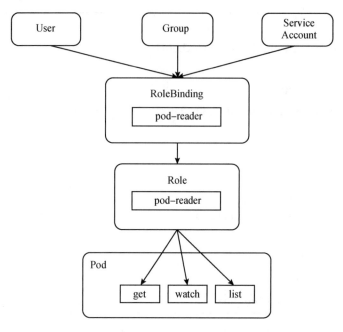

图 3-9 RoleBinding、Role 对 Pod 的操作授权

GET/api/v1/namespaces/{namespace}/pods/{pod_name}/log

在这个例子中，Pod 是一个命名空间内的资源，log 就是一个下级资源。要在 RBAC 角色中体现，则需要用斜线"/"来区隔资源和下级资源。

若想授权某个主体同时能够读取 Pod 和 Pod log，则可以配置 resources 为一个数组，示例代码如下：

```
kind: Role
apiVersion: rbac.authorization.k8s.io/v1beta1
metadata:
    namespace: default
    name: pod- and- pod- logs- reader
rules:
- apiGroups: [""]
  resources: ["pods", "pods/log"]
  verbs: ["get", "list"]
```

资源还可以通过名称（ResourceName）进行引用（这里指的是资源实例的名字）。在指定 ResourceName 后，使用 get、delete、update、patch 动作的请求，就会被限制在这个资源实例的范围内。

如声明一个主体只能对一个 configmap 进行 get 和 update 操作，示例代码如下：

```
kind: Role
apiVersion: rbac.authorization.k8s.io/v1beta1
metadata:
  namespace: default
  name: configmap- updater
rules:
- apiGroups: [""]
  resources: ["configmap"]
  resourceNames: ["my- configmap"]
  verbs: ["update", "get"]
```

ResourceName 这种用法对 list、watch、create、deletecollection 操作是无效的，因为它们必须要通过 URL 进行鉴权，而资源名称在 list、watch、create 和 deletecollection 请求中只能请求 Body 数据的一部分。

RBAC 具有如下优势：①对集群中的资源和非资源权限均有完整的覆盖；②整个 RBAC 完全由几个 API 对象完成，同其他 API 对象一样，可以用 kubectl 或 API 进行操作；③可以在运行时进行调整，无须重新启动 API Server；④要使用 RBAC 授权模式，则需要在 API Server 的启动参数中加上"-authorization-mode=RBAC"。

（三）OpenAPI

OpenAPI 规范定义了一个标准的、与语言无关的 RESTful API 接口规范，它可以同时允许开发人员和操作系统查看并理解某个服务的功能，无须访问源代码、文档或网络流量检查（既方便人类学习和阅读，也方便机器阅读）。开发者可以使用最少的实现逻辑来理解远程服务并与之交互。[①]

此外，文档生成工具可以使用 OpenAPI 规范来生成 API 文档，代码生成工具可以生成各种编程语言下的服务端和客户端代码、测试代码和其他用例。

Kubernetes API 是基于资源的、通过 HTTP 提供的编程接口。API 支持通过标准的

---

① 李琼峰，刘娜，王振伦，等. 基于数据流的柿竹园多源异构智能巡检应用方案 [J]. 有色设备，2021（05）.

HTTP 动词（POST、PUT、PATCH、DELETE 和 GET）检视、创建、更新和删除主要资源，为很多允许细粒度权限控制的对象提供子资源（如将 Pod 绑定到节点上），并且出于对便利或效率的考虑，支持这些资源的不同表示形式。

大多数 Kubernetes API 资源类型都是对象。它们代表的是集群中某一概念的具体实例，如一个 Pod 或名字空间。为数不多的几个 API 资源类型是"虚拟的"，它们通常代表的是操作而非对象本身。所有对象都有一个唯一的名字，以便支持幂等的创建和检视操作。如果虚拟资源类型不可检视或者不要求幂等，可以不具有唯一的名字。

Kubernetes 一般会利用标准的 RESTful 术语来描述 API 概念。[①]

资源类型（Resource Type）是在 URL 中使用的名称（pods、namespaces、services）。所有资源类型都有一个 JSON 形式（其对象的模式定义）的具体表示，称作类别（Kind）。某资源类型的实例的列表称作集合（Collection）。资源类型的单个实例被称作资源（Resource）。

所有资源类型要么是集群作用域的（/apis/GROUP/VERSION/ ＊），要么是名字空间作用域的（/apis/GROUP/VERSION/namespaces/NAMESPACE/ ＊）。名字空间作用域的资源类型会在其名字空间被删除时删除，并且对该资源类型的访问是由定义在名字空间域中的授权来控制的。

1. 集群作用域的资源

集群作用域主要涉及以下两个操作。

（1）GET /apis/GROUP/VERSION/RESOURCETYPE：返回指定资源类型的资源的集合。

（2）GET /apis/GROUP/VERSION/RESOURCETYPE/NAME：返回指定资源类型下名称为 NAME 的资源。

2. 名字空间作用域的资源

名字空间作用域主要涉及以下三个操作。

---

① 马永亮. Kubernetes 进阶实战［M］. 北京：机械工业出版社，2019.

（1）GET /apis/GROUP/VERSION/RESOURCETYPE：返回所有名字空间中指定资源类型的全部实例的集合。

（2）GET /apis/GROUP/VERSION/namespaces/NAMESPACE/RESOURCETYPE：返回名字空间 NAMESPACE 内给定资源类型的全部实例的集合。

（3）GET /apis/GROUP/VERSION/namespaces/NAMESPACE/RESOURCETYPE/NAME：返回名字空间 NAMESPACE 中给定资源类型的名称为 NAME 的实例。

由于名字空间本身是一个集群作用域的资源类型，用户可以通过"GET /api/v1/namespaces/"检视所有名字空间的列表，使用"GET /api/v1/namespaces/NAME"检视特定名字空间的详细信息。几乎所有对象资源类型都支持标准的 HTTP 动词（POST、PUT、PATCH、DELETE 和 GET），Kubernetes 使用术语 list 来描述返回资源集合的操作，以便与返回单个资源的通常称作 GET 的操作相区分。

某些资源类型有一个或多个子资源（Sub-resource），表现为对应资源下面的子路径，如集群作用域的子资源：GET /apis/GROUP/VERSION/RESOURCETYPE/NAME/SUBRESOURCE；名字空间作用域的子资源：GET/apis/GROUP/VERSION/namespaces/NAMESPACE/RESOURCETYPE/NAME/SUBRESOURCE。

每个子资源所支持的动词取决于对象是什么，具体可以参考详细文档。跨多个资源来访问其子资源是不可能的，如果需要这一能力，则通常意味着需要一种新的虚拟资源类型。服务端应用创建对象的简单示例代码如下：

```
apiVersion: v1
kind: ConfigMap
metadata:
  name: test- cm
  namespace: default
  labels:
    test- label: test
  managedFields:
  - manager: kubectl
    operation: Apply
    apiVersion: v1
```

```
                time: "2021- 12- 01T0: 00: 00Z"
                fieldsType: FieldsV1
                fieldsV1:
                    f: metadata:
                      f: labels:
                        f: test- label: {}
                    f: data:
                      f: key: {}
            data:
              key: some value
```

上述对象在 metadata. managedFields 中包含了唯一的管理器。管理器由管理实体自身的基本信息组成，如操作类型、API 版本和它管理的字段。

（四）Kubernetes API Server 简介

Kubernetes API Server（kube-apiserver）提供了 Kubernetes 各类资源对象（Pod、RC、Service 等）的增删功能及 HTTP REST 接口，是整个系统的数据总线和数据中心。Kubernetes API Server 验证并配置 API 对象的数据，这些对象包括 pods、services、replicationcontrollers 等。API Server 为 REST 操作提供服务，为集群的共享状态提供前端，所有其他组件都通过该前端进行交互。

1. kube-apiserver 的功能

kube-apiserver 具有如下几个功能：①提供了集群管理的 REST API 接口（包括认证授权、集群状态变更等）；②提供了其他模块之间的数据交互和通信的枢纽；③提供资源配额控制的入口；④拥有完备的集群安全机制。

2. kube-apiserver 工作流程

整个 Kubernetes 技术体系由声明式 API 以及 Controller 构成，而 kube-apiserver 是 Kubernetes 的声明式 API Server，它为其他组件交互提供了桥梁，因此加深对 kube-apiserver 的理解就显得至关重要了。kube-apiserver 在 Kubernetes 系统架构中的工作原理如图 3-10 所示。

kube-apiserver 主要通过对外提供 API 的方式与其他组件进行交互，可以调用 kube-

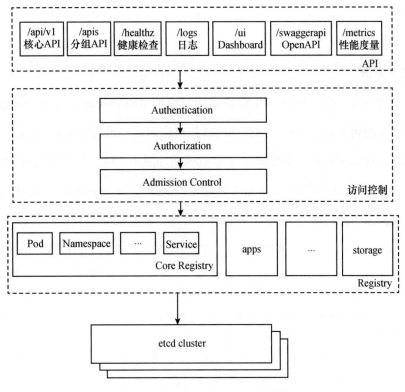

图 3-10 kube-apiserver 工作原理

apiserver 的接口 "$ curl -k https://<masterIP>:6443" 或者通过其提供的 swagger-ui 获取, 主要有以下三种 API: ①core group, 主要在/api/v1 目录下; ②named groups, 其路径为/apis/$NAME/$VERSION; ③暴露系统状态的一些 API, 如/metrics、/healthz 等。

kube-apiserver 作为整个 Kubernetes 集群操作 etcd 的唯一入口, 负责执行 Kubernetes 各资源的认证、校验、CRUD 等操作, 提供 RESTful APIs, 供其他组件调用。

kube-apiserver 包含以下三种 API Server: ①aggregatorServer: 负责处理 apiregistration. k8s. io 组下的 API Service 资源请求, 同时将来自用户的请求拦截转发给 aggregated-server。②kubeAPIServer: 负责处理一些通用的请求, 包括各个内建资源的 REST 服务等。③apiExtensionsServer: 负责 Custom Resource Definition（CRD）apiResources 和 apiVersions 的注册, 同时处理 CRD 以及相应 Custom Resource（CR）的 REST 请求（如果对应 CR 不能被处理的话, 则会返回 404）, 也是 apiserver Delegation 的最后一环。另

外还包括 bootstrap-controller，主要负责 Kubernetes default apiserver service 的创建和管理。

3. 应用举例

Kube API Server 会为每种 API 资源创建对应的 RESTStorage。RESTStorage 的目的是将每种资源的访问路径及其后端存储的操作对应起来。通过构造的 RESTStorage 实现的接口判断该资源可以执行哪些操作（如 create、update 等），并将其对应的操作存入到 action 中，每一个操作对应一个标准的 REST method。如 create 对应 REST method 为 POST，而 update 对应 REST method 为 PUT。最终，根据 actions 数组，对每一个操作添加一个 handler（handler 对应 RESTStorage 实现的相关接口），并注册到 route，并对外提供 RESTful API，具体代码中的工作流程如下：

```
func (a * APIInstaller) registerResourceHandlers (path string, storage rest.Storage, ws
* restful.WebService) (* metav1.APIResource, error) {
    // 1、判断 resource 实现的 REST 接口，来判断其支持的 verbs 以便添加路由
    creater, isCreater: = storage. (rest.Creater)
    namedCreater, isNamedCreater: = storage. (rest.NamedCreater)
    lister, isLister: = storage. (rest.Lister)
    getter, isGetter: = storage. (rest.Getter) ...
    // 2、为 resource 添加对应的 actions
      switch {
    case ! namespaceScoped:
        resourcePath: = resource
        resourceParams: = params...
        // Handler for standard REST verbs (GET, PUT, POST and DELETE)
         actions = appendIf (actions, action{"LIST", resourcePath, resourceParams,
namer, false}, isLister) ...
    }...
    // 3、从 rest.Storage 到 restful.Route 映射。为每个操作添加对应的 handler
    for _, action: = range actions {...
        switch action.Verb {...
        case "POST": // Create a resource.
            var handler restful.RouteFunction
    // 4、初始化 handler
```

```
                    if isNamedCreater {
                            handler = restfulCreateNamedResource (namedCreater, reqScope,
admit)
                    } else {
                            handler = restfulCreateResource (creater, reqScope, admit)
                    }...
            // 5、route 与 handler 进行绑定
                    route: = ws.POST (action.Path) .To (handler) .
                            Param (ws.QueryParameter ("pretty", "If ' true' , then the output is
pretty printed.") ) .
                            Operation ("create"+namespaced+kind+strings.Title (subresource)
+operationSuffix) .
                            Produces (append (storageMeta.ProducesMIMETypes (action.Verb) ,
mediaTypes...) ...) .
                            Returns (http.StatusOK, "OK", producedObject) . ...
                    if err: = AddObjectParams (ws, route, versionedCreateOptions) ;err ! = nil {
                            return nil, err
                    }
                    addParams (route, action.Params)
            // 6、添加到路由中
                    routes = append (routes, route)
            case "DELETE": ...
            default:
                    return nil, fmt.Errorf ("unrecognized action verb: % s", action.Verb)
            }
        }...
    }
```

4. kube-apiserver 代码结构总结

kube-apiserver 代码结构见表 3-4。

表 3-4　　　　　　　　　　　　　　kube-apiserver 代码结构

功能	对应部分
apiserver 整体启动逻辑	k8s. io/kubernetes/cmd/kube-apiserver
apiserver bootstrap-controller 创建 & 运行逻辑	k8s. io/kubernetes/pkg/master

续表

功能	对应部分
API Resource 对应后端 RESTStorage（based on genericregistry. Store）创建	k8s. io/kubernetes/pkg/registry
aggregated-apiserver 创建和处理逻辑	k8s. io/kubernetes/staging/src/k8s. io/kube-aggregator
extensions-apiserver 创建和处理逻辑	k8s. io/kubernetes/staging/src/k8s. io/apiextensions-apiserver
apiserver 创建和运行	k8s. io/kubernetes/staging/src/k8s. io/apiserver/pkg/server
注册 API Resource 资源处理 handler（InstallREST&Install © isterResourceHandlers）	k8s. io/kubernetes/staging/src/k8s. io/apiserver/pkg/endpoints
创建存储后端（etcdv3）	k8s. io/kubernetes/staging/src/k8s. io/apiserver/pkg/storage
genericregistry. Store. CompleteWithOptions 初始化	k8s. io/kubernetes/staging/src/k8s. io/apiserver/pkg/registry

（五）Istio

Istio 是一个开源服务网格平台，它可以控制微服务之间数据的共享方式。其附带的 API 可以将 Istio 集成到任何日志记录平台、遥测或策略系统中。在设计上，Istio 可以在多种环境中运行，如企业本地、云托管、Kubernetes 容器、虚拟机上运行的服务等。

微服务是一种架构风格，它将一个庞大的单体服务拆分为一组松散耦合的微服务集合，该微服务集合提供了与单个单体应用相同的功能。但微服务可以独立于其他服务进行独立的开发和部署。此外，微服务是围绕业务能力组织的，可以由较小的团队拥有，因此，在开发和部署上能够实现更小、更独立的迭代。Istio 为微服务应用提供了一个完整的解决方案，可以用统一的方式去检测和管理微服务。同时，它还提供了管理流量、实施访问策略、收集数据等功能，而所有这些功能都对业务代码透明，即不需要修改业务代码就能实现。有了 Istio，就几乎可以不需要其他的微服务框架，也不需要自己去实现服务治理等功能，只要把网络层委托给 Istio，就能完成这一系列的功能。简单来说，Istio 就是一个提供了服务治理能力的服务网格。

Istio 的架构分为数据平面和控制平面两部分。在数据平面中，通过在环境中部署 sidecar 代理，即可为服务添加 Istio 支持。该 sidecar 代理与微服务并存。这些代理共同构成了一个网格网络，可拦截微服务之间的网络通信。控制平面则通过管理和配置代理来管理流量。此外，控制平面还可配置组件，以实施相关策略并收集遥测数据。

借助 Istio 等服务网格，开发和运维部门就可以更好地应对从单体式应用向云原生应用（一组小型、独立且松散耦合的微服务应用的集合）的转变。针对服务网格及其所支持的微服务，Istio 可提供相应的行为分析和操作控制。服务网格降低了部署的复杂性，并减轻了开发团队的负担。借助 Istio 的特别功能，用户可以运行分布式微服务架构。这些功能包括以下三个。

（1）流量管理。Istio 拥有流量路由和规则配置功能，使用户可以控制服务之间的流量及 API 调用。

（2）安全防护。Istio 提供了底层通信渠道，并可大规模管理服务通信的身份验证、授权和加密。借助 Istio，可在跨多个协议运行时，以最小的应用更改实施各项策略。将 Istio 与 Kubernetes（或基础架构）网络策略一起使用，就能保护网络层和应用层的容器集间或服务间的通信。

（3）可观测性。利用 Istio 的跟踪、监测和日志记录功能，能深入了解用户自己的服务网格部署。监测功能可以让用户了解服务活动将如何影响上游和下游的性能，自定义仪表板可以查看所有服务的性能。

三、常用框架和工具

服务端开发涉及开发语言框架、平台中的各种标准和工具。下面介绍其中比较重要的部分。

（一）Go 语言

Go 语言（又称 Golang）是 Google 公司开发的一种静态强类型、编译型语言。Go

语言被设计成一门应用于搭载 Web 服务器、存储集群或类似用途的巨型中央服务器的系统编程语言。

对于高性能分布式系统领域而言，Go 语言无疑比大多数其他语言有着更高的开发效率。它提供了海量并行的支持，这对于服务端的开发而言是再好不过了。

Go 语言的语法接近 C 语言，两者对于变量的声明有所不同，且支持垃圾回收功能。Go 语言的并行模型以东尼·霍尔的通信顺序进程（CSP）为基础，并具有 Pi 运算的特征，如通道传输。在 Go 1.8 版本中开放插件（Plugin），意味着现在能从 Go 语言中动态加载部分函数。

与 C++语言相比，Go 语言并不包括枚举、异常处理、继承、断言、虚函数等功能，但却增加了切片（Slice）型、并发、管道、垃圾回收、接口（Interface）等特性的语言级支持。不同于 Java 语言，Go 语言内嵌了关联数组（也称为哈希表或字典），就像字符串类型一样。

1. Go 语言开发环境安装

Go 语言支持 Linux、FreeBSD、Mac OS 和 Windows 等操作系统。安装包下载地址为 https://golang.org/dl/或者 https://golang.google.cn/dl/。

以 Go 1.4 版本为例，各个系统对应的包名见表 3-5。

表 3-5　　　　　　　　　　　系统对应的 Go 语言包

操作系统	包名
Windows	go1.4.windows-amd64.msi
Linux	go1.4.linux-amd64.tar.gz
Mac	go1.4.darwin-amd64-osx10.8.pkg
FreeBSD	go1.4.freebsd-amd64.tar.gz

2. Go 语言受欢迎的原因

Go 语言之所以受欢迎，在于它在服务端的开发中，总能抓住程序设计人员的痛点，以直接、简单、高效、稳定的方式来解决问题。这里并不会深入讨论 Go 语言的具体语法，只对语言中关键的、对简化编程具有重要意义的方面进行介绍，来体验 Go 的设计哲学。

Go 语言的关键特性主要包括并发与协程、基于消息传递的通信方式、丰富实用的内置数据类型、函数多返回值、Defer 延迟处理机制、反射（Reflect）能力和高性能 HTTP Server 等。

（二）RESTful API 与 WSGI[①]

RESTful 只是设计风格而不是标准，Web 服务通常使用基于 HTTP 的符合 RESTful 风格的 API。而 WSGI（Web Server Gateway Interface，Web 服务器网关接口）则是 Python 语言中所定义的 Web 服务器和 Web 应用程序/框架之间的通用接口标准。

1. REST 与 RESTful

REST（Resource Representational State Transfer，表现层状态转移）简单来说就是资源在网络中以某种表现形式进行状态转移。其中 Resource 指资源，即数据；Representational 指某种表现形式，如用 JSON、XML、JPEG 等；而 State Transfer 指状态变化，通过 HTTP 动词实现。REST 核心是使用 URL 定位资源，用 HTTP 动词（GET、POST、DELETE、PUT）描述操作。

REST 描述的是在网络中 Client 和 Server 的一种交互形式。REST 本身不实用，实用的是如何设计 RESTful API（REST 风格的网络接口）。服务提供的 RESTful API 中，URL 中只使用名词来指定资源，原则上不使用动词。资源是 REST 架构（整个网络）处理的核心。用 HTTP 协议里的动词可以实现资源的添加、修改、删除等操作，即通过 HTTP 动词来实现资源的状态转移——GET 用来获取资源；POST 用来新建资源（也可以用于更新资源）；PUT 用来更新资源；DELETE 用来删除资源。

从应用程序开发的角度来看，RESTful API 的本质是一个 Web Application，而 RESTful API 框架就是实现这个 Web Application 所封装的一系列工具库，使开发者可以忽略底层实现的复杂度，专注于自身 Application 的逻辑设计。

2. WSGI 简介

WSGI 是一个网关，作用就是在协议之间进行转换。换言之，WSGI 就是一座桥

---

① 英特尔亚太研发有限公司. OpenStack 设计与实现［M］. 北京：电子工业出版社，2020.

梁，桥梁的一端称为服务端或网关端，另一端称为应用端或框架端。当处理一个 WSGI 请求时，服务端会为应用端提供上下文信息和一个回调函数，应用端在处理完请求后，会使用服务端所提供的回调函数返回对应请求的响应。

作为一座"桥梁"，WSGI 将 Web 组件分成了三类——Web 服务器（WSGI Server）、Web 中间件（WSGI Middleware）和 Web 应用程序（WSGI Application）。WSGI Server 用于接收 HTTP 请求，封装一系列环境变量，并按照 WSGI 接口标准调用注册的 WSGI Application，最后将响应返回给客户端。

3. go-restful 简介

go-restful 是一个 Go 语言第三方库，是一个轻量的 RESTful API 框架，它基于 Go 语言 Build-in 的 http/net 库，适用于构建灵活多变的 Web Application。Kubernetes 的 API Server 也使用了 go-restful。

go-restful 定义了 Container、WebService 和 Route 三个重要数据结构。其中 Route 表示一条路由，结构形如"URL/HTTP method/输入输出类型/回调处理函数 RouteFunction"；WebService 表示一个服务，由多个 Route 组成，它们共享同一个 Root Path；Container 表示一个服务器，由多个 WebService 和一个 http.ServerMux 组成，使用 RouteSelector 进行分发。

go-restful 应用的最简单实例是向 WebService 注册路由，将 WebService 添加到 Container 中，由 Container 负责分发。实例代码如下：

```
func main () {
  ws: = new (restful.WebService)
  ws.Path ("/users")
  ws.Route (ws.GET ("/") .To (u.findAllUsers) .
    Doc ("get all users") .
    Metadata (restfulspec.KeyOpenAPITags, tags) .
    Writes ([]User{}) .
    Returns (200, "OK", []User{}) )
container: = restful.NewContainer () .Add (ws)
http.ListenAndServe (":8080", container)
}
```

(三) 消息总线①

OpenStack 组件之间通过 RESTful API 进行通信，项目内部的不同服务进程之间的通信，则必须通过消息总线。这种设计思想保证了各个项目对外提供服务的接口可以被不同类型的客户端高效支持。②

软件从最初的面向过程，到面向对象，再到面向服务，均要求开发人员考虑各个服务之间如何传递消息。消息总线的模式出现了。顾名思义，消息总线的模式为一些服务向总线发送消息，其他服务从总线上获取消息。

目前已有多种消息总线的开源实现，OpenStack 也对其中的部分实现有所支持，如 RabbitMQ、Qpid 等。基于这些消息总线类型，oslo. messaging 库实现了远程过程调用 (remote procedure call，RPC) 和事件通知 (event notification) 两种方式来完成项目内部的不同服务进程之间的通信。

第三节　云计算平台底层开发

考核知识点及能力要求：

- 了解内核开发的知识。
- 了解虚拟化开发和容器开发的知识。

---

① 英特尔亚太研发有限公司. OpenStack 设计与实现 [M]. 北京：电子工业出版社，2020.

② 马国祥，曾金. 金融行业私有云 OpenStack 实践与思考 [J]. 中国金融电脑，2018 (09).

一、底层技术概述

云计算平台开发底层技术包括了传统操作系统底层、云计算平台底层及容器云底层技术，这些对应到了操作系统内核、虚拟化技术和容器技术等内容。

系统内核一般是指 Linux 内核。Linux 内核是 Linux 操作系统（OS）的主要组件，也是计算机硬件与其进程之间的核心接口。它负责两者之间的通信，它在操作系统中就像果实硬壳中的种子一样，控制着硬件的所有主要功能，所以称为内核。

虚拟化技术是云计算技术的基础。虚拟化是一个广义的术语，是指计算元件在非真实的基础上运行，是一个为了扩大硬件容量、简化管理、优化资源的解决方案。[①] 虚拟化核心思想是提高硬件资源的利用率，它通过在系统中加入一个虚拟化层，将下层资源池化后，向上层操作系统提供一个预期一致的服务器硬件环境，并允许不同操作系统的虚拟机互相隔离且并发运行在一台物理机上。

随着 Kubernetes 的流行，容器技术变得越来越重要。容器是一种沙盒技术，主要目的是将应用运行在其中并与外界隔离，方便这个沙盒可以被转移到其他宿主机器。本质上，它通过名称空间（Namespace）、控制组（control groups）、切根（chroot）技术把资源、文件、设备、状态和配置划分到一个独立的空间。换言之，容器是一个装应用软件的箱子，箱子里面有软件运行所需的依赖库和配置，程序开发人员可以把这个箱子搬到任何机器上，且不影响里面软件的运行。

二、内核知识

内核是操作系统最基本的部分。它为众多应用程序提供对计算机硬件的安全访问。这种访问是有限的，并且内核可以决定一个程序对某部分硬件操作的时间。

（一）内核的用途

内核主要有以下四项工作。

（1）内存管理。追踪记录有多少内存、存储了什么以及存储在哪里。

---

① 马锡坤，杨国斌，于京杰. 基于虚拟化的云计算数据中心整体解决方案［J］. 中国医疗设备，2012（27）.

（2）进程管理。确定哪些进程可以使用中央处理器（CPU）、何时使用以及持续多长时间。

（3）设备驱动程序。充当硬件与进程之间的调解程序或解释程序。

（4）系统调用和安全防护。从流程接受服务请求，调用系统服务。

在正确实施的情况下，内核对于用户是不可见的，它在自己的内核空间工作，并从中分配内存和跟踪所有内容的存储位置。用户所看到的内容（如 Web 浏览器和文件）则被称为用户空间。这些应用通过系统调用接口（SCI）与内核进行交互。

举例来说，内核就像是一个为高管（硬件）服务的个人助理。助理的工作就是将员工和公众（用户）的消息和请求（进程）转交给高管，记住存放的内容和位置（内存），并确定谁可以拜访高管以及会面时间有多长。

（二）内核在操作系统中的位置

为了更具象地理解内核，不妨将 Linux 操作系统计算机想象成三层结构，即硬件、内核和用户进程。

1. 硬件

物理机（系统的底层结构或基础）是由内存（RAM，随机访问存储器）、处理器（或 CPU）以及输入/输出（I/O）设备（如存储、网络和图形）组成的。其中，CPU 负责执行计算和内存的读/写操作。

2. 内核

它是操作系统的核心。它驻留在内存中，用于告诉 CPU 要执行哪些操作。

3. 用户进程

用户进程是内核所管理的运行程序，有时也简称为进程。内核还允许这些进程和服务器彼此进行通信（称为进程间通信或 IPC）。

系统执行的代码通过内核模式或用户模式在 CPU 上运行。在内核模式下运行的代码可以不受限制地访问硬件，而用户模式则会限制 SCI 对 CPU 和内存的访问。内存也存在类似的分隔情况（内核空间和用户空间）。这两个小细节构成了一些复杂操作的基础，如安全防护、构建容器和虚拟机的权限分隔。这也意味着如果进程在用户模式下失败，则损失有限、无伤大雅，可以由内核进行修复。另一方面，由于内核进程要访问内存和处理器，因此内核进程的崩溃可能会引起整个系统的崩溃。一个进程的崩溃通常不会引起太多问题。

（三）内核开发的特点

内核开发不同于用户空间的应用程序开发，有其独特之处。内核有一些特点区别于应用程序开发过程，需要特别引起注意。

1. 无 C 库或无标准头文件

内核不能连接使用标准 C 库函数，因为这会增加内核空间，所以内核只能实现自己的方法，幸好大部分常用的 C 库函数在内核中都已经得到了实现。

除了自己编写的头文件以外，内核自带的头文件主要分如下两个部分：①基本的头文件位于内核源代码树顶级目录下的 include 目录中，如头文件<Linux/inotify. h>对应内核源代码树的 include/Linux/inotify. h 文件；②体系结构相关的头文件集位于内核源代码树的 arch/<architecture>/include/asm 目录下，如 x86 体系结构相关的头文件就在 arch/x86/include/asm 目录下，内核代码通过"asm/"为前缀的方式来包含这些头文件，如<asm/ioctl. h>。

2. 内核编程时使用 GNU C 库

GNC CC 是一个功能非常强大的跨平台 C 编译器，它为 C 语言提供了很多扩展，这些扩展为优化、目标代码布局、更安全的检查等提供了很强的支持。业内把支持 GNU 扩展的 C 语言称为 GNU C。内核代码的开发需要使用大量的 GNU C 扩展，以至于能够编译内核的唯一编译器是 GNU CC。

3. 内核没有内存保护机制

内核编程时一定要谨慎。由于内核中的内存都不分页，即每用掉一个字节，物理内存就减少一个字节，所以往内核里加入新功能时一定要小心。

4. 内核中尽量不使用浮点运算

浮点计算时需要专门的寄存器和浮点计算单元来处理，一个浮点运算指令使用的 CPU 周期也更长。而且在某些机制下，因为内核态使用 FPU（浮点计算单元）时没有保存原始寄存器的值，破坏了用户态保存在 FPU 的值，容易导致运算错乱。

5. 内核进程固定

每个进程的栈都是固定的，且很小，在编译时配置决定其大小，一般为 2 000 ~ 8 000 字节。

6. 同步和并发

内核很容易产生竞争，内核很多特征要求能够并发地访问共享数据，这就要求有同步机制。常用自旋锁和信号量解决竞争。

7. 可移植性非常重要

当进行内核开发时，要对编码规则烂熟于心，这样才会写出可移植性的代码。

三、虚拟化知识

虚拟化技术是云计算的基础组件，在基础设施即服务（IaaS）方案中，虚拟化技术为应用程序创建了安全可定制的执行环境，它的目标是对包括基础设施、系统和软件等 IT 资源的表示、访问和管理进行简化，并为这些资源提供标准的接口来接收输入和提供输出。它降低了资源使用者和资源具体实现之间的耦合程度，让用户不再依赖于资源的某种特定实现。[①] 自 2006 年以后，英特尔和 AMD 推出了扩展处理器，许多虚拟化解决方案采用了 KVM、Xen、Hyper-V、VirtualBox 等。

（一）常见虚拟化技术介绍

1. Xen

Xen 起源于英国剑桥大学的一个研究项目，用于支持客户操作系统的高性能运行。当需要执行敏感指令的时候，Xen 不需要做耗费资源的指令翻译工作，只需要通过修改涉及该敏感指令执行的客户操作系统来完成。Xen 现已支持 x86、ARM 等平台。

如图 3-11 所示为 Xen 的工作架构。Xen 包含三个基本组件——Hypervisor、Domain 0、Domain U。其中 Hypervisor 运行在硬件之上，承载所有的操作系统，提供 CPU

---

① 王平. 云计算关键技术在数字图书馆中的应用研究［J］. 情报资料工作，2010（05）.

和内存调度的作用。Domain 0 作为对 Hypervisor 的扩充，提供对整个平台的管理角色，拥有系统硬件输入输出设备。Domain U 则是 Xen 中真正的供用户使用的虚拟客户机。Host OS 是未安装虚拟机的操作系统。

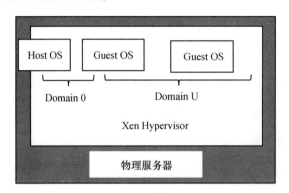

图 3-11　Xen 的工作架构

2. KVM

KVM 是一款基于 GPL 的开源虚拟机软件。从 Linux 2.6.20 起，KVM 作为内核的一个模块被集成到 Linux 系统主要发行版本中。从技术架构（代码量、功能特性、调度管理、性能等）、社区活跃度以及应用广泛度来看，KVM 在产业界的应用量逐年呈递增趋势。KVM 支持 x86、ARM 等平台。

图 3-12 是 KVM 虚拟化结构示意图。KVM 由两个部分组成——KVM 驱动和 QEMU。KVM 驱动直接被集成到 Linux 系统（Intel-VT 或 AMD-V）中，主要负责虚拟机创建、CPU 和内存的分配等。QEMU 用于模拟虚拟机的用户空间组件，提供了 I/O 设备模型和访问外部设备的途径。KVM 要和 QEMU 一起使用才能实现虚拟机功能。值得注意的是，这里的每一个虚拟机都是 Host OS 内的一个进程。

3. Hyper-V

Hyper-V 是微软开发的针对服务器的虚拟化方案，它采用了虚拟机管理程序（Hypervisor）的方法来直接实现桌面的虚拟化。Hyper-V 和 Windows Server 2008 同时发布。Hyper-V 作为一个组件，将虚拟机管理程序变成了操作系统上的一个角色。配置运行 Hyper-V 的计算机能够将单个虚拟机公开到一个或多个网络。

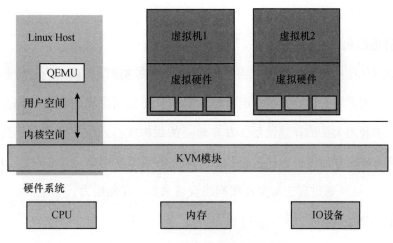

图 3-12　KVM 虚拟化结构示意图

(二) 虚拟化相关开发技术

目前技术不但能够实现完整的虚拟机，还可以就某一方面实现虚拟化，如网络的虚拟化、CPU 的虚拟化和存储的虚拟化等。

1. 网络虚拟化

网络虚拟化技术将硬件设备和特定的软件结合，以创建和管理虚拟网络。网络虚拟化将不同的物理网络集成为一个逻辑网络（外部网络虚拟化），或让操作系统分区具有类似于网络的功能（内部网络虚拟化）。外部网络虚拟化通常是一个虚拟局域网（VLAN）。VLAN 是主机的集合，主机之间就像在同一个广播域下相互通信。内部网络虚拟化通常与硬件和操作系统级虚拟化一起应用，为客户机提供虚拟的通信网络接口。有几种方式可实现内部网络虚拟化：一是客户机共享主机的相同网络接口，并使用网络地址转换（NAT）来访问网络；二是虚拟机管理器可以安装在主机、网络设备或者驱动上；三是客户机拥有一个专用网络。

2. CPU 虚拟化

早先的 CPU 虚拟化由于硬件限制，必须将客户机操作系统中的特权指令替换成可嵌入的 VMM（Virtual Machine Monitor）指令，从而让 VMM 接管并进行相应的模拟工作，最后返回到客户机操作系统中。这种做法性能差、工作量大，容易引起 Bug。Intel 的 VTx 技术对现有的 CPU 进行了扩展，引入了特权级别和非特权级别，从而极大地简化了 VMM 的实现步骤。

3. 存储虚拟化

存储虚拟化是一种系统管理方法，能够将硬件的物理结构表示为逻辑形式。使用这种技术时，用户不必担心其数据的特定位置，只需使用逻辑路径来标识。存储虚拟化使得用户能利用大量的存储设备，并在单一的逻辑文件系统下管理和描述这些存储设备。目前有许多存储虚拟化技术，其中最常见的是基于网络的虚拟化，即存储区域网络（SAN）。SAN 通过高速带宽连接网络设备来提供存储能力。

4. CRI、CNI、CSI

容器编排工具 Kubernetes 的设计支持可插拔架构，这有利于其扩展功能。在此架构思想下，Kubernetes 提供了三个特定功能的接口，分别是 CRI、CNI 和 CSI。Kubernetes 通过调用这几个接口，来完成对应的功能。

（1）CRI（容器运行接口）。CRI 的主要目的是让 kubelet 无须重新编译就可以支持多种容器运行。kubelet 将通过 CRI 接口跟第三方容器运行时进行通信，来操作容器与镜像。

（2）CNI（容器网络接口）。由于容器网络解决方案有多种，容器运行平台也多种多样，使用方法和接口就很难统一起来。想要解决这个问题，需要加一层抽象的软件层。CNI 就是这样的一个接口层。正因为它规范了一套统一公开的容器网络接口规范，程序开发人员只需要按 CNI 规范来调用 CNI 接口，即可实现网络的设置。同时，CNI 也提供了一些内置的标准以及 libcni 这样的"胶水层"，这大大降低了容器运行时与网络插件的接入门槛。

（3）CSI（容器存储接口）。它是一种标准，用于将任意块存储和文件存储系统暴露给 Kubernetes 等容器编排系统（CO）上的容器化工作负载，使用 CSI 的第三方存储提供商可以编写和部署在 Kubernetes 中存储系统的插件，而无须接触核心的 Kubernetes 代码。

四、容器内核知识

显然，容器平台也像一个操作系统，那么相应也有和操作系统类似的知识。下面逐步介绍容器和容器内核相关内容。

（一）容器技术简介

容器是一个允许开发人员在资源隔离的过程中，运行应用程序和其依赖项的、轻量的、操作系统级别的虚拟化技术。运行应用程序所需的所有必要组件都打包为单个镜像，这个镜像是可以被重复使用的。当镜像运行时，是在独立的环境中运行，并不会和其他的应用共享主机操作系统的内存、CPU 或磁盘。

容器技术又被称为操作系统级别的虚拟化技术。与虚拟化技术相比，两者都支持资源的隔离访问。但容器不需要运行客户机操作系统，它可以复用 Linux 内核，即在 Linux 内核上加一层修改，生成定制的镜像。而虚拟机通常包括整个操作系统和应用程序。

容器用于在常规操作系统中为应用程序打包。基于以上两种用途，可将容器的类型分为 OS 容器和应用程序容器。在 OS 容器中，从运行程序的角度来看，它们就像真正的物理计算机，典型产品为 CoreOS。应用程序容器在运行时，表现得像直接运行在操作系统中，但其实它可以在不同程度上进行隔离，典型产品为 Docker。

（二）容器内核技术

容器的内核技术包括 Cgroup 和 Namespace。

Cgroup（control group）又称为控制组，它主要用来做资源控制。它是将任意进程进行分组化管理的 Linux 内核功能，通过给这个控制组分配指定的可用资源，达到限定这一组进程可用资源的目的。Cgroup 的子系统见表 3-6。

表 3-6 Cgroup 的子系统

子系统	作用
devices	设备权限控制
cpuset	分配指定的 CPU 和内存节点
CPU	控制 CPU 使用率
cpuacct	统计 CPU 使用情况
memory	限制内存的使用上限

续表

子系统	作用
freezer	暂停 Cgroup 中的进程
net_cls	配合流控限制网络带宽
net_prio	设置进程的网络流量优先级
perf_event	允许 Perf 工具基于 Cgroup 分组做性能检测
huge_tlb	限制 HugeTLB 的使用

Namespace 又称为命名空间，它是 Linux 内核的一项技术，主要功能是访问隔离。其原理是针对一类资源进行抽象，并将其封装在一起提供给一个容器使用。而它们彼此之间是不可见的，因此可以做到访问隔离。

目前，Linux 内核实现了六种 Namespace，见表 3-7。

表 3-7　　　　　　　　　　　　Linux 内核的六种 Namespace

子系统	作用
IPC	隔离 System VIPC 和 POSIX 消息队列
Network	隔离网络资源
Mount	隔离文件系统挂载点
PID	隔离进程 ID
UTS	隔离主机名和域名
User	隔离用户和用户组

对于容器的最小组成，除了上面两个抽象的技术概念外，完整的容器可以用以下公式描述：

$$容器 = Cgroup + Namespace + rootfs + 容器引擎（用户态工具） \qquad (3-1)$$

其中，Cgroup 对应资源控制，Namespace 对应访问隔离，rootfs 对应文件系统隔离，容器引擎对应生命周期控制。

（三）容器内核技术简单应用

接下来用几个简单的代码抽象来展示下容器创建原理。

代码段一：

```
pid = clone (fun, stack, flags, clone_arg);
(flags: CLONE_NEWPID  | CLONE_NEWNS |
    CLONE_NEWUSER | CLONE_NEWNUT |
    CLONE_NEWIPC  | CLONE_NEWUTS |
    ...)
```

上述代码通过 clone 系统调用，传入各个 Namespace 对应的 clone flag，并创建了一个新的子进程，该进程拥有自己的 Namespace。根据以上代码可知，该进程拥有自己的 pid、mount、user、net、ipc 和 uts namespace。

代码段二：

```
echo $ pid> /sys/fs/cgroup/cpu/tasks
echo $ pid> /sys/fs/cgroup/cpuset/tasks
echo $ pid> /sys/fs/cgroup/blkio/tasks
echo $ pid> /sys/fs/cgroup/memory/tasks
echo $ pid> /sys/fs/cgroup/devices/tasks
echo $ pid> /sys/fs/cgroup/freezer/tasks
```

上述代码将代码段一中产生的进程 pid 写入各个 Cgroup 子系统中，这样该进程就受到相应 Cgroup 子系统的控制。

代码段三：

```
func ()
{...
    pivot_root ("path_of_rootfs/", path) ;...
    exec ("/bin/bash") ;...
}
```

上述代码中，func 函数由上面生成的新进程执行，在 func( ) 函数中，通过 pivot_root 系统调用，使进程进入一个新的 rootfs，之后通过 exec 系统调用，在新的 Namespace、Cgroup、rootfs 中执行 "bin/bash" 程序。

通过以上操作，成功在一个"微型容器"中运行了一个 Bash 程序。

第四节 云计算平台架构设计

考核知识点及能力要求：

- 熟悉架构设计知识。

- 掌握组件设计知识。

一、架构设计概述

架构是经过系统性地思考并权衡利弊之后，在现有资源约束下做出的最合理决策，架构设计在各类项目中都非常重要。

（一）架构设计任务

一个项目的系统架构设计主要有以下四大任务[①]。

1. 确认需求

在项目开发过程中，架构师是在需求规格说明书完成后介入的，需求规格说明书必须得到架构师的认可。架构师需要和分析人员反复交流，以保证自己完整并准确地理解用户需求。

2. 系统分解

依据用户需求，架构师将系统整体分解为更小的子系统和组件，从而形成不同的逻辑层或服务。随后，架构师会确定各层的接口。架构师不仅要对整个系统进行"纵

---

① 沈建国，陈永. OpenStack 云计算基础架构平台技术与应用［M］. 北京：人民邮电出版社，2017.

向"分解，还要对同一逻辑层进行"横向"分解。

3. 技术选型

通过对系统一系列的分解，架构师最终形成项目的整体架构。技术选型主要取决于项目架构。架构师对产品和技术的选择仅仅限于评估，而没有决定权，最终的决定权归项目经理。架构师提出的技术选型方案为项目经理提供了重要的参考信息，项目经理会对项目预算、人力资源和时间进度等实际情况进行权衡，最终进行确认。

4. 制定技术规格说明

在项目开发过程中，架构师是技术权威。他需要协调所有的开发人员，与开发人员一直保持沟通，始终保证开发者依照他的架构意图去实现各项功能。

OpenStack 和 Kubernetes 都是开源的云计算平台，一些企业会在其源代码上进行修改，过程需要架构师、项目经理、开发人员等共同参与。

(二) 组件设计

随着软件代码规模的不断扩大，管理软件的复杂度也越来越高，这使得软件对易扩展性及敏捷性的需求越来越高。项目架构层面上，开闭原则要求将系统划分为一系列组件，组件之间的依赖关系参照层次结构，从而使得系统容易扩展。

大型软件系统中，一般将系统分成基础组件层、业务逻辑层、数据持久层、服务层。横向上，一般也会根据业务、功能对软件进行组件化。在组件化过程中，哪些类应该组合成一个组件？组件之间如何解耦？如何实现"高内聚、松耦合"？这些都是开发人员要谨慎考虑的问题。

1. 类的设计

SOLID 设计原则主要关注类的设计，解决如何将数据和函数设计成类、如何将这些类链接起来成为程序的问题。

《架构整洁之道》一书中提出了六个用于组件设计的原则。其中，组件聚合指导人们应该将哪些类组合成一个组件，要考虑三个原则——复用/发布等同原则、共同闭包原则和共同复用原则；组件耦合帮助人们确定组件之间的相互依赖关系，要考虑三个原则——无依赖环原则、稳定依赖原则和稳定抽象原则。

（1）组件聚合。组件聚合指导开发者组合组件。需要遵循以下三个原则。

1）复用/发布等同原则（Reuse/Release Equivalence Principle，REP）。REP 建议软件复用的最小粒度等同于其发布的最小粒度。按照 REP 原则，代码复用在组件这一级可复用的组件中，必须包含可复用的类，这些可复用的类以组件的方式发布给用户使用。从另一个角度讲，一个组件中的类要么都可以复用，要么都不可复用。

REP 要求保持组件的重用粒度和组件的发布粒度一致。例如，两个组件 A、B，如果其他组件总是一起使用组件 A、B，而且这两个组件总是一起发布，那么这两个组件应该合为一个组件。组件中的类与模块必须是彼此紧密相关的。

2）共同闭包原则（Common Closure Principle，CCP）。CCP 建议将那些会同时修改、相同目的修改的类放在同一个组件中。另一方面，将不会为了相同的目的而修改的类放在不同的组件中。

如果一个应用中的代码需要同时为统一目的发生修改，尽量让这种修改都集中在一个组件中，而不是分散在多个组件中。如果将这些更改分散在多个组件中，将增加软件发布、验证和维护工作量。

共同闭包原则不重视代码的复用性，例如，如果 A 和 B 组件共同依赖于 C 组件，而且 A 组件的变化经常伴随着 C 变更，按照 CCP 原则的要求，C 组件应该放入 A 组件中，同样也应该放入 B 组件中，这将会导致代码复用性降低。

3）共同复用原则（Common Reuse Principle，CRP）。CRP 要求不强迫一个组件依赖他们不需要的东西。CRP 原则是接口分离原则的普适版本。CRP 要求经常共同复用的类和模块放在同一个组件中，而不紧密相连的类不应该放在同一个组件中。

一个组件中的类应该一起被复用。相反，如果只用一个组件中的一部分类，那么应该把不用的类从组件中移除出去。从另一个方面讲，在一个组件中不应该包含太多不同类型的类，不要把一些完全不相干的类放在一个组件中，这样会导致组件的职责过重，从而增加修改和发布的频率。

那哪个原则更重要？可以看出，上述三个原则是相互竞争的。REP 和 CCP 是黏合性原则，指导人们哪些类要放在一起，这会让组件变得更大。CRP 是排除性的原则，不需要的类要从组件中移除出去，这会使组件变小。架构设计师的重要任务就是在这三个原则之间做出均衡。

（2）组件耦合。组件耦合解决如何管理组件之间的依赖关系。需要遵循以下原则。

1）无依赖环原则（Acyclic Dependencies Principle，ADP）。ADP 建议组件依赖关系图中不应该出现环。环形依赖关系使得一个组件修改之后的影响范围变得非常大，环中任何一个组件发生变更，会对环上每一个组件产生影响，进而对环上组件依赖的其他组件产生影响，导致系统难以得到升级和维护。

2）稳定依赖原则（Stable Dependencies Principle，SDP）。SDP 要求依赖关系必须指向更稳定的方向。

如何衡量一个组件的稳定性？可以用一个不稳定性指标（I）来表达：

$$不稳定性指标（I）= \frac{对别的组件依赖个数}{对别的组件依赖个数+别的组件对自己依赖个数} \quad (3\text{-}2)$$

每一个组件的 I 指标必须大于其依赖组件的 I 指标。

3）稳定抽象原则（Stable Abstractions Principle，SAP）。SAP 是指一个组件的抽象化程度应该与其稳定性保持一致。可以用一个组件的抽象化程度（A）来表达：

$$组件的抽象化程度（A）= \frac{组件中抽象类和接口的数量}{组件中具体类的数量} \quad (3\text{-}3)$$

稳定的组件由接口和抽象类组成，应该是抽象的，一个不稳定的组件应该包含具体的实现代码。依赖关系应该指向更加抽象的方向。

2. 实现"高内聚、松耦合"

组件设计首先要考虑应该把哪些类组合成一个组件，组件太大和太小都会产生不同的问题，组件聚合原则是设计组件时要考虑的原则，需要开发人员根据项目的开发时间和成熟度对这些原则进行权衡。组件耦合需要管理组件之间的依赖关系，减小组件之间的耦合是目的。对组件聚合和组件耦合进行全面分析，就可以设计出"高内聚、松耦合"的组件。

二、OpenStack 架构解读[①]

OpenStack 是一个自由、开源的云计算平台。它主要作为 IaaS 部署在公用云和私有云中，给用户提供虚拟服务器和其他资源。该软件平台由相互关联的组件组成，控制着整个数据中心内不同厂商的处理器、存储和网络资源的硬件池。用户可以通过基于网络的仪表盘、命令行工具或 RESTful 网络服务来管理 OpenStack。

OpenStack 扮演着云计算管理的角色，主要对云环境中的虚拟机做增删、查改。它能够将多台物理设备的资源（CPU 或内存等）整合成一个大的资源池，然后根据 OpenStack 提供的 API 接口向用户提供使用。用户可以根据 OpenStack 提供的资源池接口来启动虚拟机，管理虚拟机。OpenStack 主要由控制节点和计算节点组成，其中控制节点由多个组件组成，每个组件都是以 API 的形式向外提供服务，由于多个组件共同组成了控制节点，所以控制节点上运行了很多服务。计算节点通常是指提供的物理硬件，用于启动虚拟机的物理设备。

为了实现云计算的各项功能，OpenStack 将存储、计算、监控和网络服务划分为几个项目来进行开发，每个项目也对应 OpenStack 中的一个或多个组件，如图 3-13 所示，为 OpenStack 的整体项目架构。

OpenStack 各个组件之间是松耦合的。其中，Keystone 是各个组件之间的通信核心，它依赖 REST（基于 Identity API）对所有的 OpenStack 组件提供认证和访问策略服务，每个组件都需要向 Keystone 进行注册，目的是对云计算平台各个组件进行认证与授权，对云计算平台用户进行管理。注册完成后，其他组件才能获取相对应的组件通信地址，其中包括通信的端口和 IP 地址，然后实现组件之间和内部子服务之间的通信。

Nova 是 OpenStack 计算的弹性控制器。OpenStack 云实例生命期所需的各种动作都由 Nova 进行处理和支撑。这意味着 Nova 以管理平台的身份登场，Nova 实现了 Open-Stack 这个虚拟机世界的抽象，控制着一台台虚拟机的状态变迁与"生老病死"，管理

---

① 沈建国，陈永. OpenStack 云计算基础架构平台技术与应用 [M]. 北京：人民邮电出版社，2017.

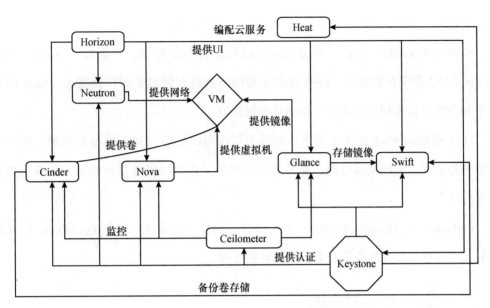

图 3-13 OpenStack 整体架构

着它们的资源分配。虽然 Nova 本身并不提供任何虚拟能力，但是它使用 libvirt API 与虚拟机的宿主机进行交互。

Glance（镜像服务）主要提供 Glance-api 和 Glance-registry 这两个服务。Glance-api 主要负责接收响应镜像管理命令的 RESTful 请求，分析消息请求信息并分发其所带的命令（如新增、删除、更新等）。Glance-registry 主要负责接收响应镜像元数据命令的 RESTful 请求，分析消息请求信息并分发其所带的命令（如获取元数据、更新元数据等）。

Neutron 旨在为 OpenStack 云更灵活地划分物理网络，在多租户环境下提供给每个租户独立的网络环境。如果没有网络组件，任何虚拟机都将只是这个虚拟机世界中的"孤岛"。另外，在 Neutron 中，用户可以创建自己的网络对象，如果要和物理环境下的概念映射的话，这个网络对象相当于一个巨大的交换机，可以拥有无限多个动态可创建和销毁的虚拟端口。

Horizon 是一个用以管理、控制 OpenStack 服务的 Web 控制面板，它可以实现管理实例、创建密匙对等操作。除此之外，用户还可以在控制面板中使用终端（Console）或 VNC 直接访问实例。OpenStack 从 Folsom 版本开始使用 Cinder 替换原来的 Novavolume 服务，为 OpenStack 云计算平台提供块存储服务。

Swift 为 OpenStack 提供一种分布式、持续虚拟对象存储，它类似于 Amazon Web Service 的 S3 简单存储服务。Swift 具有实现跨节点百万级对象的存储能力。Swift 内建冗余和失效备援管理，也能够处理归档和媒体流。

Heat 是 OpenStack 的负责编排计划的主要项目。它可以基于模板来实现云环境中资源的初始化、依赖关系处理、部署等基本操作，也可以实现自动收缩、负载均衡等高级特性。

Ceilometer 是 OpenStack 中的一个子项目，它像一个漏斗，能把 OpenStack 内部发生的几乎所有的事件都收集起来，提供数据支撑。

三、Kubernetes 架构解读

Kubernetes 是一个用于容器集群的自动化部署、扩容和运维的开源平台。通过 Kubernetes，可以快速有效地响应用户需求、部署应用、极速扩展应用、无缝对接新应用功能、优化硬件资源的使用。它为容器编排管理提供了完整的开源方案。如图 3-14 所示描述了 Kubernetes 的基本架构。

Kubernetes 属于主从分布式架构。Pod 是 Kubernetes 提供的虚拟机，是基本的调度单位。

作为控制节点，Master 节点对集群进行调度管理。Master 节点由 API Server、Scheduler 和 Controller Manager 组成。

作为真正的工作节点，Worker 节点是运行业务应用的容器。Worker 节点包含 kubelet、kube proxy。

kubectl 用于通过命令行与 API Server 进行交互，对 Kubernetes 进行操作，实现在集群中进行各种资源的增删改查等。

Add-on 是对 Kubernetes 核心功能的扩展，如增加网络和网络策略等能力。

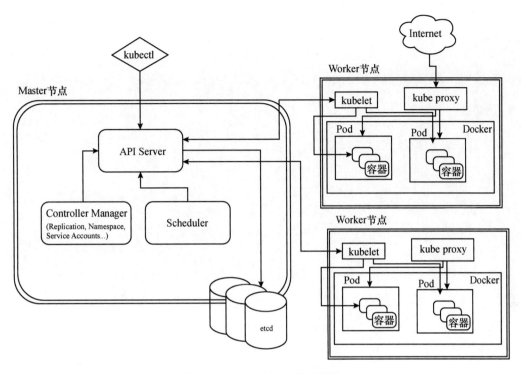

图 3-14   Kubernetes 基本架构

思考题

1. 什么是 Bootstrap？以及为什么要使用 Bootstrap？

2. AngularJS 的数据绑定采用什么机制？什么原理？

3. 谈谈对 RESTful 规范的认识。

4. Django 创建项目后，项目文件夹下有哪些组成部分及功能？

5. Kubernetes 与 Docker 有什么关系？

6. kube-apiserver 和 kube-scheduler 的作用是什么？

7. Linux 系统内核开发需要注意哪些内容？

8. 简单阐述容器中的 Cgroup 和 Namespace。

9. 如何看待公司从单一服务转向微服务并部署其服务容器？

第四章
云计算系统运维理论知识

云计算带来了降本增效、弹性扩展等价值。在大大提高技术便利性的同时，由于云计算系统结构复杂，涉及的领域和专业技术众多，这给云计算管理和运维带来了巨大的挑战，包括服务水平保障难度大、业务管理粗放、上线时间长、管理成本高昂、资源利用率低、耗能大、扩容需求反馈慢等，这些挑战成为云计算系统管理中突出和亟待解决的问题。

云计算系统运维工作以保障云计算系统用户的业务稳定为目标，以数据中心运维架构、云计算平台运维架构为基础，综合考虑运维的合规性、可用性、经济性和服务性等问题，对基础设施、资源池、云服务、云服务实例、云应用等运维对象进行综合运维。

在不同运维场景中，工作人员针对不同的角色关注不同的运维内容，完成不同的运维工作任务和工作目标。在运维过程中，主要完成运维工具部署、系统升级、设备巡检、云计算平台巡检、日志和告警处理、性能容量监控与分析、可用性监控与分析、安全管理、重大活动保障等核心工作内容。

以下通过云计算平台管理、云计算系统运维、云系统灾备管理三个方面对云计算系统运维相关知识、流程和技术进行介绍。

第一节 云计算平台管理

考核知识点及能力要求:

- 熟悉云平台的服务与功能知识。

- 掌握云平台的变更管理知识。

- 掌握云平台的升级与操作知识。

一、认识云计算平台服务与功能

云计算平台是指基于硬件资源和软件资源的服务,为用户或客户提供计算、网络和存储能力。云计算平台可以集中解决存储、处理、传输等各个环节的问题,而且速度非常快,调用云服务等资源也方便快捷。云服务是基于互联网相关服务的增加、使用和交互模式,通常涉及通过互联网来提供动态、易扩展且虚拟化的资源。[①]

(一)私有云平台服务与功能

云服务的出现改变了人们的生活,国内私有云的发展也呈现出服务化、平台化等新的趋势。云计算平台就是将计算、存储、网络等 IT 资源进行虚拟化,形成资源池,然后通过一个管理平台去统一调配。云计算平台常用的主要功能特性包括以下 13 种。

1. 云主机管理

支持云主机的创建、修改规格、迁移、重启、重装系统、删除、封存、登录控制

[①] 李冬梅. 花腰傣服饰色彩的识别算法设计与实现 [J]. 信息通信,2017 (4).

台、修改密码、CPU 磁盘网络限速等管理操作，提供云主机备份、回收站、容量计算等子模块。

2. 云硬盘管理

支持云硬盘的创建、删除、扩容、挂载卸载、设置读/写模式、创建快照等管理操作，可提供云硬盘快照、回收站等子模块。

3. 云镜像管理

支持设置只读的读写模式、启用或禁用、激活或禁用等管理操作，支持以云镜像创建云主机的操作。

4. 网络与安全

支持虚拟网络的创建、修改、删除等管理操作，支持虚拟 IP 管理操作，以及提供网络拓扑图、安全组、密钥对等子模块。

5. 云概览

概括显示整个集群的资源使用情况、项目云主机使用情况、回收站占用资源情况和近期告警信息。

6. 弹性伸缩

支持伸缩配置、伸缩规则、伸缩组等的创建、修改、删除等管理操作，提供云主机的定时伸缩、告警伸缩功能。

7. 负载均衡

支持负载均衡器、监听器、后端资源的创建、修改、启用/禁用等管理操作，支持 TCP、HTTP、HTTPS 等协议，支持后端资源的健康检查功能。[1]

8. 计费服务

支持资源账单、消费明细等查看功能，支持资源费率设置功能。

9. 项目和用户管理

支持项目、用户、用户组的创建、删除、修改等功能，支持项目配额管理，支持用户、用户组的权限设置，支持用户的激活/禁用功能。

---

[1] 赵艳. 基于网络爬虫的跨站脚本漏洞动态检测技术研究 [D]. 西南交通大学, 2017.

10. 监控

实时监测云主机、物理主机的 CPU、内存、磁盘 I/O、网络 I/O 等维度信息，支持对上述维度的历史记录进行查看，提供业务监控、平台健康状况巡检等子模块。

11. 告警

对云主机、物理机的 CPU 利用率、内存使用率等指标进行阈值设置，超出阈值时系统能通过短信、邮件等发送告警提示，提供告警日志查看等子模块。

12. 物理资源管理

支持对整个集群中的物理服务器、可用域的管理，支持添加、启用/禁用物理机，支持可用域的创建、修改、物理机管理、项目可用域绑定、删除等管理操作。

13. 操作日志

支持用户的各种资源管理操作的日志记录和审计功能。

（二）容器云平台服务与功能

传统的应用部署方式是将应用直接部署于单独的物理机或虚拟机中。但是在企业数字化转型的浪潮下，如何满足日益丰富的业务需求、高效践行敏捷研发、更好地将应用落地实施于客户现场并保障应用稳定、高可用、可维护，是传统企业不得不面对并解决的问题。容器云平台是利用 Kubernetes 等容器调度方案，解决开发、测试、运行环境不统一，服务部署难，运行期服务调度复杂等问题而建设的平台。

1. Kubernetes 容器云平台的主要服务

Kubernetes 集群是由多个计算机（可以是物理机、云主机或虚拟机）组成的一个独立系统，通过 Kubernetes 容器管理系统，实现部署、运维和伸缩 Docker 容器等功能，它允许用户对应用进行自动化运维。

节点是集群内的一个计算资源，可以是裸金属服务器或虚拟机。根据节点的角色不同，可以把节点分为三类——Etcd 节点、Controlplane 节点和 Worker 节点。一个 Kubernetes 集群至少要有一个 Etcd 节点、一个 Controlplane 节点和一个 Worker 节点。[①]

（1）Etcd 节点。Etcd 节点的主要功能是数据存储，它负责存储 Rancher Server 的

---

① 陈浩，张亚，刘承晓. 基于云计算的市县一体化气象业务平台研究 [J]. 信息技术，2016 (4).

数据和集群状态。

Kubernetes 集群的状态保存在 Etcd 节点中，Etcd 节点运行 etcd 数据库。etcd 数据库组件是一个分布式的存储系统，用于存储 Kubernetes 的集群数据，如集群协作相关和集群状态相关的数据。建议在多个节点上运行 Etcd，保证在单个节点失效的情况下，可以获取到备份的集群数据。

Etcd 更新集群状态前，需要集群中的所有节点通过 Quorum 投票机制完成投票。假设集群中有 n 个节点，那么至少需要 n/2 + 1（向下取整数）个节点同意，才被视为多数集群同意更新集群状态。例如，一个集群中有 3 个 Etcd 节点，Quorum 投票机制要求至少 2 个节点同意，才会更新集群状态。

集群应该含有足够多健康的 Etcd 节点，这样才可以形成一个 Quorum。对含有奇数个节点的集群而言，每新增一个节点，就会增加通过 Quorum 投票机制所需节点的数量。

一般情况下，集群中只要配置 3 个 Etcd 节点就能满足小型集群的需求，5 个 Etcd 节点能满足大型集群的需求。

（2）Controlplane 节点。Controlplane 节点上运行的工作负载包括 Kubernetes API Server、Scheduler 和 Controller Mananger。这些节点负责执行日常任务，从而确保集群状态和集群配置相匹配。

因为 Etcd 节点保存了集群的全部数据，所以 Controlplane 节点是无状态的。虽然可以在单个节点上运行 Controlplane，但是建议在 2 个或以上的节点上运行 Controlplane，以保证冗余性。另外，因为 Kubernetes 只要求每个节点至少要分配一个角色，所以一个节点可以既是 Controlplane 节点，又是 Etcd 节点。

（3）Worker 节点。Worker 节点主要运行 kubelet 和工作负载应用。

1）kubelet。监控节点状态的 Agent，确保容器处于健康状态。

2）工作负载。承载应用和其他类型部署的容器和 Pod。

Worker 节点也运行存储和网络驱动，必要时也会运行应用路由控制器（ingress controller）。Worker 节点的数量没有限制，可以按照实际需要创建多个 Worker 节点。

2. Kubernetes 容器云平台的主要功能

Kubernetes 是一个可移植的、可扩展的开源平台，用于管理容器化的工作负载和服务，可促进声明式配置和自动化。Kubernetes 拥有一个庞大且快速增长的生态系统。Kubernetes 的服务、支持和工具广泛可用。

Kubernetes 这个名字源于希腊语，意为"舵手"或"飞行员"。K8s 是该名字的缩写，是因为 K 和 s 之间有八个字符。Google 在 2014 年开源了 Kubernetes 项目。Google 在大规模运行生产工作负载方面拥有十几年的经验，Kubernetes 建立在此基础上，结合了社区中最好的想法和实践。

容器是打包和运行应用程序的好载体。在生产环境中，用户需要管理运行应用程序的容器，并确保不会停机。例如，如果一个容器发生故障，则需要启动另一个容器。Kubernetes 解决了这些问题，它提供了一个可弹性运行分布式系统的框架，并提供扩展要求、故障转移、部署模式等功能。

Kubernetes 具有如下六大功能。

（1）服务发现和负载均衡。Kubernetes 可以使用 DNS 名称或自己的 IP 地址公开容器。如果进入容器的流量很大，Kubernetes 可以负载均衡并分配网络流量，从而使部署稳定。

（2）存储编排。Kubernetes 允许自动挂载用户选择的存储系统，如本地存储、公有云提供商等。

（3）自动部署和回滚。使用 Kubernetes 描述已部署容器的所需状态，它能以受控的速率将实际状态更改为期望状态。例如，可以自动化 Kubernetes，为用户部署创建新容器，删除现有容器并将它们的所有资源用于新容器。

（4）自动完成装箱计算。Kubernetes 允许指定每个容器所需 CPU 和内存（RAM）。当容器指定了资源请求时，Kubernetes 可以做出更好的决策来管理容器的资源。

（5）自我修复。Kubernetes 可重新启动失败的容器，并且在准备好服务之前不将其通告给客户端。

（6）密钥与配置管理。Kubernetes 允许存储和管理敏感信息，如密码、OAuth 令牌和 SSH 密钥。用户可以在不重建容器镜像的情况下，部署、更新密钥和配置应用程序，也无须在堆栈配置中暴露密钥。

由于 Kubernetes 运行依赖容器级别而不是依赖硬件级别，所以它提供了 PaaS 产品共有的一些普遍适用的功能，如部署、扩展、负载均衡、日志记录和监视。Kubernetes 提供了构建开发人员平台的基础，但是在重要的地方保留了用户的选择和灵活性。

（三）公有云平台服务与功能

公有云，通俗来说，就是第三方供应商为用户提供的能够使用的云服务。一般用户可以通过 Internet 直接使用，并且它拥有低廉的价格以及最具有吸引力的服务。公有云的核心属性是共享资源服务。

1. 公有云平台主要服务

公有云产品和服务一般严格遵从行业规范，在行业固有技术的基础上也做了改进和创新，引入了各自独有的新技术，通过降低成本、弹性灵活、电信级安全、高效自助管理等优势惠及用户。公有云主要优点有以下四点。

（1）降低成本。公有云通过按需付费的方式提供远低于传统模式价格的产品和服务，不必再为服务器等设施做一次性资金投入，不必缴纳放置服务器的机柜费用，也不必为带宽使用签署长期协议。

（2）弹性灵活。公有云提供弹性计算资源，这提高了服务器、带宽等资源利用率。当业务量上升时，使用者不需要在采购服务器等资源方面等待数十天，只需要几分钟即可开通几台至数百台云主机。当业务量下降时，也不必担心多余资源会浪费，因为多余资源会被自动释放回收。同时，资源使用时间完全在用户的掌控之中，可真正实现高效、弹性灵活自由、按需使用。

（3）安全。公有云是经过行业认证和授权的安全持久的专业云计算平台，采用数据中心集群架构设计，从网络接入到管理配备七层安全防护，云主机采用如 SAS 磁盘、RAID 技术以及系统券快照备份，确保云主机 99.9% 的稳定性和安全性。存储方面通过用户鉴权、ACL 访问控制、传输安全以及 MD5 码完整性校验，确保数据传输网络、数据存储、访问的安全性。此外，基于各个公有云厂商自主研发的监控和故障报警平台，再加上 24 小时的专业运维服务团队，可提供高等级的 SLA

服务。

（4）高效管理。公有云一般采用基于浏览器的图形化管理平台——控制台管理平台，它通过互联网，可轻松实现远程对公有云产品或服务的体验、下单、购买、账户充值、账户管理、资源维护管理、系统监控、系统镜像安装、数据备份、故障查询与处理等功能。

2. 公有云主要产品和功能

公有云有许多实例，可在当今整个开放的公有网络中提供服务。它能够以低廉的价格提供有吸引力的服务，创造新的业务价值。公有云作为一个支撑平台，还能够整合上游的服务（如增值业务、广告）提供者和下游的最终用户，打造新的价值链和生态系统。公有云被认为是云计算的主要形态，一般公有云厂商按照计算、容器、存储、网络、CDN 与智能边缘、数据库、迁移等分类方法，把公有云中的云服务进行了分类，方便用户选择、购买与使用，其常用产品和功能如下。

（1）云服务器。云计算产品的基本款，几乎每个客户必买，云服务器配置可以从1 核 1 GB 到 32 核 64 GB（随着时间推移，配置会越来越高）这个区间中选择。服务器还可以随意升降配置，可以包年包月，也可以按量随用随买。小公司及个人只购买一台云服务器就够用了。中等规模的企业从性能、安全、加载速度等方面综合考虑可以购买其他的高级云服务器产品。云服务器衍生出来的许多云服务器系列产品，在硬件性能上和平台有很多差异，如裸机服务器、带有特殊芯片的服务器等。

（2）云数据库（relational database service，RDS）。目前主流云数据库是 MySQL，公有云公司一般会提供 MySQL、PostgreSQL，SQL Server，MongoDB，Memcache（Redis）等不同的数据库产品。相对于云服务器，云数据库属于非必需品，因为用户完全可以在云服务器上搭建数据库。[①] 但如果用户自身的业务发展需要将数据库独立出来，这时就需要 RDS。

（3）负载均衡。负载均衡可以对多台云服务器进行流量分发服务。为了应对业务需求，企业往往会有多台云服务器提供服务，负载均衡将用户的请求按照企业自定义

① 王一秋，陈达，吕璐. 基于 OpenStack 构建公有云服务平台 [J]. 电子工程技术与标准化，2022 (12).

的策略转发到最优的服务器。

（4）对象存储。如果企业静态文件较多（图片、视频等大文件），可以将大量的存储内容转移独立出来，放到对象存储里面。

（5）内容分发网络（content delivery network，CDN）。例如，企业的云服务器在杭州，位于东北地区的用户访问速度就会比较慢，CDN 可以解决这个问题。CDN 将源站内容分发至最接近用户的节点，使用户可以就近取得所需内容，提高用户访问的响应速度和成功率。

（6）专有网络（virtual private cloud，VPC）。VPC 有公有云、私有云、混合云等。VPC 可以提供更安全、灵活的网络环境，为用户提供服务。VPC 可以帮助企业在公有云上构建出一个隔离的网络环境，用户可以自定义 IP 地址范围、网段、路由表和网关等。

（7）弹性伸缩。传统的企业自建的私有机房是不具有弹性伸缩功能的，企业遇到业务波峰，只能通过人为升级硬件来应对，业务回落时就会造成硬件资源的浪费，而弹性伸缩很好地解决了这个痛点。弹性伸缩可以管理集群，在高峰期自动增加云主机实例，在业务回落时自动减少云主机实例，节省基础设施成本。另外，弹性伸缩是免费的。

除了以上基本服务外，各大公有云厂商还会根据自身的特点，提供人工智能、大数据、物联网、应用中间件、软件开发与运维、视频服务、区块链等多个领域的公共服务。

二、云计算平台变更管理

随着计算机技术和网络技术的发展，很多软件厂家会为用户提供平台类的服务，其中，云计算平台已经成为一种广泛的企业应用类服务，用户可占用云计算平台中的软硬件设备，进行自己的系统架构或者应用开发。为防止资源滥用，平台限定了各服务资源的配额，对用户的资源数量和容量做了限制。如果当前资源配额限制无法满足使用需要，可以申请扩大配额。此外，需要根据网络使用需求创建不同种类的云计算平台网络，或者根据业务需求对当前使用的云计算平台进行升级，以满足业务增量的需求。而这些，都属于云计算平台管理范畴。

（一）云资源配额变更管理

主流云管理平台通过多级用户资源管理模式，实现对用户占用的配额管理。配额作为企业 IT 资源管理的重要手段，广泛应用于云计算平台资源使用的控制管理。一方面可以从不同用户层级进行云计算平台资源使用管理，另一方面可以从不同维度进行资源使用的粒度管控。云计算平台对用户的配额管理通常采用以下两种方式。

第一种，通过直接对多级用户设置配额，基于配额限制用户内的云计算资源使用量，实现配额的多级分层管理。然而，此方式中无法对用户的资源配额进行资源粒度的设置管理，资源使用配额限制的精细化程度无法把控。

第二种，在配额管理过程中，在云管理平台上引入多个资源池分别实现对每种资源类型的配额进行管理。一般将云管理平台上用户配额与资源池进行绑定。

云计算平台资源的配额管理方法包括如下几个步骤：①接收用户终端发送的资源获取请求，所述资源获取请求中携带请求方信息、请求性能类型和请求占用量；②查询管理资源池中所述请求性能类型对应的可调用资源，所述管理资源池即按照性能类型对云计算平台的初始资源池中的初始资源进行管理；③获取数量等于所述请求占用量，可调用资源作为目标资源；④建立所述请求方信息和目标资源之间的联系，并根据所述联系生成占用消息；⑤将所述占用消息返回至所述用户终端。

1. 云服务器类型的变更

当购买的弹性云服务器规格无法满足业务需要时，可以变更规格，升级 vCPU、内存。对于部分类型的弹性云服务器，还可以在变更规格时，更换弹性云服务器的类型，变更规格会引起费用的变化，应当做好费用准备。

2. 云硬盘扩容

当云硬盘存储容量不足时，用户可以通过扩容云硬盘增加弹性云服务器的存储容量。扩容云硬盘有如下两种处理方式。

（1）添加新云硬盘。申请一块新的云硬盘，并挂载给弹性云服务器。

（2）扩容原有云硬盘空间。当已有云硬盘容量不足时，可以扩大该云硬盘的容量，即云硬盘扩容，系统盘和数据盘均支持扩容。可以对状态为"正在使用"或者"可用"的云硬盘进行扩容。扩容状态为"正在使用"的云硬盘，即当前需要扩容的云硬盘已经挂载给弹性云服务器；扩容状态为"可用"的云硬盘，即当前需要扩容的云硬盘未挂载至任何弹性云服务器。

不同操作系统扩容方式不尽相同。对于 Windows 操作系统，无论哪种扩容后操作，此处均不涉及卸载操作。而对于 Linux 操作系统，如果要扩大已有分区，即将新增容量划分至原有分区内，需要先通过 umount 命令将原有分区卸载，再执行扩容后处理；如果要新增分区，即为新增容量分配新的分区，由于不影响原有分区挂载情况，因此不需要卸载原有分区。如图 4-1 所示为云硬盘扩容流程。

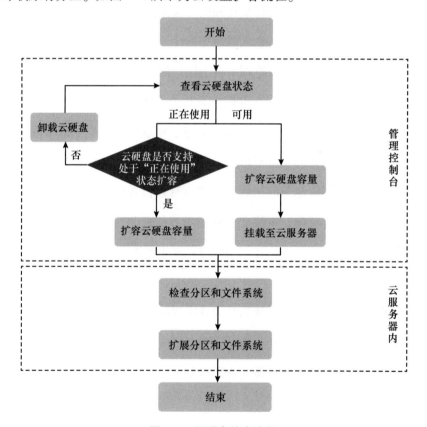

图 4-1　云硬盘扩容流程

通过管理控制台扩容后，仅扩大了云硬盘的存储容量，还需要登录云服务器自行扩展分区和文件系统。具体见表 4-1。

表 4-1　　　　　　　　　　　　　　扩展分区和文件系统指导

扩容后容量	扩展分区和文件系统
磁盘容量 ≤2 TB	● Windows：扩展磁盘分区和文件系统（Windows 2008） ● Linux：分区和文件系统扩展前准备（Linux）
磁盘容量 >2 TB	● GPT 分区：扩展磁盘分区和文件系统（Windows 2008），或分区和文件系统扩展前准备（Linux） ● MBR 分区：不支持 　MBR 分区支持的磁盘最大容量为 2 TB，超过 2 TB 的部分无法使用。如果当前磁盘采用 MBR 分区形式，并且需要将该磁盘扩容至 2 TB 以上投入使用，则必须将磁盘分区形式由 MBR 切换成 GPT。期间会中断业务，并且更换磁盘分区形式时会清除磁盘的原有数据，请在扩容前先对数据进行备份

（二）云网络变更管理

虚拟私有云（virtual private cloud，VPC）为弹性云服务器构建了一个逻辑上完全隔离的专有区域，可以在自己的逻辑隔离区域中定义虚拟网络，为弹性云服务器构建一个逻辑上完全隔离的专有区域。还可以在 VPC 中定义安全组、VPN、IP 地址段、带宽等网络特性，方便管理、配置内部网络，并能进行安全、快捷的网络变更。同时，可以自定义安全组内与组间弹性云服务器的访问规则，加强弹性云服务器的安全保护。

1. 网卡变更

网卡是一种可以绑定到虚拟私有云网络下弹性云服务器上的虚拟网卡。通过网卡，用户可以实现云服务器的网络管理。网卡分为主网卡和扩展网卡。主网卡创建云服务器时，随云服务器自动创建，不支持解绑主网卡。一般操作系统的默认路由优先使用主网卡。能单独创建的网卡是扩展网卡，并支持将其绑定到实例上或从实例上解绑等操作。

弹性云服务器最多可以有 12 个网卡，其中包括一个主网卡，且主网卡不可删除。对于部分弹性云服务器，不支持在线删除网卡功能，需要先关闭弹性云服务器，然后再执行删除网卡操作。

2. 切换虚拟私有云

切换虚拟私有云支持在开机状态下操作，但是过程中会导致云服务器网络中断。

切换虚拟私有云后，云服务器子网、私有 IP 地址、MAC 地址、操作系统内网卡名称都会发生改变，需要重新配置源、目的地址和虚拟 IP 地址以及与网络配置相关的应用软件及服务（如 ELB、VPN、NAT、DNS 等）。

3. 修改私有 IP 地址

云计算平台支持修改主网卡的私有 IP 地址。如需修改扩展网卡的私有 IP 地址，请删除网卡并挂载新网卡。

修改私有 IP 地址，弹性云服务器需关机。如果网卡绑定了虚拟 IP 或者 DNAT 规则，需要先解绑；如果网卡上有 IPv6 地址，则无法修改（包括 IPv4 和 IPv6）私有 IP 地址；如需修改弹性负载均衡后端服务器的私有 IP 地址，则先移出后端服务器组，再修改私有 IP 地址。

4. 为弹性云服务器申请和绑定弹性公网 IP

可以通过申请弹性公网 IP，并将弹性公网 IP 绑定到弹性云服务器上，达到弹性云服务器访问公网的目的。

5. 解绑定和释放弹性云服务器的弹性公网 IP

当弹性云服务器无须继续使用弹性公网 IP，可通过解绑定和释放弹性公网 IP 来释放网络资源。未绑定的弹性公网 IP 地址才可释放，已绑定的地址需要先解绑定后才能释放。弹性公网 IP 释放后，如果被其他用户使用，则无法找回。按需计费的弹性公网 IP 费用包括 IP 保有费和带宽费用，当与实例解绑且未释放时，仍需支付弹性公网的 IP 保有费和带宽费用；若绑定实例，则免除保有费。

（三）私有云平台升级流程

本节描述了升级基本 OpenStack 部署的过程，该部署基于安装教程和指南。所有节点都必须使用最近的内核和当前版本包运行所支持的 Linux 系统发行版。升级流程主要分为以下步骤。

1. 前期准备

升级基本 OpenStack 之前，需要完成以下四个前期准备工作。

（1）制作新版本镜像。将新特性或者修复的 Bug 更新到公司代码库制作各组件镜像。

（2）验证当前部署。在启动升级过程之前，对环境执行清理，以确保状态一致。例如，删除后未从系统中完全清除的实例，可能会导致不确定的行为。另外，如果监控服务有开启，需要确保警告的问题都已经处理。用户可能需要在云计算平台上执行一系列检查操作。这一步骤主要是确保升级后消除原来平台存在的问题。

（3）备份配置文件。将各节点配置文件保存，如果升级失败，需要回退版本时，可直接使用。

（4）备份数据库。将数据库备份，如果升级失败，需要回退版本时，可直接使用。最新版本自动化部署已经将数据库备份集成，每天 2：00 会自动全量备份数据库，如果认为该备份已是最新数据库备份，可不备份数据库，但建议每次升级都重新备份数据库。

2. 升级步骤

私有云平台可以按照以下三个步骤进行升级。

（1）下载镜像。将新版本镜像下载至各节点上，例如，升级 Nova 组件，要在各节点上拉取 Nova 组件最新镜像。

（2）更新配置。对有新特性需要更新或者有 Bug 需要修复的配置进行更新。

（3）执行升级。在部署节点上执行平台升级命令，升级私有云平台。一般来说，组件之间存在依赖，升级顺序非常重要。对其他服务影响最大的服务先升级，对其他服务影响最小的服务最后升级。

3. 升级验证

首先，查看各节点 Nova 服务 log 是否运行正常；其次，创建虚机测试。

三、云计算平台升级迭代方案

从 OpenStack 的一个版本升级到另一个版本需要付出很大的努力。本节提供了一些关于为 OpenStack 环境执行升级时应该考虑的操作方面的指导。

（一）云计算平台基本情况

云计算平台当前环境为 Ocata 版本，其中三个控制节点采用 HA 高可用架构，Neutron 网络服务对接 SDN（软件定义网络），后端使用 mimic 版本的 Ceph 存储模式。不升级 Ceph、仅对 OpenStack 云计算平台版本进行升级时，SDN 也会同时跟进升级。云计算平台从 Ocata 版本直接升级到 Rocky 版本，实现了滚动升级。以下分析云计算平台迭代升级的过程。

环境计算资源使用较少，升级之前会将所有的虚拟机进行整合，热迁移到固定的计算节点上。预留 2~3 台空余计算节点进行优先升级。在云计算平台环境架构中，三个控制节点采用的是 HA 高可用架构。单个控制节点可以停止服务，只要确认虚拟机不中断、业务不中断即可。如图 4-2 所示为当前云计算平台架构图。

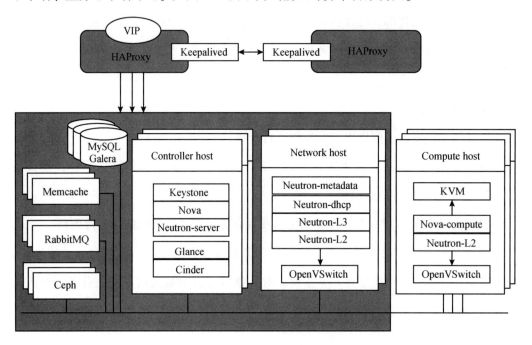

图 4-2　云计算平台架构图

（二）升级的风险和受益评估

OpenStack 版本迭代很快，每半年更新一次，新版肯定会更加稳定，也会引入新的特性。在决定升级前，有必要评估一下"为什么要升级"与"升级的成本和收益"。

（三）升级的方式与目标设定

在进行升级之前，需要根据业务需求，确定升级目标和升级方式。

1. OpenStack 升级方式

OpenStack 升级方式有如下两种。

（1）平行云升级。部署一个独立的 OpenStack 云，并将升级前的云资源迁移到升级后的云上。这是最简单粗暴的方式，同时，它也有一个最简单的回滚程序。然而，它需要大量的硬件资源，导致停机时间很长。

（2）滚动升级。滚动升级的两种方法都会依次升级每个服务器上的每个组件，最终获得一个已升级的 OpenStack 云。

1）就地升级：这个方法需要在升级时关闭相应服务，引起一定的停机时间。

2）并列式升级：从 OpenStack Icehouse 版本起，控制器已从计算节点上分离，所以用户可以独立升级。通过这个方法，用户可以部署一个已升级的控制器，并从旧控制器上转移所有的数据到新控制器上，再用新控制器无缝替代旧控制器。旧控制器原封不动，所以回滚也很容易完成。为了实现零停机时间，在 HA 模式中，至少需要两个控制器。

2. 升级目标要求

确定升级目标非常重要，一般升级目标需要满足以下几点：①平滑升级，业务无影响，升级后功能组件正常；②服务暂停期间，云主机、云盘以及网络等云资源正常工作；③升级失败可立刻回退，回退后可继续提供云服务。

3. 升级步骤规划

一般来讲，升级步骤规划如下：①云主机热迁移，腾出部分空余计算节点用于优先升级以及测试；②备份所有节点的配置文件和所有的数据库，用于回滚（数据库在虚拟机迁移后进行备份）；③准备所有新版本的配置文件（版本升级后有些配置项不再使用，新的配置项需要添加）；④停止三台控制节点所有的 OpenStack 服务，如果控制网络安装在一起，请保留网络节点的服务，尤其是 dhcp-agent 服务，以确保虚拟机可以获取 IP 地址；⑤按照 Keystone、Glance、Cinder、Nova、Neutron 的升级顺序进行升级，升级包含软件包以及数据库；⑥当一个控制节点升级完毕，开始升级单个网络和计算节点，最后进行全部升级（请谨慎升级 OpenVSwitch，否则会造成业务虚拟机断网）；⑦升级过程中如出现无法继续下去的故障，需使用备份数据库进行回滚，并使用另外的控制节点和网络节点提供正常的服务；⑧升级过程中需确认 RabbitMQ Cluster、MariaDB Cluster、HAProxy、Memcached 等服务正常。

（四）升级的前期准备

建议在计划 OpenStack 升级前，注意以下六点问题：①通篇详读 OpenStack 版本注释，以识别出版本间潜在的不兼容性；②选择合适的方法升级 OpenStack 并确认升级的目的，目前 OpenStack Ocata 版本支持滚动升级；③准备一个升级失败的回滚计划，随时准备回滚，目前 OpenStack 回滚可以还原版本、导回旧的数据；④准备一个数据备份计划（至少带有配置文件和数据库的备份），提前准备好新版本配置文件，配置文件需要手动更新；⑤升级期间尽量不要操作云计算平台，因此，依照特定服务的 SLAs（服务等级协议），限定一个可接受的云停机时间；⑥在有条件的情况下，提前使用与生产环境相同的测试环境，测试升级方法。升级过程中，请在控制与网络服务正常后，再升级计算节点，否则容易出现断网现象。

（五）升级步骤和策略

下面将阐述 OpenStack 服务升级的步骤和策略。

1. 先决条件

几乎所有的 OpenStack 服务都支持数据库迁移。这意味着每个服务将会在（升级）开始时尝试升级其数据库。通常，自动化升级会由 OpenStack 稳定版本完整测试过，并可以安全地使用（如果需要人工升级，可以禁用自动升级）。与此同时，从 Kilo 版本开始，已不支持数据库降级。也就是说，唯一可靠的数据库回滚方法是从备份中恢复数据库。在开始升级过程之前，执行一些环境清理措施以确保状态一致。版本信息确认方式如下。

对于使用 OpenStack Networking 服务（Neutron）的环境，验证数据库的发行版本。例如：

```
# su - s /bin/sh - c "neutron- db- manage - - config- file /etc/neutron/neutron.conf \
- - config- file /etc/neutron/plugins/ml2/ml2_conf.ini current" neutron
```

对于使用 OpenStack Compute 计算服务（Nova）的环境，验证数据库的发行版本。

例如：

```
# su - s /bin/sh - c "nova- manage db version" nova
```

对于使用 OpenStack Identity 认证服务（Keystone）的环境，验证数据库的发行版本。例如：

```
# su - s /bin/sh - c "keystone- manage db_version" keystone
```

对于使用 OpenStack Image 镜像服务（Glance）的环境，验证数据库的发行版本。例如：

```
# su - s /bin/sh - c "glance- manage db version"
```

对于使用 OpenStack Volume 块存储服务（Cinder）的环境，验证数据库的发行版本。例如：

```
# su - s /bin/sh - c "cinder- manage db version" cinder
```

2. 配置文件以及数据库备份

配置文件备份，示例代码如下：

```
# for i in keystone glance nova neutron openstack- dashboard cinder; do mkdir $ i-
RELEASE_NAME; done
# for i in keystone glance nova neutron openstack- dashboard cinder; do cp - r /etc/
$ i/*   $ i- RELEASE_NAME/; done
```

数据库备份，示例代码如下：

```
# mysqldump - u root - p - - opt - - add- drop- database - - all
databases > RELEASE_NAME- db- backup.sql
# for db in keystone glance nova neutron cinder placement nova_api nova_cell0; do
mysqldump - uroot - p $ db > $ db.sql; done
```

3. 配置新版本 Yum 源服务

配置好新版本 Yum 源服务，便于升级时顺利下载相关组件安装包。

4. 服务升级

要更新每个节点上的服务，通常需要修改一个或多个配置文件、停止服务、同步数据库模式和启动服务。某些服务需要不同的步骤，建议在继续下一个服务之前验证每个服务的操作。

升级服务的顺序以及常规升级过程中的更改如下。

（1）升级控制节点。升级控制节点需要 Identity Service、Image Service、Compute Service、Networking Service、Block Storage Service、Dashboard、Orchestration Service、Compute Service、Telemetry Service 和 Networking Service 这十个服务。其中 Identity Service 在同步数据库之前清除所有过期的令牌；Networking Service 需要确保 Neutron 状态正常后再更新计算节点网络服务组件；Compute Service 升级需要包括网络组件。其余服务只需要编辑配置文件并重新启动服务即可。

（2）升级网络节点。升级网络节点之前请确保 Neutron-server 服务正常。编辑配置文件并重新启动服务。

（3）升级计算节点。Networking Service 和 Nova Service 服务需要编辑配置文件并重新启动服务，注意当 Networking Service 更新 OpenVSwitch 和 Agent 时可能会造成网络中断。

以上配置文件更新需要注意的原则有以下三点。

1）一个新 OpenStack 版本带来了新的系统依赖项，要求升级当前系统依赖项的版本。如果一些系统依赖项没有被安装或是升级，已升级的 OpenStack 服务将因运行时间错误而不能被开启或将被终止。

2）当升级 OpenStack 服务时，确保所有的依赖项已经被正确地升级了。通常这意味着所有的 OpenStack 组件是用正确定义和测试了依赖项的安装包（dep 或 RPM）所安装的。即使如此，由于特定的配置，升级安装包仍可能破坏部分服务。如果安装包管理器（Yum 或 apt-get）要求用户升级配置文件，推荐选择拒绝。改为人工审查、更改配置文件和重启服务。

3）每个 OpenStack 版本都会引起配置文件的改变。一些选项可能会被移除、重命名或是被移动到其他地方。新的选项会被添加默认值，这都可能会破坏用户的云。因此，升级前应通篇详读版本注释，以识别这些变更，并合理应用到配置文件中。

例如，在所有的配置文件 keystone_authtoken 部分添加如下内容（否则启动失败）：

```
user_domain_name = Default
project_domain_name = Default
```

（4）更新 Dashboard。升级到 Django 1.9 或 1.10 后，使用 django. utils. log. NullHandler 的 Logging 配置会抛出一个异常，显示 NullHandler 不可解析：

```
Unable to configure handler ' null' : Cannot resolve ' django.utils.log.NullHandler' : No
module named NullHandler
```

如果将通常建议的日志配置复制粘贴到基于 Django 1.9 或 1.10 的新项目中，也会发生这种情况。

因此需要修改配置文件/etc/openstack-dashboard/local_settings handlers 如下：

```
' handlers' : {
' null' : {
' level' : ' DEBUG' ,
#' class' : ' django.utils.log.NullHandler' ,
' class' : ' logging.NullHandler' ,
    },
```

（5）数据库升级。数据库升级包括 Keystone、Glance、Cinder、Neutron 和 Nova 数据库升级。

Keystone 数据库升级，示例代码如下：

```
# su - s /bin/sh - c "keystone- manage token_flush" keystone
# su - s /bin/sh - c "keystone- manage db_sync" keystone
```

Glance 数据库升级，示例代码如下：

```
# su - s /bin/sh - c "glance- manage db upgrade" glance
```

Cinder 数据库升级，示例代码如下：

```
# su - s /bin/sh - c "cinder- manage db sync" cinder
# su - s /bin/sh - c "cinder- manage db online_data_migrations" cinder
```

为了使数据库模式迁移不那么难以执行，自 Liberty 版本以来，所有数据迁移都被禁止使用模式迁移脚本。相反，迁移应该通过后台以不中断服务的方式完成（如果用户正在进行冷升级，也可以在关闭服务的情况下执行在线数据迁移）。在 Ocata 版本中，专为达到此目的添加了一个新的实用程序。在将 Ocata 升级到 Pike 之前，用户需要在后台运行此工具，直到它被告知不再需要迁移。请注意，在完成 Ocata 的在线数据迁移之前，将无法应用 Pike 的架构迁移。

从 Ocata 开始，还需要运行命令以确保应用数据迁移。该工具用来降低数据迁移的影响。"cinder-manage db online_data_migrations［--max_count］" 用于限制一次运行中执行的迁移次数选项。如果使用此选项，可以迁移成功，则退出状态将为 1，此时应重新运行该命令。如果无法进一步迁移，某些迁移仍然生成错误，则退出状态将为 2，这时需要干预才能解决。只有当退出状态为 0 时，才认为该命令已成功完成，并且需要在开始升级到下一个版本之前完成所有迁移。

（6）Neutron 数据库升级。Neutron-server 是第一个应该升级到新代码的组件。它也是唯一依赖新数据库模式的组件，其他组件通过 AMQP 与云进行通信，因此不依赖于特定的数据库状态。

使用 alembic 迁移链实现数据库升级。数据库升级分为两部分：

```
# su - s /bin/sh - c "neutron- db- manage upgrade - - expand" neutron
# su - s /bin/sh - c "neutron- db- manage upgrade - - contract" neutron
# su - s /bin/sh - c "neutron- db- manage - - config- file /etc/neutron/neutron.conf \
- - config- file /etc/neutron/plugins/ml2/ml2_conf.ini upgrade heads" neutron
```

Neutron-server 实例的完全关闭可跳过，这依赖于是否存在挂起的未应用到数据库的 contract 脚本：

```
# su - s /bin/sh - c "neutron- db- manage has_offline_migrations" neutron
```

上述命令将返回是否存在挂起的 contract 脚本信息。

Nova 数据库升级，示例代码如下：

```
# su - s /bin/sh - c "nova- manage api_db sync" nova
```

```
# su - s /bin/sh - c "nova- manage db sync" nova
# su - s /bin/sh - c "nova- manage db online_data_migrations" nova
```

可以使用该参数来减少此操作对数据库施加的负载，从而允许用户运行一小部分迁移，直到完成所有工作。需要使用的块大小取决于用户的基础结构，以及用户可以对数据库施加的额外负载量。若要减少负载，需执行较小的批处理，并在块之间进行延迟。若要缩短任务完成时间，需运行更大的负载量。每次运行时，该命令都会显示已完成量。

如果使用"nova-manage db online_data_migrations [--max-count <number>]"，该命令在返回退出状态为 1 时代表部分更新，即使某些迁移产生错误也是如此。如果所有可能的迁移都已完成且某些迁移仍然产生错误，则返回退出状态为 2。在这种情况下，应调查错误的原因并解决错误。仅当命令返回退出状态为 0 时，才认为迁移已成功完成。

（7）数据库升级注意事项。OpenStack 本身可以实现滚动不停机升级，升级之前请确认当前数据库的版本以及数据量。同时还应做好充分的备份，随时做好回滚的准备。

当使用滚动更新的时候，数据迁移使用如下命令：

```
# su - s /bin/sh - c "nova- manage db online_data_migrations" nova
# su - s /bin/sh - c "neutron- db- manage has_offline_migrations" neutron
# su - s /bin/sh - c "cinder- manage db online_data_migrations" cinder
```

online_data_migrations 需要对应服务的 RPC 响应。如果因任何原因等待该响应超时，则迁移失败。

数据库升级完成后需要再次检测当前数据库版本，确认版本无误。

5. 功能检测

通过监控或者 API 命令行的方式确认 OpenStack 处于正常的工作状态。

Keystone 检测，示例代码如下：

```
# openstack user list
```

```
# openstack endpoint list
# openstack project list
# openstack service list
```

Glance 检测，示例代码如下：

```
# openstack image list
# openstack image save - - file cirros.img cirros
```

Neutron 检测，示例代码如下：

```
# openstack network list
# openstack network create parent- net
# openstack subnet create parent- subnet - - network parent- net - - subnet- range 20.
0.0.0/24
```

Cinder 检测，示例代码如下：

```
# openstack volume list
# openstack volume create vo1 - - size 1
# openstack server add volume 84c6e57d- a6b1- 44b6- 81eb- fcb36afd31b5 \
573e024d- 5235- 49ce- 8332- be1576d323f8 - - device /dev/vdb
```

Nova 检测，示例代码如下：

```
# openstack server list
# openstack server create - - flavor 1 - - image 397e713c - b95b - 4186 - ad46 -
6126863ea0a9 \
- - security- group default - - key- name KeyPair01 - - user- data cloudinit.file \
myCirrosServer
```

接下来生成云计算平台监控检测表，如果监控完善，可以根据监控信息进行检测。

6. 日志查看

日志能够帮助人们深入学习 OpenStack 和排查问题。如果想高效地使用日志还得有个前提——必须先掌握 OpenStack 的运行机制，然后有针对性地查看日志。以 Instance Launch 操作为例，如果之前不了解 Nova- * 各子服务在操作中的协作关系，没有理解流程图，那么面对如此多和分散的日志文件，专业人员也很难下手。

对于 OpenStack 的运维和管理人员来说，在大部分情况下，都不需要看源代码。因为 OpenStack 的日志记录很详细，足以帮助分析和定位问题。但还是有一些细节日志没有记录，必要时可以通过查看源代码帮助理解。即便如此，日志也会为用户提供源代码查看的线索，不需要用户大海捞针。因此，最后需要确认所有服务的日志无报错记录。如果需要，可以临时打开 Debug。服务正常后，请关闭 Debug，否则影响性能。

（1）Nova 日志。计算服务日志（Nova 日志）位于/var/log/nova，默认权限拥有者是 nova 用户。需要注意的是，并不是每台服务器上都包含所有的日志文件，如 nova-compute. log 仅在计算节点生成。具体日志有以下几种：

- nova-compute. log：虚拟机实例在启动和运行中产生的日志。

- nova-manage. log：运行 Nova-manage 命令时产生的日志。

- nova-scheduler. log：有关调度的日志文件，分配任务给节点以及消息队列的相关日志。

- nova-api. log：用户与 OpenStack 交互以及 OpenStack 组件间交互的消息相关日志。

- nova-console. log：关于 Nova-console 的 VNC 服务的详细信息。

- nova-consoleauth. log：关于 Nova-console 服务的验证细节。

- nova-placement-api. log：关于 Nova-placement-api 交互的日志。

（2）Neutron 日志。网络服务日志（Neutron 日志）默认存放在/var/log/neutron 目录中。具体日志有以下几种：

- dhcp-agent. log：关于 dhcp-agent 的日志。

- l3-agent. log：与 l3 代理及其功能相关的日志。

- metadata-agent. log：通过 Neutron 代理给 Nova 元数据服务的相关日志。

- openvswitch-agent. log：与 OpenVSwitch 相关操作的日志项，在具体实现 Open-Stack 网络时，如果使用了不同的插件，就会有相应的日志文件名。

- server. log：与 Neutron API 服务相关的日志。

（3）Keystone 日志。身份认证服务日志（Keystone 日志）记录在/var/log/keystone/keystone. log 中。

（4）Cinder 日志。块存储日志（Cinder 日志）默认存放在/var/log/cinder 目录中。具体日志有以下几种：

- cinder-api. log：关于 Cinder-api 服务的细节。

- cinder-scheduler. log：关于 Cinder 调度服务的操作的细节。

- cinder-volume. log：与 Cinder 卷服务相关的日志项。

（5）Glance 日志。镜像服务日志（Glance 日志）默认存放在/var/log/glance 目录中。具体日志有以下几种：

- api. log：Glance API 相关的日志。

- registry. log：Glance Registry 服务相关的日志。根据日志配置的不同，会保存诸如元信息更新和访问记录类似的信息。

（六）项目升级的总结和策略分析

OpenStack 发展到如今的 Yoga 版本，升级已经不再像以前那么困难，只要合理规划，完全可以实现安全无缝不停机快速升级。有些操作需要测试验证后，才能确认合理性。

在生产环境进行升级之前一定要提前进行测试，尤其是在跨较多版本的情况下，升级后一定要进行充分的测试，以排除日志错误。

如果需要进行操作系统的升级，控制节点可以一台台升级，计算节点可以先迁移虚拟机，再进行升级重启。

第二节 云计算系统运维

考核知识点及能力要求:

- 熟悉系统运维的知识。

- 掌握云平台监控知识。

- 掌握自动化运维与模块知识。

- 掌握自动化运维功能与框架。

一、系统运维概述

系统运维类似于系统维护,运维有运行和维护两层含义,前者更加侧重于保障系统正常运行。对于一个系统,有时人们无法预知哪里会出错,且系统越复杂,其维护难度越大。为了减少损失,人们尽可能地去预防各种错误,对于突发情况尽可能地去修复。

系统运维是指对操作系统、数据库、中间软件等的维护,这些系统介于设备和应用之间,对它们的维护包括系统优化和性能监控。

随着信息技术的不断发展和完善,系统的规模不断扩大,承载的业务也越来越多,传统的运维就面临着越来越多的问题。

(一) 设备数量增加

随着大数据时代的来临,应用系统规模越来越大,需要的设备越来越多,运维工程师需要维护的工作量和难度越来越大，依靠不断重复实施软件的部署与运维已无法满足工作需求。

（二）系统异构性增大

随着企业业务量增大，系统的规模也越来越大，一般系统都由多个种类的计算平台或者应用系统部署而成。不同平台或者应用系统需要的运行环境、Web 服务器各有差异，需要使用的数据库以及运维的方式都不尽相同，这就大大增加了运维工作的难度。

（三）虚拟化技术带来挑战

随着虚拟化技术的成熟，IT 建设的成本不断降低，需要运维的设备数量从原来的几百台迅速增加到成千上万台，这对运维工作无疑是巨大的挑战。

面对这些日益严峻的问题，运维工作越发重要。运维的最终目的是让系统能够更稳定地运行，更好地为企业服务。

二、运维与监控

运维能保障系统的正常运行，出现问题后立即解决问题，但是预防问题的出现比快速解决问题更为重要，所以运维和监控是分不开的。监控可以实时了解系统的状态，预防问题的产生。

（一）监控管理基础

监控是保障业务稳定的重要手段，那怎么提升稳定性呢？简单来说，就是减少故障。一是减少故障的数量；二是减少单一故障的影响时长，即出现故障后快速止损。减少故障这个方面，更多要诉诸鲁棒性的业务系统架构和稳定的基础设施。而对于减少单一故障的影响时长，监控是非常有价值的。

在出现故障时，监控系统可以及时感知、及时发送告警通知相关人员，让值班的人员快速响应、处理故障。处理故障的第一步就是要定位问题，定位问题需要有数据支撑。监控系统的另一个重要职能就是提前收集翔实的数据，比如日志数据、指标数据等等。

1. 监控的目标

监控的目标主要有以下几点。

（1）对系统不间断地进行实时监控。这是基础功能。

（2）实时反馈系统当前的状态。监控某个硬件、某个系统，都需要实时看到当前系统的状态，包括正常、异常或者有故障。

（3）保障服务的可靠性和安全性。监控的目的就是要保障系统、服务、业务能够正常运行。

（4）保障业务持续稳定地运行。如果监控做得很完善，即使出现故障，也能第一时间接收到故障报警并处理解决，从而保障业务持续性地稳定运行。

2. 监控的方法

了解了监控的重要性以及监控的目的，下面需要了解监控的方法，主要有以下几个维度。

（1）了解监控对象。例如，CPU 到底是如何工作的？

（2）性能基准指标。具体指监控对象的属性，如 CPU 的使用率、负载、用户态、内核态、上下文切换等。

（3）报警阈值定义。怎样才算是故障，需要报警？例如，CPU 的负载到底达到多少算高？用户态、内核态的使用率分别达到多少算高？

（4）故障处理流程。例如，收到了故障报警，需要怎么处理？有什么更高效的处理流程？

3. 监控的核心

监控的核心主要有以下四点。

（1）发现问题。当系统发生故障，会收到故障报警的信息。

（2）定位问题。故障邮件一般都会写某某主机故障、具体故障的内容，需要对报警内容进行分析。

（3）解决问题。了解到故障的原因后，就需要通过故障解决的优先级去解决该故障。

（4）总结问题。当解决完重大故障后，需要对故障原因以及防范措施进行总结归纳，避免以后重复出现。

（二）常见的监控工具

云计算系统运维中，监控工具的使用不可避免，常见的监控工具如下。

1. Cacti

Cacti（英文含义为"仙人掌"）是一套基于 PHP、MySQL、SNMP 和 RRDtool 开发的网络流量监测图形分析工具，它通过 snmpget 来获取数据，并使用 RRDtool 绘图，且使用者无须了解 RRDtool 复杂的参数。它提供了非常强大的数据和用户管理功能，可以允许每一个用户能查看主机设备的任何一张图，还可以与 LDAP 结合进行用户认证，同时也能自定义模板。在历史数据展示监控方面，其功能相当不错。Cacti 通过添加模板，使不同设备的监控添加具有可复用性，并且具备可自定义绘图的功能，具有强大的运算能力。

2. Nagios

Nagios 是一款开源的免费网络监视工具，能有效监控 Windows、Linux 和 Unix 操作系统的主机、交换机路由器等网络设置等。在系统或服务状态异常时，能第一时间发出邮件或短信，报警通知网站运维人员，并在状态恢复后发出正常的邮件或短信通知。

Nagios 主要的优点是可监控告警，其最强大的功能就是告警功能，可支持多种告警方式；缺点是没有强大的数据收集机制，并且数据出图也很简陋。当监控的主机越来越多时，添加主机也非常麻烦，且配置文件都是基于文本配置的，这样很容易出错，不易维护。

3. Zabbix

Zabbix 是一个企业级分布式开源、高度集成的网络监控解决方案，能够监控各种网络参数，以及服务器的健康性和完整性。Zabbix 使用灵活的通知机制，能够快速反馈服务器问题，并提供出色的报告和数据。Zabbix 解决了 Cacti 没有告警的不足，也解决了 Nagios 不能通过 Web 配置的缺点，同时还支持分布式部署。目前 Zabbix 也成为中小企业监控最流行的运维监控平台。

当然，Zabbix 也有不足之处，如它消耗的资源比较多。如果监控的主机较多时，可能会出现监控超时、告警超时等现象。不过对此也有很多解决办法，比如提高硬件性能、改变 Zabbix 监控模式等。

4. Ganglia

Ganglia 是一款为 HPC（高性能计算）集群而设计的可扩展的分布式监控系统，它可以监视和显示集群中节点的各种状态信息。它由运行在各个节点上的 gmond 守护进程来采集 CPU、内存、硬盘利用率、I/O 负载、网络流量情况等方面的数据，然后汇总到 gmetad 守护进程下，并使用 RRDtool 存储数据，最后将历史数据以曲线方式通过 PHP 页面呈现。

Ganglia 监控系统由三部分组成，分别是 gmond、gmetad 和 webfrontend。gmond 安装在需要收集数据的客户端，gmetad 是服务端，webfrontend 是一个 PHP 的 Web UI 界面。Ganglia 通过 gmond 收集数据，然后在 webfrontend 进行展示。

Ganglia 的主要特征是收集数据，并集中展示数据，这是 Ganglia 的优势和特色。Ganglia 可以将所有数据汇总到一个界面集中展示，并且支持多种数据接口，可以很方便地扩展监控。最为重要的是，Ganglia 收集的数据为轻量级，客户端的 gmond 程序基本不耗费系统资源，而这个特点刚好弥补了 Zabbix 消耗性能的不足。

最后，Ganglia 对大数据平台的监控更为智能，只需要一个配置文件，即可开通 Ganglia 对 Hadoop、Spark 的监控，监控指标有近千个，完全满足了对大数据平台的监控需求。

5. Centreon

Centreon 是一款功能强大的分布式 IT 监控系统，它通过第三方组件可以实现对网络、操作系统和应用程序的监控。首先，它是开源的，用户可以免费使用它。其次，它的底层采用类似 Nagios 的监控引擎作为监控软件，同时监控引擎通过 ndoutil 模块将监控到的数据定时写入数据库中，Centreon 实时从数据库读取该数据，并通过 Web 界面展现监控数据。最后，用户可以通过 Centreon Web 一键管理和配置主机，或者说 Centreon 就是 Nagios 的一个管理配置工具，通过 Centreon 提供的 Web 配置界面，可以轻松弥补 Nagios 需要手工配置主机和服务的不足。

Centreon 的强项是一键配置和管理，并支持分布式监控。Nagios 能够完成的功能，通过 Centreon 都能实现，同时 Centreon 还可以和 Ganglia 进行集成，将 Ganglia 收集到的数据进行整合，实现主机自动加入监控以及自动告警的功能。

6. Prometheus

Prometheus 是一套开源的系统监控报警框架，它既适用于面向服务器等硬件指标的监控，也适用于高动态的面向服务架构的监控。对于现在流行的微服务，Prometheus 的多维度数据收集和数据筛选功能是非常强大的。Prometheus 是为增强服务的可靠性而设计的，当服务出现故障时，它可以使用户快速定位和诊断问题。

7. Grafana

Grafana 是一个开源的度量分析与可视化套件。通俗来说，Grafana 就是一个图形可视化展示平台，它通过各种炫酷的界面效果展示监控数据。如果觉得 Zabbix 的出图界面不够美观，可以使用 Grafana 实现可视化展示。同时，Grafana 支持许多不同的数据源，如 Graphite、InfluxDB、OpenTSDB、Prometheus、Elasticsearch、CloudWatch 和 KairosDB 等。

8. Open-Falcon

Open-Falcon 是小米的监控系统，它的目标是做最开放、最好用的互联网企业级监控产品。

（三）云计算平台监控指标

云计算平台监控为用户提供一个针对弹性云服务器、带宽等资源的立体化的监控，可以使管理员全面了解公有云上的资源使用情况、业务的运行状况并及时对异常报警做出反应，以保障业务顺畅运行。

监控指标是云计算平台监控服务的核心概念，通常是指云计算平台上某个资源的某个维度状态的量化值，如云服务器的 CPU 使用率、内存使用率等。监控指标是与时间有关的变量值，会随着时间的变化产生一系列监控数据，帮助用户了解特定时间内该监控指标的变化。

1. 计算监控

计算监控包括监控弹性云服务器、操作系统、裸金属服务器、弹性伸缩监控指标等。

（1）弹性云服务器监控指标。对于不同的操作系统、不同的弹性云服务器类型，其支持的监控指标有所差异，主要涉及的监控指标项包括 CPU 使用率、内存使用率、磁盘使用率、磁盘读/写带宽、磁盘读/写 IOPS、带内网络流入/出速率、带外网络流入/出速率、网络连接数等。

1）CPU 使用率：该指标用于统计弹性云服务器的 CPU 使用率。该指标为从物理机层面采集的 CPU 使用率，数据准确性低于从弹性云服务器内部采集的数据，单位为%。计算公式如下：

$$CPU\ 使用率 = \frac{单个弹性云服务器 CPU\ 使用率}{单个弹性云服务器的 CPU\ 总核数} \times 100\% \tag{4-1}$$

2）内存使用率：该指标用于统计弹性云服务器的内存使用率，单位为%。计算公式如下：

$$内存使用率 = \frac{该弹性云服务器内存使用量}{该弹性云服务器内存总量} \times 100\% \tag{4-2}$$

3）磁盘使用率：该指标用于统计弹性云服务器的磁盘使用情况，单位为%。计算公式如下：

$$磁盘使用率 = \frac{弹性云服务器磁盘使用容量}{弹性云服务器磁盘总容量} \times 100\% \tag{4-3}$$

4）磁盘读/写带宽：该指标用于统计每秒从弹性云服务器读/写数据量，单位为 byte/s。计算公式如下：

$$磁盘读/写带宽 = \frac{弹性云服务器的磁盘读/写的字节数之和}{测量周期} \tag{4-4}$$

5）磁盘读/写 IOPS：该指标用于统计每秒从弹性云服务器读取/写入数据的请求次数，单位为请求次数/秒。计算公式如下：

$$磁盘读/写 IOPS = \frac{请求读取/写入弹性云服务器磁盘的次数之和}{测量周期} \tag{4-5}$$

6）带内网络流入/出速率：该指标用于在弹性云服务器内统计每秒流入/出弹性云服务器的网络流量，单位为 byte/s。计算公式如下：

$$带内网络流入/出速率 = \frac{弹性云服务器的带内网络流入/出字节数之和}{测量周期} \qquad (4-6)$$

7）带外网络流入/出速率：该指标用于在弹性云服务器外统计每秒流入/出弹性云服务器的网络流量，单位为 byte/s。计算公式如下：

$$带外网络流入/出速率 = \frac{弹性云服务器的带外网络流入/出字节数之和}{测量周期} \qquad (4-7)$$

8）网络连接数：该指标表示弹性云服务器已经使用的 TCP 和 UDP 的连接数总和，单位为个。

（2）操作系统监控指标。不同的操作系统支持的监控指标有所差异，涉及的监控指标项有 CPU 使用率、5 分钟平均负载、内存使用率、磁盘剩余存储量、磁盘使用率、磁盘 I/O 使用率、inode 已使用占比、出/入网带宽、网卡包接收/发送速率、所有状态的 TCP 连接数总和等。

1）CPU 使用率：该指标用于统计测量对象当前 CPU 使用率，单位为%。Linux 系统通过计算采集周期内/proc/stat 中的变化得出 CPU 使用率。用户可以通过 top 命令查看%Cpu(s) 值。Windows 系统通过 WindowsAPI GetSystemTimes 获取 CPU 使用率。

2）5 分钟平均负载：该指标用于统计测量对象在过去 5 分钟的 CPU 平均负载。Linux 系统通过/proc/loadavg 中 load5/逻辑 CPU 个数得到。用户可以通过 top 命令查看 load5 值。Windows 系统暂不支持 CPU 负载指标。

3）内存使用率：该指标用于统计测量对象的内存使用率，单位为%。Linux 系统通过/proc/meminfo 文件获取，计算公式为：

$$内存使用率（Linux） = \frac{内存总量-可用内存}{内存总量} \times 100\% \qquad (4-8)$$

Windows 系统的计算公式为：

$$内存使用率（Windows） = \frac{已用内存量}{内存总量} \times 100\% \qquad (4-9)$$

4）磁盘剩余存储量：该指标用于统计测量对象磁盘的剩余存储空间，单位为 GB。

Linux 系统通过执行"df –h"命令，查看 Avail 列数据采集。Windows 系统使用 WMI 接口 GetDiskFreeSpaceExW 获取磁盘空间数据。

5）磁盘使用率：该指标用于统计测量对象磁盘使用率，以%为单位。计算方式为磁盘已用存储量/磁盘存储总量，单位为%。Linux 系统通过计算 Used/Size 得出。Windows 系统使用 WMI 接口 GetDiskFreeSpaceExW 获取磁盘空间数据。

6）磁盘 I/O 使用率：该指标用于统计测量对象磁盘 I/O 使用率，单位为%。Linux 系统通过计算采集周期内/proc/diskstats 中对应设备第 13 列数据的变化得出磁盘 I/O 使用率。暂不支持 Windows 系统。

7）inode 已使用占比：该指标用于统计测量对象当前磁盘已使用的 inode 占比，单位为%。Linux 系统执行"df –i"命令，查看 IUse%列数据。Windows 系统暂不支持文件系统类监控指标。

8）出/入网带宽：该指标用于统计测量对象网卡每秒接收/发送的比特数，单位为 bit/s。Linux 系统通过计算采集周期内/proc/net/dev 中的变化得出。Windows 系统使用 WMI 中 MibIfRow 对象获取网络指标数据。

9）网卡包接收/发送速率：该指标用于统计测量对象网卡每秒接收的数据包数，单位为 Count/s。Linux 系统通过计算采集周期内/proc/net/dev 中的变化得出。Windows 系统使用 WMI 中 MibIfRow 对象获取网络指标数据。

10）所有状态的 TCP 连接数总和：该指标用于统计测量对象网卡所有状态的 TCP 连接数总和。

（3）裸金属服务器监控指标。裸金属服务器（操作系统监控）支持的监控指标与弹性云服务器中的操作系统监控相同。

（4）弹性伸缩监控指标。用户可以通过云监控检索弹性伸缩服务产生的监控指标和告警信息。弹性伸缩支持的监控指标包括 CPU 使用率、内存使用率、实例数、带内网络流入/出速率、磁盘读/写速率、磁盘读/写操作速率、1/5/15 分钟平均负载、GPU 使用率、显存使用率等。

1）CPU 使用率：该指标用于统计弹性伸缩组的 CPU 使用率，单位为%。计算公式如下：

$$CPU\ 使用率 = \frac{伸缩组中的所有云服务器的\ CPU\ 使用率之和}{伸缩组实例数} \times 100\% \quad (4-10)$$

2）内存使用率：该指标用于统计弹性伸缩组的内存使用率，以%为单位。计算公式如下：

$$内存使用率 = \frac{伸缩组中的所有云服务器内存使用率之和}{伸缩组实例数} \times 100\% \quad (4-11)$$

3）实例数：该指标用于统计弹性伸缩组中可用的云服务器云主机数量。实例数是弹性伸缩组内生命周期状态为"已启用"的云服务器数量之和。

4）带内网络流入/出速率：该指标用于统计每秒流入/出弹性伸缩组的网络流量，单位为byte/s。计算公式如下：

$$带内网络流入/出速率 = \frac{伸缩组中所有云服务器的带内网络流入/出速率之和}{伸缩组实例数}$$

$$(4-12)$$

5）磁盘读/写速率：该指标用于统计每秒从弹性伸缩组读/写的数据量，单位为byte/s。计算公式如下：

$$磁盘读/写速率 = \frac{伸缩组中所有云服务器的磁盘读/写速率之和}{伸缩组实例数} \quad (4-13)$$

6）磁盘读/写操作速率：该指标用于统计每秒从弹性伸缩组读/写数据的请求次数，单位为byte/s。计算公式如下：

$$磁盘读/写操作速率 = \frac{伸缩组中所有云服务器的磁盘读/写操作速率之和}{伸缩组实例数} \quad (4-14)$$

7）1/5/15分钟平均负载：该指标用于统计测量对象中所有云服务器过去1/5/15分钟的CPU平均负载的均值，该指标无单位。

8）GPU使用率：该指标用于统计弹性伸缩组的所有云服务器（Agent）GPU使用率，以%为单位。计算公式如下：

$$GPU\ 使用率 = \frac{伸缩组中的所有云服务器（Agent）GPU\ 使用率之和}{伸缩组实例数} \times 100\%$$

$$(4-15)$$

9）显存使用率：该指标用于统计弹性伸缩组的所有云服务器（Agent）显存使用

率，以%为单位。计算公式如下：

$$显存使用率 = \frac{伸缩组中的所有云服务器（Agent）显存使用率之和}{伸缩组实例数} \times 100\%$$

$$(4-16)$$

2. 存储监控

云计算平台的存储监控涉及云硬盘、对象存储服务、弹性文件服务、云备份监控指标等。

（1）云硬盘监控指标。用户可以通过云计算平台监控服务提供管理控制台或 API 接口来检索云硬盘服务产生的监控指标和告警信息。主要监控指标项为磁盘读/写带宽、磁盘读/写 IOPS、平均队列长度、磁盘读/写使用率、平均读/写操作大小、平均 IO 服务时长、IOPS 达到上限（次数）、带宽达到上限（次数）等。

1）磁盘读/写带宽：用于统计每秒从测量对象读出/写入数据量，单位为 byte/s。

2）磁盘读/写 IOPS：用于统计每秒从测量对象读取/写入数据的请求次数，单位为请求次数/秒。

3）平均队列长度：用于统计测量对象在测量周期内平均等待完成的读/写操作请求的数量，单位为个。

4）磁盘读/写使用率：用于统计测量对象在测量周期内提交读/写操作的占比，单位为%。

5）平均读/写操作大小：用于统计测量对象在测量周期内平均每个读/写 IO 操作传输的字节数，单位为 KByte/操作。

6）平均 IO 服务时长：用于统计测量对象测量在周期内平均每个读/写 IO 的操作时长，单位为 ms/操作。

7）IOPS 达到上限（次数）：用于统计测量对象 IOPS 达到上限次数，单位为个。

8）带宽达到上限（次数）：用于统计测量对象带宽达到上限次数，单位为个。

（2）对象存储服务监控指标。用户可以通过云计算平台监控服务提供的管理控制台或 API 接口来检索对象存储服务产生的监控指标和告警信息。监控指标项分为存储指标和请求指标。

请求指标包括 GET 类请求次数、PUT 类请求次数、GET 类请求首字节平均时延、总请求平均时延、总 TPS、GET 类请求 TPS、PUT 类请求 TPS、DELETE 类请求 TPS、请求成功率、有效请求率、请求中断率、HTTP 状态码次数、接口请求 TPS、总下载带宽、内/外网下载带宽、总上传带宽、内/外网上传带宽、总下载流量、外网下载流量、总上传流量以及内/外网上传流量等。

存储指标涉及存储总用量、标准存储用量、低频存储用量、归档存储用量、存储对象总数、标准存储对象总数、低频存储对象总数和归档存储对象总数等。

（3）弹性文件服务监控指标。弹性文件服务监控指标包括读/写带宽、读/写 OPS 和已用容量等。

（4）云备份监控指标。云备份监控指标主要包括存储库使用量和存储库使用率两个指标项。

3. 网络监控

云计算平台网络监控指标主要有弹性公网 IP 和带宽、弹性负载均衡、虚拟专用网络、NAT 网关监控指标等。

（1）弹性公网 IP 和带宽监控指标。弹性公网 IP 和带宽支持的监控指标有出/入网带宽、出/入网带宽使用率、出/入网流量等。

（2）弹性负载均衡监控指标。弹性负载均衡服务监控指标项有并发连接数、活跃连接数、非活跃连接数、新建连接数、流入/出数据包数、网络流入/出速率、异常主机数、正常主机数、后端服务器重置数量、客户端重置数量、负载均衡器重置数量和出/入网带宽等。

（3）虚拟专用网络监控指标。虚拟专用网络监控指标主要关注 VPN 连接状态监控，展示 VPN 连接的通断状态。0 表示未连接状态，1 表示连接状态。

（4）NAT 网关监控指标。NAT 网关支持的监控指标包括 SNAT（Source Network Address Translation，源地址转换）连接数等，监控对象是 NAT 网关实例。出/入方向带宽监控的对象是出/入方向 PPS（Packets Per Second，每秒数据包数）、出/入方向流量、SNAT 连接数使用率、出/入方向带宽使用率等。

4. 应用中间件监控

云计算平台应用中间件较多，这里主要阐述常用的分布式消息服务、API 网关和分布式缓存服务监控指标。

（1）分布式消息服务监控指标。分布式消息服务支持的监控指标项分为普通队列监控指标和高级队列监控指标。监控指标有队列消息数、消息大小、消息请求数、消息堆积数、已消费消息数等。

（2）API 网关监控指标。API 网关监控指标有平均延迟毫秒数、流入/出流量、最大延迟毫秒数、接口调用次数、被流控的调用次数、异常次数等。

（3）分布式缓存服务监控指标。常用分布式缓存服务有 Redis 和 Memcached。不同版本的 Redis 支持的监控指标也不尽相同。

1）Redis 实例支持的监控指标：Redis 实例支持的监控指标有 CPU 利用率、命令最大时延、新建连接数、内存利用率、缓存命中率、已用内存、数据集使用内存百分比、已用内存 RSS、每秒并发操作数、缓存键总数、阻塞的客户端数量、活跃的客户端数量、网络瞬时输入流量等。

2）Memcached 实例支持的监控指标：Memcached 实例支持的监控指标有 CPU 利用率、内存利用率、网络输入/出吞吐量、活跃的客户端数量、已用内存、已用内存 RSS、已用内存峰值、内存碎片率、新建连接数、处理的命令数、每秒并发操作数、网络收到/发送字节数、网络瞬时输入/出流量等。

5. 数据库监控

云计算平台数据监控主要包括关系型数据库、文档数据库监控指标等。

（1）关系型数据库监控指标。云计算平台常用关系型数据库有 MySQL、PostgreSQL 和 SQL Server。数据库的性能监控指标项主要有 CPU 使用率、内存使用率、IOPS、网络输入/出吞吐量、数据库总连接数、当前活跃连接数、QPS、TPS、缓冲池利用率、缓冲池命中率、缓冲池脏块率、InnoDB 读/写吞吐量、InnoDB 文件读/写频率、Select 语句执行频率、Update 语句执行频率、行删除速率、行插入速率、行读/写速率、行更新速率、磁盘利用率等。

（2）文档数据库监控指标。文档数据库监控指标涉及 Command 执行频率、Delete

语句执行频率、Insert 语句执行频率、Query 语句执行频率、Update 语句执行频率、Getmore 语句执行频率、分片的 chunk 数、实例当前活动连接数、当前活动连接数、虚拟内存、服务超时游标数等。

6. 迁移监控

云数据库迁移支持的监控指标有 CPU 使用率、内存使用率、磁盘利用率、网络流入/出速率、磁盘 IO、堆内存使用率、数据库连接数、历史记录表行数、失败作业率和 inodes 利用率等。

三、自动化运维

随着信息时代的持续发展，运维已经成为 IT 服务内涵中重要的组成部分。面对越来越复杂的业务和越来越多样化的用户需求，不断扩展的 IT 应用需要越来越合理的模式，保障 IT 服务能灵活便捷、安全稳定地持续运行，这种模式中的保障因素就是运维（其他因素是更加优越的 IT 架构等）。从初期的几台服务器发展到庞大的数据中心，单靠人工已经无法满足运维在技术、业务、管理等方面的要求，因此标准化、自动化、架构优化、过程优化等可以降低 IT 服务成本的因素越来越被人们所重视。其中，自动化因代替人工操作被广泛研究和应用。

（一）自动化运维概述

在运维技术还不成熟的早期，都是通过手工执行命令来管理硬件、软件资源。随着技术的成熟以及软硬件资源的增多，运维人员需要执行大量的重复性命令来完成日常的运维工作。而自动化运维就是将这些原本大量重复性的日常工作自动化，让工具或系统代替人工来自动完成具体的运维工作，解放生产力，提高效率，降低运维成本。可以说自动化运维是当下 IT 运维工作的必经之路。

因此，自动化运维之所以势在必行，总结原因主要有以下几点。

第一，手工运维缺点多。传统的手工执行命令管理软硬件资源容易发生操作风险，一旦执行错误的命令，后果可能是灾难性的。当软硬件资源增多时，手工配置效率低，增加运维人员的数量也会导致人力成本过高。

第二，传统人工运维难以管理大量的软硬件资源。试想，当机器数目增长到1 000台以上的时候，依靠人力来维护是非常困难的事情。

第三，业务需求的频繁变更。产品业务唯有快速响应市场需求才能持续发展，只有借力自动化运维使用工具，才能满足频繁变更的业务需求。

第四，自动化运维的技术已经成熟。自动化运维又分为工具化、Web 化、服务化和智能化。工具化主要通过相关运维工具，替代需要人工多次执行单一的工作内容，如 Shell 或 Python 脚本、开源监控工具、开源部署工具和开源跳板工具等；Web 化是指根据需求开发可以通过 Web 界面的操作运维管理平台；服务化是指可以通过调用相关 API 实现服务器从系统安装到上线完全自动化；智能化能根据一定的策略或条件，智能完成自动扩容、缩容、服务降级、故障自修复，以及自动发布代码加进负载集群等一系列操作。

（二）自动化运维工具

这里主要介绍 Shell、Python、Ansible 自动化运维工具。

1. Shell 自动化运维

在 IT 环境维护中，为了提高工作效率、减少因手工操作出现的错误，人们常选择使用脚本处理大量重复性工作。Shell 是 Linux 系统中最常使用的脚本语言，使用 Shell 可实现有针对性的自动化运维。

Shell 提供了两种方式实现用户与内核的通信——交互式通信（Interactive）和非交互式通信（Shell Script）。交互式通信指用户输入一条命令，Shell 就解释执行一条命令，因此 Shell 等待用户的输入并且立即执行提交的命令。这种模式也是大多数用户非常熟悉的。非交互式通信以 Shell Script 方式执行。在这种模式下，Shell 不与用户进行交互。用户按照 Shell 语言规范编写程序并保存为文件，在需要时一次性执行 Shell 文件中的所有命令。Linux 系统中 Shell 的种类有很多种，常见的有 Bourne Shell（sh）、Bourne - Again Shell（bash）、C Shell（csh/tcsh）、Korn Shell（ksh）、Z Shell（zsh）。

（1）Shell 脚本语法内容。用户既可以输入命令执行，又可以利用 Shell 脚本编程，完成更加复杂的操作。在 Linux GUI 日益完善的今天，在系统管理等领域，Shell 编程仍然起着不可忽视的作用。深入地了解和熟练地掌握 Shell 编程，是每一个 Linux 系统用户的必修功课之一。

1）Shell 的基本语法基础。包括 Shell 中的变量（特别是本地变量、环境变量、位置变量和特殊变量这四种常用的变量），以及 Shell 中的符号（特别是一些常用符号，包括引号、通配符和连接符等）。

2）正则表达式。指一组预先定义好的规则（或者模式），常用于文本搜索与替换。

3）文本处理工具。用于在正则表达式中过滤文本，常与文本处理工具结合使用。读者需要理解和掌握 Shell 提供的三个强大的文本处理工具——grep、sed 和 awk。

4）Shell 脚本。一般来说，脚本程序是确定一系列控制计算机继续运算操作命令的组合，包含一定的逻辑结构，如 if 结构、if/else 结构、for 循环结构、while 循环结构等。

（2）编写 Shell 脚本应注意事项。在编写脚本时应该注意以下六点：①开头加"！/bin/b"解释器——"#bash"；②语法缩进：在循环体、判断体等缩进时，一般使用四个空格；③命名建议规则：变量名大写、局部变量小写，函数名小写，名字体现出实际作用；④默认变量是全局的，在函数中变量 local 指定为局部变量，避免污染其他作用域；⑤两个帮助调试脚本的命令为"set -e"和"set -x"，其中"set -e"遇到执行非 0 时退出脚本，"set -x"打印执行过程；⑥写脚本一定先测试再运行到生产上。

2. Python 自动化运维

Python 是一种解释性、面向对象、动态数据类型的高级程序设计语言，该语言简单易学，语法清楚、干净，易读、易维护，已被应用于如操作系统管理、服务器运维的自动化脚本、科学计算、游戏等众多领域。

（1）Python 语法基础。Python 语法基础主要包括以下内容。

1）Python 基础语法。包括变量、数据类型、运算符、类型转换等。

2）Python 常用语句。包括判断语句 if、if...else、if...elif 等，循环语句 for、

while，以及其他的子语句 pass、return 等。

3）字符串。包括了解什么是字符串，以及对特殊字符的转义、字符串的格式化输入输出、字符串的访问、字符串的内建函数、字符串运算符等。

4）列表、元组和字典。包括列表的循环遍历、增删改查、排序和嵌套、元组的增删改、字典的键值获取，并理解三种数据结构的特点。

5）函数。包括函数的定义和调用、函数的参数、函数的返回值、函数的嵌套、递归函数、匿名函数、日期时间函数和随机函数等。此外，还有函数高级内容的闭包、装饰器等内容。

6）Python 文件操作。包括文件打开、文件读/写、文件重命名、文件删除等。

7）异常处理。包括异常类、抛出和捕捉系统内置的异常、抛出和捕捉自定义异常，以及 with 和 as 环境安装器等。

8）面向对象编程基础。面向对象编程基本知识，包括对象和类、根据类创建对象、对象的三大特征等知识。

Python 语法基础是使用 Python 编写自动化运维脚本的关键。如果要根据业务编写简单的自动化运维脚本，很多工程师也会选择 Python 语言，因为它非常适合于编写自动化运维程序的场景。

（2）自动化运维中 Python 常用模块。Python 常用模块包括 Paramiko、Psutil、IPy、dnspython 模块等。

1）Paramiko 模块。Paramiko 是 Python 2.3 版本以上具有的模块，实现了 SSH2 协议，用于远程连接到 Linux 系统服务器，支持查看上面的日志状态、批量配置远程服务器、文件上传、文件下载等。Fabric 和 Ansible 内部的远程管理就是使用 Paramiko 来实现的。

Paramiko 包含两个核心组件——SSHClient 和 SFTPClient。SSHClient 的作用类似于 Linux 系统的 SSH 命令，是对 SSH 会话的封装，该类封装了传输（Transport）、通道（Channel）及 SFTPClient 建立的方法（open_sftp），通常用于执行远程命令。SFTPClient 的作用类似于 Linux 系统的 sftp 命令，是对 SFTP 客户端的封装，用以实现远程文件操作，如文件上传、下载、修改文件权限等操作。

2）Psutil 模块。Psutil 是一个开源且跨平台的库，支持 Linux、Windows、OSX、FreeBSD、OpenBSD、NetBSD、Sun Solaris 和 AIX 等操作系统。Psutil 包含了异常、类、功能函数和常量。其中，类用来实现进程的管理功能；功能函数用来获取系统的信息，如 CPU、磁盘、内存、网络等。根据函数的功能，这些函数主要分为 CPU、内存、磁盘、网络几类，下面将从这几个方面来介绍 Psutil 提供的功能函数（见表 4-2 至表 4-5）。

表 4-2　　　　　　　　　　　　　　　　CPU 相关

函数	描述
psutil. cpu_count（）	cpu_count（,［logical］）：默认返回逻辑 CPU 的个数，当设置 logi-cal 的参数为 False 时，返回物理 CPU 的个数
psutil. cpu_percent（）	cpu_percent（,［percpu］,［interval］）：返回 CPU 的利用率，per-cpu 为 True 时，显示所有物理核心的利用率，interval 不为 0 时，则阻塞时显示 interval 执行的时间内的平均利用率
psutil. cpu_times（）	cpu_times（,［percpu］）：以命名元组（namedtuple）的形式返回 CPU 的时间花费，percpu＝True 表示获取每个 CPU 的时间花费
psutil. cpu_times_percent（）	cpu_times_percent（,［percpu］）：功能和 cpu_times 大致相同，该函数返回的是耗时比例
psutil. cpu_stats（）	cpu_stats（）：以命名元组的形式返回 CPU 的统计信息，包括上下文切换、中断、软中断和系统调用次数
psutil. cpu_freq（）	cpu_freq（［percpu］）：返回 CPU 频率

表 4-3　　　　　　　　　　　　　　内存（Memory）相关

函数	描述
psutil. memory（）	以命名元组的形式返回内存使用情况，包括总内存、可用内存、内存利用率、buffer 和 cache 等。单位为 byte
swap_memory（）	以命名元组的形式返回 Swap/Memory 使用情况，包含 Swap 中页的换入和换出

表 4-4　　　　　　　　　　　　　　　磁盘（Disk）相关

函数	描述
psutil. disk_io_counters（）	disk_io_counters（［perdisk］）：以命名元组的形式返回磁盘 IO 统计信息（汇总的），包括读、写的次数，读、写的字节数等。当 perdisk 的值为 True，则分别列出单个磁盘的统计信息（key 为磁盘名称，value 为统计的 namedtuple）

续表

函数	描述
psutil.disk_partitions（）	disk_partitions（［all=False］）：以命名元组的形式返回所有已挂载的磁盘，包含磁盘名称、挂载点、文件系统类型等信息。当 all 等于 True 时，返回包含/proc 等特殊文件系统的挂载信息
psutil.disk_usage（）	disk_usage（path）：以命名元组的形式返回 path 所在磁盘的使用情况，包括磁盘的容量、已经使用的磁盘容量、磁盘的空间利用率等

表 4-5　　　　　　　　　　　　网络（Network）相关

函数	描述
psutil.net_io_counter（［pernic］）	以命名元组的形式返回当前系统中每块网卡的网络 IO 统计信息，包括收发字节数、收发包的数量、出错的情况和删包情况。当 pernic 为 True 时，则列出所有网卡的统计信息
psutil.net_connections（［kind］）	以列表的形式返回每个网络连接的详细信息（namedtuple）。命名元组包含 fd、family、type、laddr、raddr、status、pid 等信息。kind 表示过滤的连接类型，默认值为 inet
psutil.net_if_addrs（）	以字典的形式返回网卡的配置信息，包括 IP 地址和 MAC 地址、子网掩码和广播地址
psutil.net_if_stats（）	返回网卡的详细信息，包括是否启动、通信类型、传输速度与 mtu
psutil.users（）	以命名元组的方式返回当前登录用户的信息，包括用户名、登录时间、终端与主机信息
psutil.boot_time（）	以时间戳的形式返回系统的启动时间

此外，Psutil 还提供了作为进程管理的功能函数，包括判断进程是否存在、获取进程列表、获取进程详细信息等（见表 4-6）。而且 Psutil 还提供了许多命令行工具提供的功能，包括 ps、top、lsof、netstat、ifconfig、who、df、kill、free、nice、ionice、iostat、iotop、uptime、pidof、tty、taskset、pmap。

表 4-6　　　　　　　　　　　　进程管理

函数	描述
psutil.pids（）	以列表的形式返回当前正在运行的进程
psutil.pid_exists（1）	判断给点定的 pid 是否存在

续表

函数	描述
psutil. process_iter ( )	迭代当前正在运行的进程，返回的是每个进程的 Process 对象
psutil. Process ( )	对进程进行封装，可以使用该类的方法获取进行的详细信息，或者给进程发送信号

此外，Psutil 模块还支持获取用户登录、开机、时间等信息。

3）IPy 模块。IP 地址规划是网络设计中非常重要的一个环节，包括网络性能、可扩展性等方面，IP 地址规划的好坏直接影响路由协议算法的效率。在这个过程中，免不了要计算大量的 IP 地址，包括网段、子网掩码、广播地址、子网数、IP 类型等。Python 提供了一个强大的第三方模块 IPy。IPy 模块可以很好地辅助用户完成高效的 IP 规划工作。

IPy 模块包含 IP 类，使用它可以方便地处理绝大部分格式为 IPv6 和 IPv4 的网络和地址。通过 IPy 模块的方法，可以实现输出指定网段的 IP 个数及所有 IP 地址清单；可以实现包括反向解析名称、IP 类型、IP 转换等功能；还可以判断 IP 地址和网段是否包含于另一个网段中；采用 IPy 提供的 overlaps 方法，可以判断两个网段是否存在重叠等。

4）dnspython 模块。dnspython 是 Python 实现的一个 DNS 工具包，它支持几乎所有的记录类型，可以用于查询、传输并动态更新 ZONE 信息，同时支持 TSIG（事务签名）验证消息和 EDNS0（扩展 DNS）。在系统管理方面，用户可以利用其查询功能来实现 DNS 服务监控以及解析结果的校验，可以代替 nslookup、dig 等工具，轻松做到与现有平台的整合。

dnspython 模块提供了大量的 DNS 处理方法，最常用的方法是域名查询。dnspython 提供了一个 DNS 解析器类——resolver，使用它的 Query 方法可实现域名的查询功能，为后面要实现的功能提供数据来源，比如对一个使用 DNS 轮循业务的域名进行可用性监控，需要得到当前的解析结果。

3. Ansible 自动化运维

Ansible 是一种集成 IT 系统的配置管理、应用部署、执行特定任务的开源平台，是

AnsibleWorks 公司名下的项目，该公司由 Cobber 及 Func 的作者于 2012 年创建成立。Ansible 基于 Python 语言来实现，由 Paramiko 和 PyYAML 两个关键模块构成。Ansible 的部署简单，只需在主控端部署 Ansible 服务。Ansible 默认使用 SSH 协议对设备进行管理，是一种主从集中化管理架构，其配置简单、功能强大、扩展性强。它支持 API 和自定义模块，可通过 Python 轻松进行管理。Ansible 功能强大，具有灵活的系统管理和状态配置，对云计算平台、大数据都有很好的支持作用。

Ansible 是基于模块工作的，其本身没有批量部署的能力，真正具有批量部署能力的是 Ansible 所运行的模块，而 Ansible 只是提供一种框架，如图 4-3 所示。

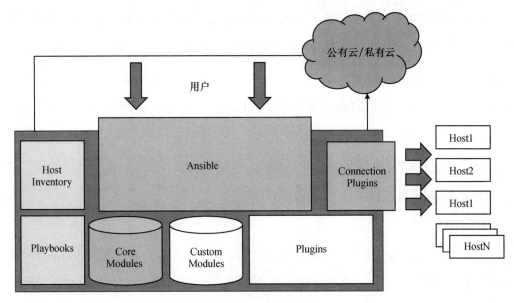

图 4-3　Ansible 框架

Ansible 的主要模块如下：

● Ansible：Ansible 的核心程序。

● Playbooks：任务剧本（任务集），编排定义 Ansible 任务集的配置文件，由 Ansible 依次执行多个任务，通常是 JSON 格式的 YAML 文件。

● Host Inventory：Ansible 管理主机的清单，记录由 Ansible 管理的主机信息，包括端口、密码、IP 等。

● Core Modules：核心模块，主要操作是通过调用核心模块来完成管理任务。

● Custom Modules：自定义模块，完成核心模块无法完成的功能，支持多种语言。

● Connection Plugins：基于连接插件连接到各个主机上，即用于 Ansible 和 Host 之间的通信，默认使用 SSH 连接。

● Plugins：模块功能的补充，如连接类型插件、循环插件、变量插件等，可借助这些插件完成更丰富的功能。

用户请求发送给 Ansible 核心模块，Ansible 核心模块通过 Host Inventory 模块寻找需要运行的主机，然后通过 Connection Plugins 连接远程的主机，并发送命令。Ansible 使用插件来连接每一个被控制端 Host。此外，也通过插件来记录日志等信息。

Ansible 的作用对象不仅仅是 Linux 和非 Linux 操作系统的主机，也可以作用于各类供公有或私有、商业和非商业设备使用的网络设施。用户使用 Ansible 或 Ansible Playbooks 时，在服务器终端输入 Ansible 的 Ad-Hoc 命令集或 Playbooks 后，Ansible 会遵循预选安排的规则将 Playbooks 逐步拆解为 Play，再将 Play 组织成 Ansible 可以识别的任务，随后调用任务涉及的所有模块和插件，并根据 Inventory 中定义的主机列表，通过 SSH 将任务集以临时文件或命令的形式，传输到远程客户端，执行并返回执行结果。如果是临时文件，则执行完毕后自动删除。

Ansible 主要特征如下。

（1）操作 Inventory 文件。Ansible 可同时操作属于一个组的多台主机，Inventory 是 Ansible 管理主机信息的配置文件，相当于系统 Hosts 文件的功能，组和主机之间的关系通过 Inventory 文件配置，默认的文件路径为/etc/ansible/hosts。在 Hosts 文件中，Ansible 通过 Inventory 来定义主机和分组，通过在 Ansible 命令中使用选项"-i"或"--inventory-file"来指定 Inventory。除默认文件外，还可以同时使用多个 Inventory 文件，也可以从动态源或云上拉取 Inventory 配置信息。

Inventory 文件遵循 INI 文件风格，中括号中的字符为组名。可以将同一个主机同时归并到多个不同的组中。此外，如果目标主机使用了非默认的 SSH 端口，还可以在主机名称之后使用冒号加端口号来标明。Inventory 参数见表 4-7。

（2）基于 Ad-Hoc 模式运行。Ansible 通过 SSH 实现配置管理、应用部署、任务执行等功能，因此，需要事先配置 Ansible 端能基于密钥认证的方式联系各被管理节点。

表 4-7　　　　　　　　　　　　　　　**Inventory 参数**

参数	解释
ansible_ssh_host	远程主机
ansible_ssh_port	指定远程主机 SSH 端口
ansible_ssh_user	SSH 连接远程主机的用户，默认为 root
ansible_ssh_pass	连接远程主机使用的密码，在文件中明文建议使用 "--ask-pass" 命令或者 SSH keys
ansible_sudo_pass	sudo 密码，建议使用 "--ask-sudo-pass" 命令
ansible_connection	指定连接类型 Local、SSH 或者 Paramiko
ansible_ssh_private_key_file	SSH 连接时使用的私钥
ansible_shell_type	指定连接对端的 Shell 类型，默认为 sh，支持 csh 和 fish
ansible_python_interpreter	指定对端使用的 Python 编译器的路径

Ansible 命令使用语法为：

```
ansible <host- pattern> [- f forks] [- m module_name] [- a args]
```

其中，"-m module" 默认为 command。常用的 module 见表 4-8。

表 4-8　　　　　　　　　　　　　　　**常用的 module**

命令	解释
ping	主机连通性测试
command	在远程主机上执行命令，不支持管道
shell	在远程主机上调用 Shell 解析器，支持管道命令
copy	用于将文件复制到远程主机，支持设定内容和修改权限
file	创建文件、创建连接文件、删除文件等
fetch	从远程复制文件到本地
cron	管理 cron 计划任务
yum	用于模块的安装
service	管理服务

命令	解释
user	管理用户账号
group	用户组管理
script	将本地的脚本在远端服务器运行
setup	该模块主要用于收集信息，是通过调用 facts 组件来实现的，以变量形式存储主机上的信息

（3）基于 Playbook 执行。Playbook 是由一个或多个"play"组成的列表。play 的主要功能在于将事先归并为一组的主机装扮成事先通过 Ansible 中的 task 定义好的角色。从根本上来讲，所谓 task 无非是调用 Ansible 的一个 module。可将多个 play 组织在一个 Playbook 中。

Playbooks 的组成部分主要包括以下几部分。

1）Target Section：定义要运行 Playbook 的远程主机组。主要包括 Hosts 和 User。Hosts 用于指定要执行指定任务的主机组，它可以是一个或多个由冒号分隔的主机组。User 指定远程主机上执行任务的用户，还可以指定 sudo 用户等。

2）Variable Section：定义 Playbook 运行时使用的变量。

3）Task Section：定义要在远程主机上运行的任务列表。主要包括 Name 和 Module。每个任务都有 Name，Options 调用的是 Module 的值和传入的参数 args。

4）Handler Section：定义 Task 完成后需要调用的任务。主要包括 Notify 和 Handler。Notify 是 Task Section 在每个 play 的最后触发，调用在 Handler 中定义的操作。Handler 也是 Task 的列表。

（4）Ansible 使用方式。Ansible 的使用者来源于多种维度，具体有以下四种方式，如图 4-4 所示。

1）CMDB 方式：CMDB 存储和管理着企业的 IT 架构中的各项配置信息，是构建 ITIL 项目的核心工具，运维人员可以组合 CMDB 和 Ansible，通过 CMDB 直接下发指令调用 Ansible 工具集完成指定的目标。

2）私有云/公有云方式：Ansible 除了丰富的内置模块，同时也提供了丰富的 API

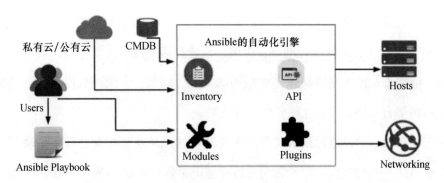

图 4-4　Ansible 使用方式

语言接口，如 PHP、Python、Perl 等。基于公有云和私有云，Ansible 以 API 调用的方式运行。

3）Users（用户）方式：直接使用 Ad-Hoc 临时命令集调用 Ansible 工具集来完成任务执行。

4）Ansible Playbook 方式：用户预先编写好 Ansible Playbook，执行 Playbooks 中预先编排好的任务集，按序完成任务执行。

（5）Ansible 操作类型与应用场景。Ansible 底层基于 Python，语言实现配置文件格式也以 INI 和 YAML 为主，Ansible 自身包括非常丰富的内置模块。从 Windows 系统到开源 Linux 系统，从文件同步到命令执行，从软件的安全升级到配置的维护变更，从商业硬件 A10、F5 到公（私）有云 AWS、Digital、VMware、Docker 等，Ansible 几乎囊括了运维日常所有的技术应用。任何系统下所有的操作可从运维操作角度划分为文件传输和命令执行两类：

● 文件传输：文件的本地传输和异地传输，所有文件的空间形态、时间形态变化均构成文件传输类操作。

● 命令执行：终端所有操作对系统来说都是指令的组成，最终转换为基础硬件可接受的电信号完成任务集。对运维操作的用户行为来说，除文件传输以外的其他操作均可称为命令执行。

从自动化工作类型角度归类，应用场景主要有如下三类：

● 应用部署。现今的应用功能越来越强大，同步应用部署过程的依赖和规则也日趋复杂，但对应用运维的要求没有随之降低，反而日趋强烈地要求有效、快速、正确、平滑的应用部署。Ansible 内置网络、应用、系统、第三方云计算平台扩展等完善的功能模块，能协助运维工程师快速完成应用的安装、卸载、升级、启停、配置等部署类工作，对跨平台或知名的商业硬件也同样支持。

• 配置管理。它是通过技术或行政手段对软件产品及其开发过程和生命周期进行控制、规范的一系列措施。配置管理的目标是记录软件产品的演化过程，确保软件开发者在软件生命周期中各个阶段都能得到精确的产品配置。在日益复杂的 IT 环境和用户需求下，Ansible 内置 File、Template，并结合 Jinja、Lineinfile 等模块，同时无缝结合 GitHub、GitLab、Git、SVN、Jenkins 等主流的控制和持续集成工具，助力配置管理自动化。

• 任务流编排。任务流编排能有效保证任务流按既定规则和顺序完成事先制定的目标和计划，同时 Roles 编排方式又能在一定程度上从书写习惯和代码层编排上保障整体项目的可架构性和规范性，协助控制项目维护成本。

如上场景适用于网络管理、系统运维、应用运维、桌面运维、DevOps、基础架构运维等运维行业，以及无运维岗，比如服务规模不大但需要有一定精力投入维护的小型公司。开发人员经过简单的了解即可初步上手。如上场景同样也适用于中大型公司，可以投入人力、精力、财力对 Ansible 进行二次开发，使其更加适用。

（三）自动化运维框架设计

运维自动化的关键因素是要落地，它与具体业务架构密切相关，业务架构是决定运维效率和质量的关键因素之一。面向自动化运维的架构设计主要包括六大要点，具体如下文所述。

1. 架构独立

任何架构的产生都是为了满足特定的业务诉求，如果在满足业务要求的同时，能够兼顾运维对架构管理的非功能性要求，那么这样的架构是友好的。而站在自动化运维角度，所述求的架构独立包含四个方面——独立部署、独立测试、组件规范和技术解耦。

（1）独立部署。应用可以按照便于运维的管理要求去部署、升级、伸缩等，可通过配置来区分地域分布，服务间相互调用通过接口请求来实现。部署独立性也是运维独立性的前提。

（2）独立测试。运维能够通过一些便捷的测试用例或者工具，验证该业务架构或服务的可用性。具备该能力的业务架构或服务让运维具备了独立上线的能力，而不需要每次发布或变更都让开发或测试人员参与。

（3）组件规范。实现组件规范化是指在同一个公司内对相关的技术能有很好的框架支持，从而避免不同的开发团队使用不同的技术栈或者组件，造成公司内部的技术架构失控。

这种做法能够限制运维对象的无序增加，让运维人员始终掌控生产环境。同时也能够让运维人员有更多的精力围绕着标准组件做更多提高效率与质量的建设工作。

（4）技术解耦。通过技术解耦降低服务和服务之间相互依赖的关系，也包含降低代码对配置文件的依赖。这也是实现独立部署、独立测试、组件规范的基础。

2. 部署友好

DevOps 中有大量的篇幅讲述持续交付的技术实践，希望从端到端打通开发、测试、运维的所有技术环节，以实现快速部署和交付价值的目标。可见，部署是运维日常工作中很重要的组成部分，是属于计划内的工作，其重复度高，必须提升部署效率。实现高效可靠的部署能力，要做好全局规划。

（1）CMDB 配置。在每次部署操作前，运维人员需要清晰地掌握该应用与架构、与业务的关系，更好地全局理解、评估工作量和潜在的风险。

在自动化运维平台中，人们习惯于将业务关系、集群管理、运营状态、重要级别、架构层等配置信息作为运维的管理对象，归于 CMDB 配置管理数据库中。这种管理办法能集中存储运维对象的配置信息，对日后涉及的运维操作、监控和告警等自动化能力建设，提供大量的配置数据支撑和决策辅助。

（2）环境配置。在运维标准化程度不高的企业中，阻碍部署交付效率的原罪之一便是不太好的环境配置，这也是容器化技术希望解决的主要运维痛点之一。

（3）依赖管理。它是解决应用软件对库、运营环境等依赖关系的管理。在实践经验中，利用包管理，将依赖的库文件或环境配置，通过整体打包和前后置执行脚本的方案，解决应用软件在不同环境中部署的难题。

（4）部署方式。持续交付原则是要打造可靠、可重复的交付流水线。对应用软件的部署操作，运维人员也应按此目标来规划。业界有很多案例可以参考，如 Docker 的 Build、Ship、Run。

（5）发布自测。发布自测包含两部分——应用的轻量级测试和发布/变更内容的校对。建设这两种能力旨在应对不同的运维场景需求，如在增量发布时，使用发布内容的校对能力，运维人员可快速获取变更文件 MD5，或对相关的进程和端口的配置信息进行检查比对，确保每次发布变更的可靠。同理，轻量级测试则是满足发布时对服务可用性检测的需求，此步骤可以检测服务的连通性。

（6）灰度上线。对不可逆的删除或修改操作，尽量延迟或慢速执行，这便是灰度的思想。用户、时间、服务器等维度的灰度上线，都是希望尽量降低上线操作的风险，为业务架构的安全性和稳定性提供支持。

3. 可运维性

从运维的角度来看，最理想的微服务架构，首先肯定是可运维性强的那类。不具备可运维性的应用或架构，给运维团队带来的不仅仅是隐患，还会对他们的职业发展造成伤害，因为维护一个没有可运维性的架构，简直就是在浪费运维人员的生命。微服务架构的可运维性按操作规范和管理规范可以被归纳为以下七点。

（1）配置管理。在微服务架构管理中，建议将应用的二进制文件与配置分离管理，以便于实现独立部署的目的。被分离出来的应用配置，有文件模式、配置项模式和分布式配置中心模式三种管理办法。不同的企业可选用最适用的配置管理办法，关键是要求各业务使用一致的方案，运维便可以有针对性地利用建设工具和系统来做好配置管理。

（2）版本管理。和源代码管理的要求类似，运维也需要对日常操作的对象如包、配置、脚本等进行脚本化管理，以便运维系统在完成自动化操作时，能够准确无误地选定被操作的对象和版本。

（3）标准操作。运维日常有大量重复度高的工作需要被执行，倘若能在企业内形成统一的运维操作规范，如文件传输、远程执行、应用启动/停止等都被规范化、集中化、一键化，运维的效率和质量将得以极大地提高。

（4）进程管理。应用安装路径、目录结构、规范进程名、规范端口号、启停方式、监控方案均高于进程管理的范畴。做好进程管理的全局规划，能够极大地提高自动化运维程度，减少计划外任务的发生。

（5）空间管理。做好磁盘空间使用的管理，是为了保障业务数据的有序存放，也是降低计划外任务发生的有效手段。空间管理要求提前做好规划（备份策略、存储方案、容量预警、清理策略等），辅之以行之有效的工具。

（6）日志管理。日志规范的推行和贯彻需要研发人员的密切配合，在实践中得出经验。理想的运维日志规范要包含以下要求：

- 业务数据与日志分离。
- 日志与业务逻辑解耦。
- 日志格式统一。
- 返回码及注释清晰。
- 可获取业务指标（请求量/成功率/延时）。
- 定义关键事件。
- 输出级别。
- 管理方案（存放时长、压缩备份等）。

当上述条件的日志规范得以落地时，开发、运维和业务都能相应获得较好的监控分析能力。

（7）集中管控。运维的工作先天就容易被切割成不同的部分，如发布变更、监控分析、故障处理、项目支持、多云管理等，因此人们往往诉求一站式的运维管理平台，以期使得所有的工作信息能够衔接起来，杜绝因为信息孤岛或人工传递信息而造成的运营风险。

4. 容错容灾

运维人员眼中理想的高可用架构设计应该包含以下几点。

（1）负载均衡。从运维的角度出发，无论是软件或硬件的负载均衡的方案，均希望业务架构是无状态的，路由寻址是智能化的，集群容错是自动实现的。

（2）可调度性。在移动互联网盛行的年代，可调度性是容灾容错的一项极其重要的运维手段。在业务遭遇无法立刻解决的故障时，将用户或服务调离异常区域，是海量运营实践中屡试不爽的技巧，也是保障平台业务质量的核心运维能力之一。结合域名、接入网关等技术，可以让架构支持调度，丰富运维管理手段，有能力更从容地应对各种故障场景。

（3）异地多活。异地多活是数据高可用的诉求，是可调度性的前提。针对不同的业务场景，实现技术的手段不限。

（4）主从切换。在数据库的高可用方案中，主从切换是最常见的容灾容错方案。通过在业务逻辑中实现读与写的分离，再结合智能路由选择主从切换自动化，无疑是架构设计对 DBA（数据库管理员）最好的馈赠。

（5）柔性可用。"先扛住再优化"是大部分企业的海量运营思想之一，也为业务架构的高可用设计点明了方向。

如何在业务量突增的情况下，最大程度地保障业务可用？这是做架构规划和设计时不可回避的问题。巧妙地设置柔性开关，或者在架构中内置自动拒绝超额请求的逻辑，能够在关键时刻保证后端服务不雪崩，确保业务架构的高可用。

5. 质量监控

保障和提高业务质量是运维努力追逐的目标，而质量监控是实现目标的重要技术手段。运维希望架构为质量监控提供便利和数据支持，要求实现以下几点内容。

（1）指标度量。每个架构都必须能被指标度量，同时最好只有唯一的度量指标。由于立体化监控的业务日趋完善，监控指标的数量会随之成倍增长。因此，架构的指标度量最好唯一。

（2）基础监控。基础监控面向网络、专线、主机、系统等低层次的指标，这类监控点大多属于非侵入式，很容易实现数据的采集。在自动化运维能力健全的企业，基础监控产生的告警数据绝大部分会被收敛掉。同时，这部分监控数据将为高层次的业务监控提供数据支撑和决策依据，或者被包装成更贴近上层应用场景的业务监控数据来使用，如容量、多维指标等。

（3）组件监控。大部分企业习惯把开发框架、路由服务、中间件等统称为组件，这类监控介于基础监控和业务监控之间，运维常寄希望于在组件中内嵌监控逻辑，通过组件的推广，让组件监控的覆盖度提高。如通过利用路由组件的监控、运维可以获得每个路由服务的请求量、延时等状态和质量指标。

（4）业务监控。业务监控的实现方法分主动和被动的监控，既可通过侵入式方式实现，又能以旁路的方式达到。这类监控方案要求开发人员的配合。

通常业务监控的指标都能归纳为请求量、成功率、延时这三种。其实现手段很多，有日志监控、流数据监控、波测等。业务监控属于高层次的监控，往往能直接反馈业务问题，但倘若要深入分析出问题的根源，就必须结合必要的运维监控管理规范，如返回码定义、日志协议等。这就需要在设计业务架构时，前置考虑运维监控管理的诉求，全局规划好的范畴。

（5）全链路监控。基础、组件、业务的监控手段更多聚焦于点的监控，而若在分布式架构的业务场景中做好监控，必须要考虑到服务请求链路的监控。

（6）质量考核。任何监控能力的推进和质量的优化，都需要有管理的闭环。考核是一个不错的手段。从监控覆盖率、指标全面性、事件管理机制到报表考核打分，运维和开发可以携手打造一个持续反馈的质量管理闭环，让业务架构能够不断优化提升。

6. 性能成本

所有的技术运营人员都肩负着一个重要的职能——确保业务运营成本的合理。为此，必须对应用吞吐性能、业务容量规划和运营成本有相应的管理办法。

（1）吞吐性能。在测试阶段进行的非功能需求测试中，其中很重要的一点便是对架构吞吐性能的压测，并以此确保应用上线后业务容量的健康。

在实际案例中，不仅在测试阶段会做性能压测，还会结合路由组件的功能，对业务模块、业务 SET 进行真实请求的压测，以此建立业务容量模型的基准。这也能从侧面提供数据论证该业务架构的吞吐性能是否达到成本考核的要求，利用不同业务间性能数据的对比，来推动架构性能的不断提高。

（2）容量规划。运维的容量规划是指在应用性能达标的前提下，基于业务总请求量合理规划服务容量。

（3）运营成本。减少运营成本是为公司减少现金流的投入，对企业的价值丝毫不弱于质量与效率的提升。

例如，腾讯公司以社交、UGC、云计算、游戏、视频等富媒体业务为主，每年消耗在带宽、设备等方面的运营成本十分巨大。运维想要优化运营成本，常常会涉及产品功能和业务架构的优化。因此，理想的运维业务架构设计需要有足够的成本意识。

要实现运维价值最大化，要确保业务质量、效率、成本的全面提高，业务架构是关键。运维需要有架构意识，能站在不同角度对业务架构提出建议或需求，并通过开发和运维联手推动，才能持续优化出最好的业务架构。

第三节　云系统灾备管理

考核知识点及能力要求：

- 熟悉系统高可用与架构知识。
- 熟悉三种常用高可用架构。
- 掌握云平台灾备方案与架构。

一、系统高可用概述

正常使用的云计算平台，会面临很多异常情况（访问人数增加、服务中断等）。面对异常情况，人工维护的时效性差，修复时间不确定，而高可用平台在面对突发情况时，可以保障平台的正常使用。

（一）高可用技术概述

高可用（High Availability）是设计分布式系统架构所必须考虑的因素之一，它通常是指通过设计减少系统不能提供服务的时间。其目的是保证重要的计算机系统可以向用户提供不间断的访问。

许多重要的业务系统都需要提供 24 小时不间断的服务，如银行、电信、保险、政府等部门的业务系统。对于一个普通用户来说，他最关心的问题是自己所需要的服务能否得到满足，如在银行的 ATM 机上能不能随时取出钱来、股票能不能顺利地进行交易、在医院看病时能不能得到保险公司所支付的医药费等。而对于运营者来说，这些业务系统停止运行就意味着巨大的经济损失，同时将失去用户的信任。对于管理这些业务系统的部门来说，面临的重要任务是保障它们的高可用性，尽量减少停机时间，如果业务系统出现停机现象，应该在最短时间内对它们进行修复。

业务系统的停机包括计划内停机和计划外停机两种。计划内停机是指管理员有意识地安排停机，比如在对硬件进行升级、对软件进行升级、更换损坏的硬件、对系统进行备份、对系统的新功能进行测试时，可能需要停止业务系统的运行。计划外停机是指非人为的、因外界环境变化而引起的停机，比如当硬件出现重大故障、应用程序停止运行、计算机所运行的机房环境遭到灾难性破坏时所引起的业务系统停止运行。无论是计划内停机还是计划外停机，高可用的目的就是尽量减少停机时间。

高可用架构设计的原则包括以下几点。

1. 冗余

单点永远是高可用最大的敌人，因为任何组件都有可能崩溃。对于重要的计算机组件，都有一个或多个对等的组件作为后备，一旦某个重要的组件由于人为原因或者故障而无法工作时，后备的对等组件马上接替它的工作，保证组件的故障不会导致整个系统的故障。

2. 故障转移

若出现故障，系统需要自动检测出故障，并将流量转发到冗余中可用的节点上。及时实现故障转移，则需要有健康检测机制。

3. 排查异常

基于高可用架构，系统需要检测并解决故障，定期维护可以进一步提高系统的可用性。

（二）私有云平台的高可用架构

IaaS 基础支撑云计算平台整体高可用架构设计如图 4-5 所示。

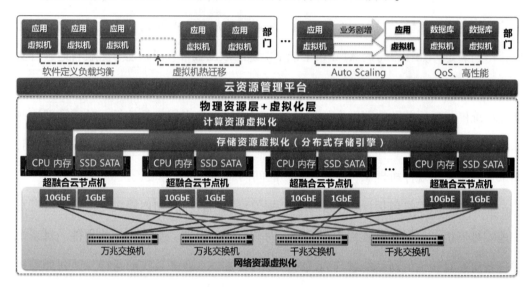

图 4-5　IaaS 基础支撑云计算平台整体高可用架构设计

云计算平台底层基于计算存储融合的 x86 服务器以及网络交换设备，通过虚拟化技术，基于超融合架构，实现计算资源池、存储资源池和网络资源池构建。超融合架构技术将 x86 服务器的本地存储资源汇集成统一的存储资源池，通过网络路径冗余、网络分平面设计、存储多副本、小 IO 聚合、自动负载均衡等高可用技术，实现高可靠的云计算资源池建设。上层业务系统通过云资源管理平台建设，实现用户管理、运维和运营管理、开发管理、安全管理、日志管理以及计费管理等功能。通过 IaaS 云计算平台提供的云主机或容器，支撑上层业务系统相关模块的部署和运行。

（三）容器云平台的高可用架构

容器云平台作为承载未来企业应用的重要 IT 基础设施，承担着稳定运行和业务创新的重任。伴随着数据与业务的集中和增长，容器云平台的建设及运维也会相应给科技研发部门带来挑战。因此，平台的建设在基础资源池方面需要充分考虑业务的高可用，确保基础单元出现故障后业务应用能够迅速进行切换与迁移，从而保障业务的连续性。

在容器云平台刚刚发展起来的那段时间，曾经出现过大量的容器编排系统，其中以 Swarm、Mesos 和 Kubernetes 三个项目最受欢迎。在经过多年的竞争与发展之后，由 Kubernetes 构建的容器生态系统已经成为容器云平台领域中的事实标准。高可用的 Kubernetes 集群是保障容器云平台高可用的第一步。

Kubernetes 集群一般是针对 etcd、Controller Manager、Scheduler 以及 API Server 等组件的高可用设置。其中，etcd 通过本身的机制组成 etcd 集群，来保障集群高可用，Controller Manager、Scheduler 也有 Leader 选举机制来保障高可用，其架构如图 4-6 所示。

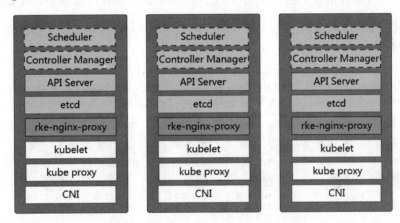

图 4-6　**Controller、Scheduler** 的高可用

对于 API Server，在 Rancher 中的高可用是通过在每个节点部署 rke-nginx-proxy 并作为反向代理来实现的，反向代理指向本机 https://127.0.0.1:6443，其架构如图 4-7 所示。

（四）公有云高可用架构

目前国内的公有云市场可谓高手云集，国内主流公有云包括华为云、阿里云、腾讯云等。华为云立足于互联网领域，它依托于华为公司雄厚的资本和强大的云计算研发实力，面向互联网增值服务运营商、大中小型企业、政府、科研院所等广大企事业用户提供包括云主机、云托管、云存储等基础云服务、超算、内容分发与加速、视频托管与发布、企业 IT、云电脑、云会议、游戏托管、应用托管等服务和解决方案。本

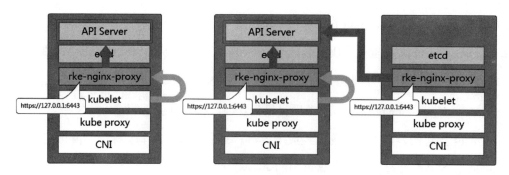

图 4-7　API Server 的高可用

节以华为云为例，阐述公有云高可用架构设计。

华为云包含地理概念上的多个云专线 DC（Direct Connect），各 DC 可能分属于不同地理区域。如图 4-8（a）、图 4-8（b）所示，为华为云全局或区域部署原则。

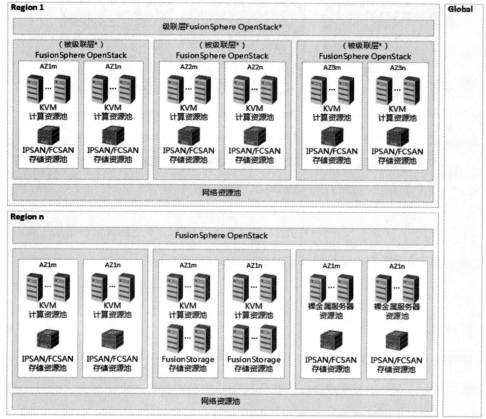

（a）

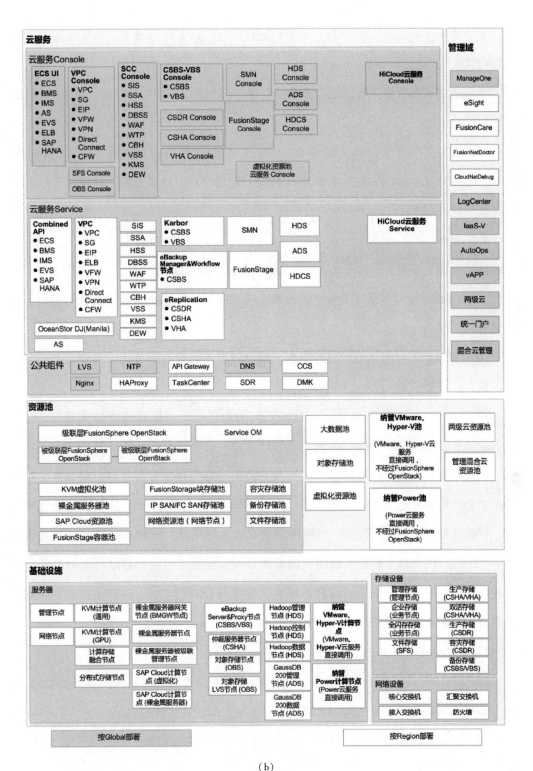

（b）

图 4-8 华为云全局或区域部署原则

其中，Region 1 以 Region Type 1 架构进行举例。在实际部署中，每个 Region 都可以根据需要灵活选择不同的 Region Type 类型。

全局或区域部署原则应注意以下几点。

1. Global

Global 即全局概念，即一套华为云 Stack 内唯一解决方案。全局规划原则为：Global 区部署 ManageOne 作为多 Region 的统一管理平台，IAM（统一认证服务）作为全局统一认证服务。

2. Region

Region 即区域概念，属于 L0 层的区域概念，即地理区域。

（1）Region 是一个以时延为半径的圈。接入时延，Region 内的用户获得的服务小于某时延，如 100 ms。

（2）覆盖范围。超过该时延的距离，用户的服务质量将不可达。需要另外规划一个区域，建设 DC 提供服务。

（3）地理容灾。各个 Region 通常在不同的地理位置，具有地理容灾等级。在多 Region 场景，可通过 ManageOne 运营面的"区域"选项选择到不同的 Region。

Region 规划原则为：项目中 Region 规划需要考虑物理位置因素和网络方案。物理数据中心间的时延超过 2 ms，则需要规划为不同的 Region。Region 内设备之间管理流量、存储流量、业务流量较大，对网络带宽有较高的要求，推荐 Region 不跨物理数据中心。Region 内管理平面是互通的，如果项目对安全要求严格，可以将某些高安全等级业务部署在单独的 Region。云服务器容灾服务（CSDR）为跨 Region 容灾，使用云服务器容灾服务时，需要规划为主 Region 和容灾 Region。

3. AZ（Available Zone）

AZ 即可用分区，是一个物理资源（计算、存储、网络）的分区。其规划原则为：一个 Region 可以包含多个 AZ。AZ 包含于 Region，AZ 不可跨越 Region。一个 Region 的多个 AZ 间通过高速光纤相连，以满足用户跨 AZ 构建高可用性系统的需求。每个 AZ 包括一个或多主机组。

（1）资源池类型。不同类型计算资源池要划分为不同 AZ，如裸金属服务器资源池、虚拟机资源池、异构资源池。

（2）可靠性方面。可用分区内的物理资源共享了可靠性故障点，比如共享相同的电源供应、磁盘阵列、交换机等，如果希望业务应用实现跨 AZ 的可靠性（例如业务应用的 VM 部署在两个 AZ 内），需要划分为多个 AZ。

云服务器高可用服务（CSHA）为跨 AZ 容灾，使用云服务器高可用服务时，需要规划主 AZ 和容灾 AZ。

4. 资源池

资源池总体架构以资源组合形式分为物理数据中心层、统一资源池层和业务层。

（1）物理数据中心层。云计算平台通常包括多个物理区域分布的数据中心。单个物理数据中心的形态和传统云数据中心基本一致，分为物理基础设施和物理基础架构。物理数据中心采用扁平化二层网络设计，将数据中心 IT 设备高速连接到一起。

（2）统一资源池层。包括统一的计算资源池、存储资源池和网络资源池。每种类型的资源池都有实际的作用域。资源池的划分和底层物理设备位置无任何关联，FusionSphere 将物理分散的计算、存储、网络设备纳入逻辑统一资源池，供上层业务按需调度。

（3）业务层。属于应用计算环境。包括企业/运营商的各种业务部署，以及根据业务需求而划分的相应 VDC（虚拟数据中心，是面向最终组织的资源容器，它仅属于一个组织，具备计算、存储、网络方面的配额）。

OpenStack 云平台计算资源池规划为：

● 通用计算资源池：其应用应该按照云服务器类型使用，每种不同类型的云服务器被划分单独的资源池（如通用型、SAP HANA）。

● 裸金属服务器计算资源池：不能和其他计算类型共享资源池。单个裸金属服务器计算资源池的服务器数量不能超过 512 台。集中式网关场景下，裸金属服务器支持采用 FusionStorage Block 分布式存储和 FC SAN 存储。分布式网关场景下仅支持采用 FC SAN 存储。

● GPU 计算资源池：GPU 计算资源池建议独立一个资源池。GPU 直通支持规格有 1:1、1:2、1:4、1:8，不同 GPU 直通规格的服务器建议划分成不同的主机组。

● 存储资源池：EVS 服务对应的块存储资源池 AZ 内仅包含一种存储类型。它可以是 FCSAN（企业级块存储）、Server SAN（分布式块存储）、AFA（全闪存）、Others（异构存储）这四种存储类型的一种。一个后端存储内可以包含来自同一个存储的多个存储池，一个存储池不能加入多个后端存储。建议一个磁盘类型只包含同一种存储类型的后端存储，保障后端存储的能力相同。OBS 服务对应的对象存储资源池仅限制在备份归档场景，需要独立划分存储资源池，每个 Region 支持一个存储资源池。弹性云文件服务（scalable file service，SFS）对应的文件存储资源池只支持 OceanStore 9000。

● 网络资源池：网络控制类型包含软件 SDN、硬件 SDN 和 VLAN 无 SDN 三种类型，一个 Region（级联 OpenStack）仅支持一种网络类型，多种网络类型可通过 ManageOne 同时管理多个 Region 来实现。业务变更频繁且需要快速上线场景下建议使用 SDN 部署（Type I 或 Type II）；业务变动小且无需快速上线、低成本、小规模场景下建议采用无 SDN 部署（Type III）。

5. 主机组

一个主机组就是 FusionSphere OpenStack 部署中的一个逻辑组，它包括了一组物理主机以及相关的元数据。

主机组规划原则为：主机组是由一组相同硬件配置（CPU/内存）以及连接同一共享存储或分布式存储的计算服务器组成，由管理员在系统中逻辑划分。例如，裸金属服务器集群或 KVM 虚拟化的服务器集群。最大的计算服务器集群建议不超过 128 台。

二、常用高可用技术

按照云计算平台功能服务层面划分，云计算平台高可用架构设计分为计算高可用、网络高可用和存储高可用。

（一）计算高可用

通过虚拟化管理软件实现资源池化，主要用于提供 CPU、内存等计算资源以承载业务应用，并基于硬件服务器自身的双电源、RAID卡等机制实现设备的高可用性。为了保障计算高可用性，通常可以采用构建Nova高可用集群架构（如图4-9所示），并采用冗余节点，当提供服务的服务器宕机时，冗余服务器将接替宕机的服务器继续提供计算服务。

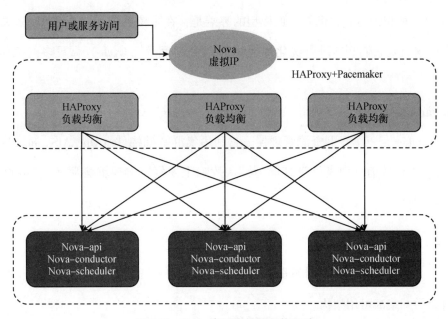

图4-9　Nova高可用集群架构设计

高可用架构由两个核心部分组成：一个是心跳检测，判断服务器是否正常运行；一个是资源转移，用来将公共资源在正常服务器和故障服务器之间搬动。整个运行模式就是心跳检测不断在网络中检测各个指定的设备是否能够正常响应，如果一旦发生设备故障，就由资源转移功能进行应用的切换，以继续提供服务。图4-9中，HAProxy实现负载均衡，Pacemaker控制主备设备之间的切换，并提供一个虚拟机IP来提供服务。

1. HAProxy

HAProxy是一款提供高可用性、负载均衡以及基于TCP（第四层）和HTTP（第七层）应用的代理软件，支持虚拟主机，它是免费、快速并且可靠的一种解决方案。HAProxy特别适用于那些负载特别大的Web站点，HAProxy运行在时下的硬件上，完全可以支持数以万计的并发连接，并且它的运行模式使得它可以很简单地整合进当前的架构中，同时可以保护 Web 服务器不被暴露到网络上。

HAProxy 实现了一种事件驱动、单一进程模型，此模型支持非常大的并发连接数。多进程或多线程模型由于受内存限制、系统调度器限制以及无处不在的锁限制，很少能处理数以千计的并发连接。事件驱动模型因为有更好的资源和时间管理用户端（User-Space），所以没有这些问题。此模型的弊端是，在多核系统上，这些程序通常扩展性较差。这就是它们必须进行优化并使每个 CPU 时间片（Cycle）做更多的工作的原因。

2. Pacemaker

Pacemaker 是一个集群资源管理器。它利用集群基础构件（OpenAIS、heartbeat 和 corosync）提供的消息和成员管理能力，从故障中恢复，实现群集服务（亦称资源）的最大可用性。

（二）网络高可用

每台 IaaS 管理服务器和计算服务器的千兆网卡和外置的千兆以太网交换机为云计算平台提供网络高可用架构。

网络高可用技术，即在网络出现故障时，能确保网络能快速恢复。在网络里常见的高可用技术包括端口聚合、虚拟路由冗余协议（VRRP）、堆叠（IRF）这三种，分别实现了线路的高可用或者设备的高可用。

1. 端口聚合

在网络组建过程中会遇到交换机主要端口带宽不足或者需要增加冗余链路的情况，此时可以采用交换机端口聚合技术，以增加链路冗余及扩展带宽。

（1）端口聚合工作原理。端口聚合技术也称为链路聚合、链路聚集，它是指把多个物理端口捆绑在一起，形成一个简单的逻辑端口，这个逻辑端口称为聚合端口 AP。聚合端口 AP 由多个物理成员端口聚合而成，是链路带宽扩展的一个重要途径，其标准为 IEEE 802.3ad。聚合端口技术可以实现如下功能：

●扩展带宽。聚合端口 AP 通过将多个物理端口聚合成一个逻辑端口，扩展了链路带宽。如每个物理端口传输速率为 100 Mb/s，将两个物理端口聚合成逻辑端口后，该聚合端口 AP 的传输速率为 200 Mb/s。

• 提高链路的可靠性。例如，没有聚合之前两个交换机端口使用单条链路连接，如果该链路出现故障，则两交换机之间通信将会中断。如果使用端口聚合，两交换机之间有多条链路连接，当聚合端口中的某一条成员链路出现故障，系统会将该成员的数据流量自动分配到聚合端口中的其他成员链路上，实现了链路成员之间的冗余备份。

（2）端口聚合条件。一般交换机最多支持 8 个物理端口的聚合，在配置交换机端口聚合时，需要符合如下条件：

• 端口基本物理属性必须相同。加入聚合端口的所有成员端口在传输速率、端口通信模式、端口物理介质的类型方面必须相同。

• 物理端口层次必须一致。加入聚合端口的所有成员端口必须属于同一层次，且与聚合端口 AP 也属于同一层次，即物理端口必须同时为二层端口或者同时为三层端口。

• 物理端口 VLAN 属性必须一致。加入聚合端口的所有成员端口必须属于同一 VLAN，不同 VLAN 的端口不允许聚合成一个聚合端口。

（3）端口聚合方式。端口聚合根据是否启用链路聚合控制协议（LACP）分为三种方式——手工聚合、静态聚合和动态聚合。

手工聚合是一种最基本的端口聚合方式，在该模式下，端口聚合组的建立、成员接口的加入、哪些接口作为活动接口完全由手工来配置，没有 LACP 的参与。手工主备模式通常应用在两端或者其中一端设备不支持 LACP 的情况下。

静态聚合模式下，端口聚合组的建立、成员接口的加入都是由手工来配置完成的，但该模式下 LACP 为使能状态，负责活动接口的选择。

动态聚合模式下，端口聚合组根据协议自动创建，聚合端口也是根据 Key 值自动匹配添加（Key 值是根据数据包的 MAC 地址或者 IP 地址，经过 Hash 算法计算得到），不允许用户增加或者删除动态 LACP 汇聚中的成员端口。

2. 虚拟路由冗余协议（VRRP）

随着 Internet 的发展，人们对网络可靠性的要求越来越高，特别是对于终端用户来说，能够实时与网络其他部分保持联系是非常重要的。为了更好地解决网络中断的问题，网络开发者提出了虚拟路由冗余协议（VRRP）。主机在具有多个出口网关的情况下，仅需要配置一个虚拟网关 IP 地址作为出口网关即可，解决了局域网主机访问外部网络的可靠性问题。

VRRP 是一种容错协议，其通过把几台路由设备联合组成一台虚拟路由设备，将虚拟路由设备的 IP 地址作为用户的默认网关地址实现与外部的通讯。当网关设备发生故障时，VRRP 能够快速选举新的网关设备承担数据流量，保障网络的可靠通信。VRRP 报文使用固定的组播地址 224.0.0.18 进行发送。它有如下三大优点：

● 简化网络管理。在具有多播或广播能力的局域网中，借助 VRRP 技术能够在某台设备出现故障时，仍然提供高可靠的缺省链路，有效避免单一链路发生故障后网络中断的问题，而且它无需修改动态路由协议、路由发现协议等配置信息，也无需修改主机的默认网关配置。

● 适应性强。VRRP 报文封装在 IP 报文中，支持各种上层协议。

● 网络开销小。VRRP 只定义了一种报文——VRRP 通告报文，并且只有处于 Master 状态的路由器可以发送 VRRP 报文。

（1）VRRP 基本概念。与 VRRP 协议相关的基本概念见表 4-9。

表 4-9 与 VRRP 协议相关的基本概念

概念	解释
虚拟路由器	由一个 Master 路由器和多个 Backup 路由器组成。主机将虚拟路由器当作默认网关
VRID	虚拟路由器的标识。有相同 VRID 的一组路由器构成一个虚拟路由器
Master 路由器	虚拟路由器中承担报文转发任务的路由器
Backup 路由器	Master 路由器出现故障时，能够代替 Master 路由器工作的路由器
虚拟 IP 地址	虚拟路由器的 IP 地址。一个虚拟路由器可以拥有一个或多个 IP 地址
IP 地址拥有者	接口 IP 地址与虚拟 IP 地址相同的路由器
虚拟 MAC 地址	一个虚拟路由器拥有一个虚拟 MAC 地址。虚拟 MAC 地址的格式为 00-00-5E-00-01-{VRID}。通常情况下，虚拟路由器回应 ARP 请求使用的是虚拟 MAC 地址，只有虚拟路由器做特殊配置的时候，才回应接口的真实 MAC 地址

续表

概念	解释
优先级	VRRP 根据优先级来确定虚拟路由器中每台路由器的地位
非抢占方式	如果 Backup 路由器工作在非抢占方式下，则只要 Master 路由器没有出现故障，Backup 路由器即使随后被配置了更高的优先级，也不会成为 Master 路由器
抢占方式	如果 Backup 路由器工作在抢占方式下，当它收到 VRRP 报文后，会将自己的优先级与通告报文中的优先级进行比较。如果自己的优先级比当前的 Master 路由器的优先级高，就会主动抢占成为 Master 路由器；否则，将保持 Backup 状态
消息通告间隔	Master 发送两个 VRRP 通告消息中间的间隔，默认是 1 s。关联到同一虚拟路由器的 VRRP 路由器上配置的消息通告间隔必须一致，如果不一致，VRRP 认为是关联到不同的虚拟路由器
延迟时间	在开启了 VRRP 抢占功能的网络中，如果网络非常繁忙，会出现 Master 正常工作，但 Backup 却收不到通告消息的情况。这种情况下可以配置抢占延迟时间，使 Backup 不会立即成为 Master，减少网络振荡
Master 故障间隔	路由器处于 Backup 状态时，如果在 Master 故障间隔时间内收不到 Master 发送的 VRRP 通告报文，则认为 Master 出现故障，Backup 切换状态为 Master，向外发布 VRRP 通告消息报文。Master 故障间隔的时间是 3 倍的消息通告间隔＋延迟时间

（2）VRRP 工作过程。VRRP 需要选举 Master 路由器承担报文转发任务。首先，比较每台路由器的优先级。优先级大的成为 Master，优先级相同的话就比较接口 IP 地址，IP 地址大的成为 Master。Master 路由器通过发送免费 ARP 报文，将自己的虚拟 MAC 地址通知与它连接的设备或者主机，从而承担报文转发任务。Master 路由器周期性（1 s）发送 VRRP 报文，以公布其优先级等配置信息和工作状况。如果 Backup 每隔 3 s 没收到 Master 发来的 Advertisement 报文，则认为 Master 故障，虚拟路由器中的 Backup 路由器将根据优先级重新选举新的 Master。

虚拟路由器状态切换时，Master 路由器由一台设备切换为另外一台设备，新的 Master 路由器只是简单地发送一个携带虚拟路由器的 MAC 地址和虚拟 IP 地址信息的免费 ARP 报文，这样就可以更新与它连接的主机或设备中的 ARP 相关信息。网络中的主机感知不到 Master 路由器已经切换为另外一台设备。Backup 路由器的优先级高于 Master 路由器时，由 Backup 路由器的工作方式（抢占方式和非抢占方式）决定是否重新选举 Master。整个过程对用户完全透明，实现了内部网络和外部网络不间断通信。

（3）VRRP 的状态机。VRRP 中定义了三种状态机——初始状态（Initialize）、活动状态（Master）、备份状态（Backup）。其中，只有处于活动状态的设备才可以转发那些发送到虚拟 IP 地址的报文。VRRP 状态转换关系如图 4-10 所示。

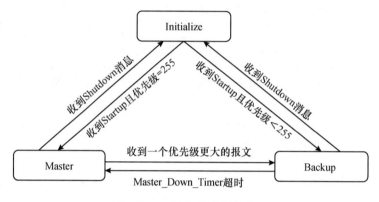

图 4-10　VRRP 状态转换关系

1）初始状态（Initialize）。设备启动时进入此状态，当收到接口 Startup 的消息，将转入备份或者活动状态（IP 地址拥有者的接口优先级为 255，直接转为活动状态）。在此状态时，不会对 VRRP 报文做任何处理。

2）活动状态（Master）。当路由器处于活动状态时，它将会做下列工作：定期发送 VRRP 报文→以虚拟 MAC 地址响应对虚拟 IP 地址的 ARP 请求→转发目的 MAC 地址为虚拟 MAC 地址的 IP 报文。如果它是这个虚拟 IP 地址的拥有者，则接收目的 IP 地址为这个虚拟 IP 地址的 IP 报文，否则，丢弃这个 IP 报文。如果收到比自己优先级大的报文则转为 Backup 状态。如果收到优先级和自己相同的报文，并且发送端的主 IP 地址比自己的主 IP 地址大，则转为备份状态。当接收到接口的 Shutdown 事件时，则转为初始状态。

3）备份状态（Backup）。当路由器处于备份状态时，它将会做下列工作：接收发送的 VRRP 报文→判断状态是否正常→对虚拟 IP 地址的 ARP 请求不做响应→丢弃目的 MAC 地址为虚拟 MAC 地址的 IP 报文→丢弃目的 IP 地址为虚拟 IP 地址的 IP 报文。备份状态下如果收到比自己优先级小的报文时，丢弃报文，不重置定时器；如果收到优先级和自己相同的报文，则重置定时器，不进一步比较 IP 地址。当备份状态接收到超时的事件时，才会转为活动状态。当接收到接口的 Shutdown 事件时，则转为初始状态。

3. 堆叠（IRF）

堆叠（Intelligent Resilient Framework，IRF）的含义就是智能弹性架构。支持 IRF 的多台设备可以互相连接起来形成一个"联合设备"，这台"联合设备"称为一个 Fabric，而将组成 Fabric 的每个设备称为一个 Unit。多个 Unit 组成 Fabric 后，无论在管理还是在使用上，就成了一个整体。它既可以随时通过增加 Unit 来扩展设备的端口数量和交换能力，同时也可以通过多台 Unit 之间的互相备份增强设备的可靠性，并且将整个 Fabric 作为一台设备进行管理，用户管理起来也非常方便。

IRF 技术分为以下三大组成部分。

（1）DDM（分布式设备管理）。外界可以将整个 Fabric 看成一台整体设备进行管理，用户可以通过 Console、SNMP、Telnet、Web 等多种方式来管理整个 Fabric。

（2）DRR（分布式弹性路由）。Fabric 的多个设备在外界看来是一台单独的三层交换机。整个 fabric 将作为一台设备完成路由功能和转发功能。在某一个设备发生故障时，路由协议和数据转发可以不中断。

（3）DLA（分布式链路聚合）。支持跨设备的链路聚合，可以在设备之间进行链路的负载分担和互为备份。

（三）存储高可用

IaaS 云架构实现存储和计算资源的融合，即每台 x86 服务器既是计算节点，又是存储节点，通过分布式存储引擎将每台节点机本地不同访问速率的硬盘融合成全局的存储资源池，用于存放云主机镜像以及业务数据等。通过分布式存储引擎构建的存储资源池具备分布式架构，以软件定义方式实现分布式集群 HA、分布式无状态机头、分布式智能 Cache（冷热数据分离）及数据的多副本存取机制。

如图 4-11 所示，IasS 云架构通过使用 Ceph 分布式存储系统作为后端存储，Ceph 提供了跨服务器的数据三副本机制，在少量节点失败的情况下，能够保证数据不丢失，并且在相对较短的时间内自动恢复。

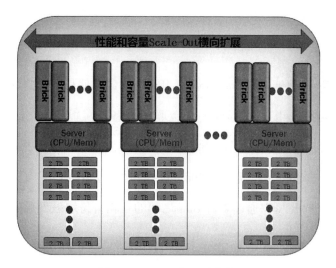

图 4-11　Ceph 作后端存储

三、云计算平台灾备方案

灾备技术是指在一个数据中心发生故障或灾难的情况下，其他数据中心可以正常运行并对关键业务或全部业务实现接管，达到互为备份的效果。好的灾备技术可以实现用户的"故障无感知"。灾备是一项综合系统工程，涉及备份、复制、镜像等多种不同技术，系统建设复杂程度高。因此，一般只有在大型企业和金融行业应用较多。现在的数据中心承载的业务越来越重要，引入有效的灾备技术，能减少数据中心发生故障时带来的损失。进行灾备解决方案设计时，需关注灾备的两个关键技术指标。

一是 RTO，即 recovery time object，恢复时间目标。指灾难发生后，从 IT 系统宕机导致业务停顿之刻开始，到 IT 系统恢复至可以支持各部门运作，业务恢复运营之时，此两点之间的时间段称为 RTO。RTO 是反映业务恢复及时性的指标，体现了企业能容忍的 IT 系统最长恢复时间。RTO 值越小，代表容灾系统的恢复能力越强，但企业投资也越高。

二是 RPO，即 recovery point object，恢复点目标。指灾难发生后，容灾系统进行数据恢复，恢复得来的数据所对应的时间点称为 RPO。RPO 是反映数据丢失量的指标，体现了企业能容忍的最大数据丢失量的指标。RPO 值越小，代表企业数据丢失越少，企业损失越小。

设计灾备方案的核心是帮助客户平衡 RTO/RPO 的需求和客户经济能力，找到最佳的实现技术和手段，适合的才是最好的。

(一) 冷 (灾) 备技术

冷备技术是中小型数据中心或者承载业务不重要的局点经常使用的灾备技术。冷备技术的用站点通常是空站点，一般用于紧急情况，或者仅仅是布线、通电后的设备。在整个数据中心因故障无法提供服务时，数据中心会临时找到空闲设备或者租用外界企业的数据中心临时恢复，当原来的数据中心恢复时，再将业务切回。这种方式数据中心业务恢复的时间难以保证，有时临时搭建的平台也可能因为不稳定而再次出现中断。当然这种方式不必准备大量的空闲设备，维护成本可以忽略不计。冷备技术从启用到真正可以开始工作需要较高的成本和时间，通常需要几天甚至一周或者更长的时间。冷备技术算不上是一种真正意义上的灾备技术，因为冷备基本上就是数据中从未考虑数据中心出现故障的情况，对于故障毫无预知和提前投入。冷备技术的缺点显而易见，它已经越来越无法适应数据中心高要求的发展，逐渐成为一种淘汰的技术方式。

(二) 热 (灾) 备技术

热备技术最重要的特点是实现了整体自动切换，实现热备的数据中心软件可以自动感知数据中心故障并且保证应用业务实现自动切换。其业务由主用数据中心响应，当出现数据中心故障造成该业务不可用时，需要在规定的 RTO 时间内，自动将该业务切换至备用数据中心。热备数据中心通过 GTM（广域流量管理器）技术实现自动主备数据中心切换。在具体实现上，在主备数据中心均部署 GTM，GTM 之间同步信息，GTM 各自探测本中心的应用业务，根据 GTM 的服务器状态判断应用业务的可用性。当 GTM 或数据中心链路出现 Down 时，将该业务自动切换至灾备数据中心。

(三) 异地灾备

对于一些大型企业在业务安全性、服务可用性和数据可靠性方面既要求具备同城容灾又要求具备异地容灾时，可以采用以下异地灾备方案：①在不同地域、不同可用区中均对原有应用架构做一套完整的备份；②不同地域之间可以采用公有云的高速通道进行私网通信，保障数据库之间的数据实时同步，将数据传输延迟降到最低；③故障发生时，可以通过前端 DNS 实现秒级切换，及时恢复业务。

这种容灾架构方式既可以解决单机房故障，也可以应对地震等灾难性故障。

（四）几种常见的灾备架构

灾备架构的设计需要综合考虑所面临的风险特点、业务特点、成本投入等多种因素，常见的灾备架构如下。

1. 私有云异地容灾中心

本地物理机房为主数据中心，在异地搭建私有云建立一个备份的灾备中心，用于本地物理机房数据的备份。

2. 基于公有云的同城灾备

将全部系统迁移上云，并部署在同一个地域的两个不同可用区中，实现系统的同城灾备。对于同城应用级灾备中心，在选址上，主中心与同城灾备中心距离应小于 100 km；网络备用系统上，主中心与应用级灾备中心间通过裸光纤互联或 VPLS 互联，部署 TRLL 构建大二层网络，满足虚拟化要求；网络负载均衡上，主中心网络应与同城灾备中心网络的负载均衡，以提高灾备网络利用率与灾备网络可用性，当主中心网络出现故障时，则全部数据流向灾备中心网络；应用集群切换上，关键业务系统集群应实现手工切换，主中心与同城灾备中心之间应建立高可用性监控技术，实现灾备中心应用服务器集群与主中心生产服务器集群之间的高可用性切换。云计算技术采用虚拟化技术对同城灾备中心进行规划，同时，根据业务关键程度及对性能的要求，系统平台选择不同档次、不同平台的主机资源池和存储资源池。

3. 基于公有云的异地灾备

将全部系统迁移上云，并部署在两个不同的地域中，实现跨地域灾备。对于数据级异地灾备中心，选址上应进行风险分析，避免异地备份中心与主中心同时遭受同类风险；网络备用系统上，必须在核心网络层实现热备，保障灾备中心区域内通信的可靠性；数据备份系统上，主中心与灾备中心的备份链路应有冗余，并确保 2 小时内可将主中心的增量数据复制或者备份到灾备中心；数据处理备用系统上，应配备灾难恢复所需要的全部数据处理设备，并处于就绪状态或运行状态，与主中心共同承担部分核心应用的查询服务功能。

4. 同城双中心加异地灾备

结合近年来出现的大范围的自然灾害，以同城双中心加异地灾备中心的"两地三中心"的灾备模式也随之出现，这一方案兼具高可用和灾备的能力。

同城双中心是指在同城或临近城市建立两个可独立承担关键系统运行的数据中心，双中心具备基本等同的业务处理能力，并通过高链路实时同步数据，日常情况下可同时分担业务及管理系统的运行，并可切换运行。灾难情况下可在基本不丢数据的情况下进行灾备应急切换，保持业务连续运行。与异地灾备模式相比，同城双中心具有投资成本低、建设速度快、运维管理相对简单、可靠性更高等优点。

异地灾备中心指在异地的城市建立一个备份的灾备中心，用于双中心的数据备份，当双中心因自然灾害等原因而发生故障时，异地灾备中心可以用备份数据进行业务恢复。

思考题

1. 简述 Kubernetes 容器云平台的主要功能。

2. 什么是 VPC？其主要功能是什么？

3. 简述 OpenStack 升级方式。

4. 谈谈读者对 Python 语言的理解。

5. Ansible 基于 Python 语言实现，主要由哪两个关键模块构成？

6. 简述三种常见高可用架构。

7. 简述冷灾备、热灾备、异地灾备使用特点。

第五章
云计算应用开发理论知识

前后端分离开发是当前非常热门的技术，是互联网项目开发的标配。顾名思义，前后端分离就是把一个应用的前端代码和后端代码分开来写，把原来的一个应用拆分成两个应用：一个纯前端应用，专门负责数据展示和用户交互；一个纯后端应用，专门负责提供数据处理接口。同时，前端 HTML 页面调用后端 API 接口进行数据交互。如果采用前后端分离的开发模式，前后端只需要提前约定好接口文档（参数、数据类型），然后并行开发即可。前后端分离开发真正实现了前后端应用的解耦，可以极大地提升开发效率。[①]

如图 5-1 所示，客户端向前端页面发出请求，前端页面向后端请求数据，后端以 JSON格式返回数据，前端页面使用数据渲染页面，最终效果呈现给客户端。前端应用和后端应用以 JSON 格式进行数据交互，这就是前后端分离的基本概念。

图 5-1   前后端分离结构

目前最主流的基于前后端分离开发思路的软件实施方案是 Spring Boot+Vue，即后端使用 Spring Boot 框架进行开发，前端使用 Vue 框架进行开发。

未来的发展趋势是前后端靠 JSON 数据进行通信，后端只处理和发送 JSON 数据到前端，计算和模板渲染都在前端进行，后端不再做模板的任何处理。实现前后端的解耦，目的就是简化开发流程，便于维护管理，开发人员可以把精力更多地放到业务逻辑上，提升开发效率。

---

① 蔺晨齐. 前后端分离文本摘要系统的设计与实现［J］. 数字技术与应用，2020（12）.

第一节 云应用前端开发

考核知识点及能力要求：

● 理解前后端分离技术。

● 熟悉 Vue 的常用语法。

● 熟悉 ElementUI 的用法。

一、云应用前端概述

前端，通常是指网站的前台部分，包括 Web 页面的结构、Web 的外观视觉表现以及 Web 层面的交互实现。

前端技术一般分为前端设计和前端开发。前端设计一般可以理解为网站的视觉设计；前端开发是创建 Web 页面或 APP 等界面并呈现给用户的过程，它通过 HTML、CSS、JavaScript 以及衍生出来的各种技术、框架、解决方案，来实现互联网产品的用户界面交互。

1. 前端三大核心技术——HTML，CSS，JavaScript

HTML 是一门标记型语言，主要由一些具备特殊含义的标签构成，用于描述网页文档。浏览器通过解码 HTML，就可以把网页内容显示出来。

CSS 是一门描述性语言，主要由一系列选择器（HTML 元素）和属性构成。CSS 不仅可以静态地修饰网页，还可以配合各种脚本语言动态地对网页各元素进行格式化。

JavaScript 是一门脚本编程语言，它是一种动态类型、弱类型、基于原型的语言。它的解释器被称为 JavaScript 引擎，为浏览器的一部分，被广泛用于客户端的脚本语言。

2. 库和框架

如今的前端越发复杂，知识点也越来越多，除了要学会三个部分——HTML、CSS、JavaScript，还包括演变出的无数的库和框架。

库是一个封装好的特定的集合，提供给开发者使用，而且是特定用于某一方面的集合（方法和函数）。库没有控制权，控制权在使用者手中，用户在库中查询需要的功能，应用在自己的项目中，常用的库见表 5-1。

表 5-1	常用的库
库	描述
Node. js	一个 JavaScript 运行环境（Runtime）
jQuery. js	一个高效、精简并且功能丰富的 JavaScript 工具库
Echarts. js	数据可视化图表库
Underscore. js	提供了一整套函数式编程的实用功能
Axios. js	一个基于 promise 的 HTTP 库，可以使用于浏览器和 Node. js 中
Anime. js	一个轻量的 JavaScript 动画库，拥有简单而强大的 API

框架就是一套架构，它基于自身的特点向用户提供一套较完整的解决方案，而且控制权在框架本身，使用者要找框架所规定的某种规范进行开发。

目前前端中用的最多的三个框架是 Angular、React 和 Vue。

（1）Angular。Angular 是一个基于 TypeScript 的 JavaScript 框架。它由 Google 开发和维护，于 2010 年 10 月首次发布，目前的版本是 Angular 6。Angular 被 Google、Wix、Weather. com 等公司使用。Angular 具有如下三个特点：

● 用 Angular 构建应用，能复用在多种不同平台上。

● Angular 速度快、性能高。

● 使用简单的声明式模板，Angular 能快速实现各种特性。

（2）React。React 于 2013 年 3 月首次发布，被定义为 JavaScript 库。React 由 Facebook 开发和维护。React 也被 Uber、Netflix、Twitter 等公司使用。React 具有如下三大特点：

· React 以声明方式编写 UI，可以让代码更加可靠且方便调试。

· React 构建管理自身状态的封装组件，然后对其组合并构成复杂的 UI，可以轻松地在应用中传递数据，并保持状态与 DOM 分离。

· React 可以使用 Node 进行服务器端渲染，或使用 React Native 开发原生移动应用。

（3）Vue。Vue 是当今世界上发展最快的 JavaScript 框架之一，用于构建交互式界面的"直观、快速且可组合的" MVVM。它于 2014 年 2 月首次发布，被阿里巴巴、百度、GitLab 等公司使用。Vue 具有如下三大特点：

· 容易使用，掌握了 HTML、CSS、JavaScript 就可以开始构建应用。

· Vue 采用渐进式 JavaScript 框架，可以在一个库和一套完整框架之间自如伸缩。

· Vue 拥有超快的虚拟 DOM，工作效率高。

二、常用框架和工具

进行前端开发，选用合适的框架和工具可以帮助开发者快速完成开发工作。本节主要介绍最流行的 Vue 框架和 UI 组件库。

（一）Vue 框架

Vue 是一款流行的前端开发框架，能够更好地组织与简化 Web 开发。同时，它也能方便地获取数据更新，并通过组件内部特定的方法实现视图与模型的交互。Vue 的目标是通过尽可能简单的 API 实现响应的数据绑定和组合的视图组件。①

1. Vue 概述

Vue 是一套用于构建用户界面的渐进式框架。与其他大型框架不同的是，Vue 可以自底向上逐层应用。Vue 的核心库只关注视图层，不仅易于上手，还便于与第三方库或既有项目整合。另一方面，当与现代化的工具链以及各种支持类库结合使用时，

① 刘亚茹，张军. Vue. js 框架在网站前端开发中的研究［J］. 电脑编程技巧与维护，2022（01）.

Vue 也完全能够为复杂的单页应用提供驱动。

众所周知，Vue 是一个 MVVM（model-view-viewmodel，模型—视图—视图模式）渐进式框架，MVVM 是 Vue 的设计模式，在 Vue 框架中数据会自动驱动视图，如图 5-2 所示。

图 5-2　MVVM 模式

在 Vue 中，View 是视图，这里表示为前端的 DOM（document object model，文档对象模型），对应视图 HTML 部分，它负责将数据模型转化成 UI 展现出来；Model 是模型，就是 Vue 组件里的 data，也可以在 Model 中定义数据修改和操作的业务逻辑；ViewModel 用于监听模型数据的改变和控制视图行为、处理用户交互。简单来说，ViewModel 就是一个同步 View 和 Model 的对象，连接 Model 和 View。

在 MVVM 架构下，View 和 Model 之间并没有直接的联系，而是通过 ViewMode 进行交互，Model 和 ViewModel 之间的交互是双向的，因此 View 数据的变化会同步到 Model 中，而 Model 数据的变化也会立即反映到 View 上。

2. Vue 的使用

在项目中使用 Vue，有以下三种方式。

第一种，将 Vue.js 文件下载到本地，然后在<script>标签内引入：

```
<script src="文件路径"></script>
```

第二种，使用 CDN 内容分发网络，然后在<script>标签内引入：

```
<script src=https://cdn.jsdelivr.net/npm/vue@2/dist/vue.js""></script>
```

第三种，使用脚手架工具 Vue CLI。

CLI 是一个全局安装的 npm 包，提供了终端里的 Vue 命令。它可以通过 vue create 命令快速搭建一个 Vue 项目。

3. Vue 实例

每个 Vue 应用都是通过使用 Vue 函数创建一个新的 Vue 实例开始的：

```
var vm = new Vue ({
el: ' #app' ,
    data: {
msg: ' hello'
},
methods: {
    show: function () {
    console.log (' hello' )
}
}
})
```

上面的代码中 el 属性用于将实例绑定到页面中 id 为 app 的组件上。data 属性返回组件中需要用到的数据。methods 属性定义组件需要用的方法。

4. 模板语法

Vue. js 使用了基于 HTML 的模板语法，允许开发者声明式地将 DOM 绑定至底层 Vue 实例的数据。所有 Vue. js 的模板都是合法的 HTML，所以能被遵循规范的浏览器和 HTML 解析器解析。

在底层的实现上，Vue 将模板编译成虚拟 DOM 渲染函数。结合响应系统，Vue 能够智能地计算出最少需要重新渲染多少组件，并把 DOM 操作次数减至最少。

数据绑定的工作是在模板中完成的。最常见的数据绑定形式就是使用 "Mustache" 语法（双大括号）的文本插值方法：

```
<div id = "app">Message: {{ msg }}</div>
```

运行时，{{msg}} 就会被实例中 data 属性的 msg 属性的值替换。双大括号会将数据解释为普通文本，也可以在双大括号内直接使用 JavaScript 表达式：

```
<div id = "app">Message: {{ msg + ' world' }}</div>
```

使用 v-html 指令，可以显示原始 HTML，使用 v-bind 可以绑定属性。如下代码中的 rawHtml 和 url 是定义在 data 中的属性：

```
<span v- html = "rawHtml"></span>
<img v- bind: src = "url" />
```

5. 计算属性和侦听器

如果要实现响应式数据的复杂逻辑，应该使用计算属性。计算属性由 computed 属性定义，例如，以下将数组的长度返回给计算属性 totalNames，这样就获得了人数：

```
var vm = new Vue ({
    data: {
names: [' 张三' ,' 李四' ,' 王五' ]
},
computed: {
    totalNames () {
    return this.names.length
}
}
})
```

在页面中，可以直接使用 {{totalNames}} 获得人数。

侦听器 watch 是 Vue 提供的一种用来观察和响应 Vue 实例上的数据变化的属性。当被侦听的数据发生变化时，会触发对应的侦听函数：

```
var vm = new Vue ({
    data: {
msg: ' hello'
},
watch: {
    msg: function (newValue, oldValue) {
    //具体逻辑
}
}
})
```

侦听器 watch 实际是 Vue 实例上的一个对象属性。当需要对 Vue 实例上某个属性进行侦听时，以需要被侦听的属性名作为 watch 对象的键，以一个函数 function 作为该键的值。函数 function 接收两个参数，包括侦听数据变化之后的值 newValue 和侦听数据变化之前的值 oldValue。

6. 过滤器

过滤器是对即将显示的数据做进一步的筛选处理，然后进行显示，值得注意的是过滤器并没有改变原来的数据，只是在原数据的基础上产生新的数据。过滤器分两种：全局过滤器和局部过滤器。

全局过滤器显示如下：

```
Vue.filter (' filter1' , function (value1 [ , value2 , …]) {
})
```

局部过滤器显示如下：

```
var vm = new Vue ({
data: {
msg: ' hello'
},
    filters: {
        ' filter2' : function (value1 [, value2, …]) {
        }
    }
})
```

过滤器可以用在两个地方——双大括号插值和 v-bind 表达式。过滤器应该被添加在 JavaScript 表达式的尾部，由管道符号"｜"指示，过滤器也可以串联：

```
{{msg ｜ filter1 ｜ filter2 }}
```

7. 条件渲染和列表渲染

渲染视图的过程中，如果需要根据条件来决定渲染的内容，通常需要使用 v-if 指令和 v-show 指令；若渲染的内容是列表数据或对象属性，需要使用 v-for 指令。

（1）v-if 指令和 v-show 指令。v-if 指令用于条件性地渲染一块内容。这块内容只会在指令的表达式返回 true 值的时候被渲染。v-if 可以单独使用，也可以和 v-else 一起使用，还可以和 v-else-if 一起使用：

```
<div v- if = "isOk">
    success
</div>
<div v- else>
    error
</div>
```

当需要控制多个组件的条件渲染时，可以结合<template>元素，最终的渲染结果将不包含<template>元素：

```
<template v- if = "isOk">
    <h1>MyName is Tom.</h1>
    <h1>I am ok! </h1>
</template>
```

另一个用于条件性展示元素的选项是 v-show 指令：

```
<div v- show = "isOk">success</div>
```

两者的区别在于，v-show 的元素始终会被渲染并保留在 DOM 中，只是简单地切换元素的隐藏和显示，且 v-show 不支持<template>元素，也不支持 v-else。而 v-if 是根据条件决定组件的渲染或销毁。

（2）v-for 指令。当需要渲染一组列表数据时，可以用 v-for 指令。v-for 指令需要使用 item in items 这样的语法。其中，items 是源数据数组，而 item 则是被迭代的数组元素的别名。若需要使用到当前数据项的索引，可以使用（item，index）in items 语法，index 是当前数据项的索引：

```
<div v- for = " (item, index) in names">
    {{ index }}: {{ item }}
</div>
```

也可以用 v-for 来遍历一个对象属性 value in object。value 就是对象的属性值。如果需要知道对象的键名和索引，可以用如下的语法：

```
<div v- for = " (value, name, index) in object">
   {{ index }}.{{ name }}: {{ value }}
</div>
```

8. 事件处理

可以使用 v-on 指令监听 DOM 事件，并在触发时运行一些 JavaScript 代码。v-on 也可以接收一个定义的方法来调用：

```
<div id = "app">
   <button v- on: click = "show">Hello</button>
</div>
```

show 是定义在 methods 中的方法名，在可视化界面中存在一个 button，点击它就会调用 show 方法。

当要处理原始的 DOM 事件，可以将特殊变量 $ event 传入 show 方法：

```
<div id = "app">
   <button v- on: click = "show ( $ event) ">Hello</button>
</div>
```

methods 中的 show 方法接收 $ event 这个参数，这样就可以处理原生事件对象：

```
methods: {
   show: function (event) {
console.log (event)
}
}
```

Vue. js 为 v-on 提供了事件修饰器来处理 DOM 事件细节，如阻止冒泡、阻止默认事件等，修饰器是由一点加上开头的指令后缀来表示的，具体事件修饰器见表 5-2。

表 5-2   事件修饰器

修饰器名称	描述
. stop	阻止冒泡
. prevent	阻止默认事件
. capture	阻止捕获

续表

修饰器名称	描述
. self	只监听触发该元素的事件
. once	只触发一次
. left	左键事件
. right	右键事件
. middle	中间滚轮事件

9. 表单输入绑定

v-model 指令用来在表单<input><textarea>及<select>元素上创建双向数据绑定。它会根据控件类型自动选取正确的方法来更新元素，负责监听用户的输入事件来更新数据。v-model 在内部为不同的输入元素使用不同的属性，并抛出不同的事件，具体见表 5-3。

表 5-3 　　　　　　　表单对象双向绑定的事件和对应的属性值

表单对象	属性	事件
text、textarea	value	input
checkbox、radio	checked	change
select	value	change

v-model 会忽略所有表单元素的 value、checked、selected 属性的初始值，而总是将 Vue 实例的数据作为数据来源，所以应该在组件的 data 选项中声明初始值：

```
var vm = new Vue ({
  data: {
message: ' ' ,
moremessage: ' ' ,
isOk: true,
hobbys: [],
gender: ' ' ,
  }
})
```

下面展示表单输入对象的绑定用法。以下是单行文本和多行文本的绑定：

```
<input v- model = "message">
<p> {{ message }}</p>
<textarea v- model = "moremessage"></textarea>
<p> {{moremessage}}</p>
```

单个复选框，会绑定到布尔值：

```
<input type = "checkbox" id = "isOk" v- model = "isOk">
<label for = "isOk">{{ isOk }}</label>
```

多个复选框，会绑定到同一个数组：

```
<input type = "checkbox"   id = "music" value = "music" v- model = "hobbys">
<label for = "music">music</label>
<input type = "checkbox"   id = "movie" value = "movie" v- model = "hobbys">
<label for = "movie">movie</label>
<input type = "checkbox"   id = "reading" value = "reading" v- model = "hobbys">
<label for = "reading">reading</label>
<p>hobbys: {{ hobbys }}</p>
```

单选按钮的绑定如下：

```
<div>
  <input type = "radio" id = "male" value = "male" v- model = "gender">
  <label for = "male">male</label>
  <br>
  <input type = "radio" id = "female" value = "female" v- model = "gender">
  <label for = "female">female</label>
  <br>
  <p>gender: {{ gender}}</p>
</div>
```

选择框的单选和多选，类似于单选按钮和多选按钮的使用，这里不再赘述。

10. 组件的使用和组件间的通信

组件（Component）是 Vue. js 最强大的功能之一。组件可以扩展 HTML 元素，封装可以重用的代码。在较高层面上，组件是自定义元素。所有 Vue 组件同时也都是 Vue 实例，所以可以接受相同的选项对象并且提供相同的生命周期钩子。

组件分全局组件和局部组件。全局组件可以在页面中任何位置使用，局部组件只能在定义它的 el 中使用，不能在其他位置使用。

要注册一个全局组件，可以使用 Vue. component（tagName，options）定义。其中，tagName 是组件名称，options 是组件属性。因为组件是可复用的 Vue 实例，所以它们与 new Vue 接收相同的选项，如 data、computed、watch、methods 和生命周期钩子等：

```
Vue.component (' my- component- name' , {
  //...选项...
})
```

注册了全局组件，即使不再被使用，它仍然会被包含在最终的构建结果中。

为了提高效率，可以使用局部组件。首先，使用一个 JavaScript 对象定义组件，接着使用 components 属性挂载组件：

```
var ComponentDemo = { /* ...* / }
var vm = new Vue ({
  components: {
    ' component- demo' : ComponentDemo
  }
})
```

在 Vue 组件通信中，最常见的通信方式就是父子组件中的通信，而父子组件的设定方式在不同情况下又各有不同。

（1）父组件到子组件的通信主要为子组件接受使用父组件的数据。这里的数据包括属性和方法（字符串、数值、布尔值、对象、数组、函数）。Vue 提倡单项数据流，因此在通常情况下，都是父组件传递数据给子组件使用，子组件触发父组件的事件，并传递给父组件所需要的参数。

父子通信中最常见的数据传递方式就是通过 props 传递数据，父组件调用子组件并传入数据，子组件接收到父组件传递的数据进行验证使用。

（2）子组件到父组件的通信主要为父组件如何接受子组件之中的数据。子组件通过 $ emit 传递父组件数据。

下面以一个具体案例来实现父子组件通信。

首先，定义一个子组件 cpn，组件挂载到 cpn 模板上，使用 props 属性接收父组件的传值，键名为 cpnmessage。定义方法 btnClick，接收参数 msg，使用 $ emit 将数据传送到父组件：

```
var cpn = {
        template: ' #cpn' ,
        props: [' cpnmessage' ],
        methods: {
            btnClick (msg) {
                this. $ emit (' cpn- click' , msg)
            }
        }
    }
```

其次，定义父组件，挂载定义的子组件 cpn。定义方法 cpnClick，接收子组件的传值并修改 message 数据：

```
var vm = new Vue ({
        el: ' #app' ,
        data: {
          message: ' 你好啊'
        },
        components: {
          cpn
        },
        methods: {
            cpnClick (msg) {
                this.message = msg
            }
        }
    })
```

然后，在父组件的模板中，将 message 传入子组件属性 cpnmessage，cpnClick 传入子组件的 cpn-Click 方法：

```
<div id = "app">
        <cpn v- bind: cpnmessage = "message" @cpn- click = "cpnClick"></cpn>
</div>
```

最后，在子组件模板中，显示父组件传入的值，同时绑定了带参数的方法 btnClick：

```
<template id = "cpn">
        <div>
          <h2>{{cpnmessage}}</h2>
          <button @click = "btnClick (' 你好坏' ) ">点我改变文本</button>
        </div>
</template>
```

（二）UI 组件库

Vue 的核心思想是组件和数据驱动，如果每个组件都需要自己编写模板、样式、添加事件和数据的话，这些工作是比较烦琐的。因此，可以使用一些现成的 UI 组件库辅助前端的开发。常用的 UI 组件库有以下五种。

1. Mint UI

这是饿了么团队开发的基于 Vue. js 的移动端 UI 组件库。它包含丰富的 CSS 和 JS 组件，能够满足日常的移动端开发需要。

2. WeUI

这是一套同微信原生视觉体验一致的基础样式库。它由微信官方设计团队为微信内网页和微信小程序量身设计，可令用户的使用感知更加统一。它包含 button、cell、dialog、toast、article、icon 等各式元素。

3. Cube UI

这是滴滴团队开发的基于 Vue. js 实现的精致移动端 UI 组件库。它支持按需引入和后编译，轻量灵活；该组件库扩展性强，可以方便地基于现有组件实现二次开发。

4. View UI

即原先的 iView，是一套基于 Vue. js 的开源 UI 组件库，主要服务于 PC 界面的中后台产品。它具有丰富的组件和功能，满足绝大部分网站场景，提供开箱即用的 Admin 系统和高阶组件库，能极大程度地节省开发成本。

5. ElementUI

这是饿了么前端开源维护的 Vue UI 组件库，组件齐全，基本涵盖后台所需的所有组件，文档讲解详细，例子也很丰富。主要用于开发 PC 端的页面，是一个质量比较高的 Vue UI 组件库。[①] 下面详细介绍下 ElementUI。

（1）ElementUI 的安装和使用。具体如下。

1）ElementUI 的安装。ElementUI 安装有两种方法，第一种通过 npm 命令安装，它能更好地和 webpack 打包工具配合使用，安装命令如下：

```
npm i element- ui - S
```

第二种使用 CDN 安装，样例代码如下：

```
<! - - 引入样式 - - >
<link rel = "stylesheet" href = "https: //unpkg.com/element- ui/lib/theme- chalk/index.css">
<! - - 引入组件库 - - >
<script src = "https: //unpkg.com/element- ui/lib/index.js"></script>
```

2）ElementUI 的使用。首先在前端页面中使用 ElementUI 标签引用 ElementUI 组件，这里使用了 ElementUI 中按钮组件和对话框组件：

```
<div id = "app">
    <el- button @click = "visible = true">点我弹出对话框</el- button>
    <el- dialog: visible.sync = "visible" title = "对话框">
      <p>欢迎使用 ElementUI</p>
    </el- dialog>
  </div>
```

ElementUI 自身就是基于 Vue 的组件库，因此 Vue 的代码不需要做任何改动。在下面代码中，最初 visible 的值是 false，因此 el-dialog 的 visible 属性值也是 false，所以打开页面后，看不到对话框：

---

①　王志文. Vue+Elementui+Echarts 在项目管理平台中的应用 ［J］. 山西科技，2020（06）.

```
new Vue ({
    el: ' #app',
    data: function (){
        return { visible: false }
    }
})
```

点击按钮后，visible 被设置为 true，因此对话框就出现了，如图 5-3 所示。

图 5-3　ElementUI 和 Vue 整合

ElementUI 提供了开箱即用的组件，开发者可以把主要精力放在业务逻辑上。学习 ElementUI，主要是学习组件的使用方法。

（2）ElementUI 的组件分类。ElementUI 的组件主要分以下几类。

1）基础组件。主要包括布局、布局容器、色彩、字体、边框、图标、按钮和文字链接等。

2）表单组件。主要包括单选框、复选框、输入框、选择器、级联选择器、滑块、开关、时间选择器、日期选择器、颜色选择器、评分和上传等。

3）数据组件。主要包括表格、进度条、分页、树形控件和结果等。

4）通知组件。主要包括警告、消息提示、弹框、通知、加载等。

5）导航组件。主要包括导航菜单、标签页、下拉菜单和步骤条等。

6）其他组件。主要包括对话框、文字提示、卡片、跑马灯、折叠面板、日历、时间线等。

（3）ElementUI 国际化。ElementUI 组件内部默认使用中文，若希望使用其他语言，则需要进行多语言设置。以使用英文为例，如果采用 npm 安装 ElementUI，在 main.js

中添加如下代码：

```
// 完整引入 Element
import Vue from ' vue'
import ElementUI from ' element- ui'
import locale from ' element- ui/lib/locale/lang/en'
Vue.use (ElementUI, { locale })
```

以使用英文为例，如果使用 CDN，则添加如下代码：

```
<script src = "https: //unpkg.com/element- ui/lib/umd/locale/en.js"></script>
<script>
    ELEMENT.locale( ELEMENT.lang.en )
</script>
```

（4）ElementUI 自定义主题。ElementUI 默认提供一套主题，以 CSS 命名并采用 BEM 的风格，方便使用者覆盖样式。其默认的主题色是鲜艳、友好的蓝色。如果仅希望更换 ElementUI 的主题色，推荐使用在线主题生成工具。通过替换主题色，能够更加符合具体项目的定位。预览后如果符合要求，可以直接下载使用。

ElementUI 的 theme-chalk 使用 SCSS 编写，如果项目也使用了 SCSS，那么可以直接在项目中改变 Element 的样式变量。

新建一个样式文件，例如 element-variables. scss，写入以下内容：

```
/*  改变主题色变量 * /
$ - - color- primary: teal;
/*  改变 icon 字体路径变量, 必需 * /
$ - - font- path: ' ~element- ui/lib/theme- chalk/fonts' ;
@import "~ element- ui/packages/theme- chalk/src/index";
```

然后，在项目的入口文件中，直接引入以下样式文件即可：

```
import Vue from ' vue'
import Element from ' element- ui'
import ' ./element- variables.scss'
Vue.use (Element)
```

第二节 云应用后端开发

考核知识点及能力要求：

- 理解 Spring 和 Spring Cloud 的架构体系。

- 熟悉 Spring Boot 开发中常用注解。

- 掌握 Spring Boot 整合其他框架的方法。

- 理解 MyBatis 的工作原理。

一、后端开发概述

一个后端工程师的基本工作是完成后端程序的设计与开发，后端开发的工作流程往往包括以下几个方面。

第一，确定需求。后端的需求由产品经理分析而来，在确定产品需求的过程中，后端工程师必须确定产品需求是否存在逻辑问题，并有一套应对问题的方案。

第二，开发排期。在确定需求之后，后端工程师要对自己即将展开的开发工作做一个时间计划，以便跟进计划，最终的时间节点一般和前端工程师一起制定。

第三，技术方案选择。确定项目需求以后，后端工程师就需要确定自己的技术方案。如选择何种开发框架和数据库，以及选择何种运行的环境。在一些复杂和高并发的场景中，不仅要考虑程序的功能，更重要的是考虑其健全性和安全性。

第四，项目开发。在项目开发前，一定要把开发的功能点整理出来。编码开发是整个项目最核心的部分，也是最耗时间的部分。

第五，项目对接。在开发过程中，要编写开发文档、接口文档，与前端工程师一起对接功能。项目后期，要进行项目质量检测、功能测试。最后，配合运维进行项目上线。

在当前的互联网时代背景下，需要低成本、高效、方便地做好项目。而要达到这一目的，使用市面上认可的框架就成了开发工程师的不二之选。后端框架的主要功能概括起来就是接收外界的 API 请求，解析 API 请求后去执行数据库操作，最后将数据包装好返回给调用者（中间还包含其他业务逻辑）。从编程语言技术选型上，后端框架分为以下四种。

（一）基于 PHP 语言的 Laravel、CakePHP

Laravel 是一个基于 PHP 的后端框架，具有整洁优雅的语法，可以满足各种规模的开源应用程序开发需求，其庞大的社区支持可快速解决编程问题。Laravel 遵循 MVC 架构模式，旨在促进广泛的后端开发。Laravel 还提供自己的数据库迁移系统，并拥有强大的生态系统。

CakePHP 被称为现代 PHP 框架，允许开发人员快速构建。CakePHP 使用干净的 MVC 约定，并且具有高度可扩展性，是构建大型和小型应用程序的绝佳选择。

（二）基于 Python 语言的 Django、Flask

Django 是一个高级 Python 框架，它包含了许多的功能模块，意味着开发人员想要的大多数内容都包含在内。因此，Django 框架对第三方插件的需求较少。如果开发人员计划构建一些不太涉及代码重用的小型专用部件的东西，Django 可能不是最好的选择。

Flask 是一个基于 Python 的后端框架，与 Django 不同，它是轻量级的，更适合开发小型项目。对于那些不需要 Django 附带的额外功能的开发人员来说，Flask 是一个很好的解决方案。

（三）基于 Node. js 的 Express

Express 是一个保持最小规模的灵活的 Web 应用程序开发框架，为 Web 和移动应用程序提供强大的开箱即用功能。

（四）基于 Java 的 SSH、SSM 和 Spring Boot

SSH 是以 Struts 框架进行 MVC 分离、控制业务跳转，同时使用 Hibernate 进行持久化，最后配合 Spring 的统一管理进行实现的开发框架。

SSM 框架表面是由 Spring、Spring MVC、MyBatis 三个框架整合而成的，实际上 Spring MVC 属于 Spring 框架，所以 SSM 框架相当于 Spring 和 MyBatis 两个框架的整合运用。

Spring Boot 是基于 Spring 4.0 设计的，使用 Spring Boot 进行应用开发能够充分体现 Spring 框架所有优秀的特性，同时还能够减少各种复杂的配置过程，减少各依赖包之间的冲突，增强系统的稳定性，更方便地构建应用。

二、常用框架和工具

本节主要介绍主流的后端开发框架。

（一）Spring 框架

Spring 是目前主流的 Java Web 开发框架，是 Java 世界最为成功的框架。该框架是一个轻量级的开源框架，具有很高的凝聚力和吸引力。Spring 框架由罗德·约翰逊创立，在 2004 年发布了 Spring 框架的第一版，其目的是简化企业级应用程序开发的难度和周期。Spring 框架不局限于服务器端的开发。从简单性、可测试性和松耦合的角度而言，任何 Java 应用都可以从 Spring 框架中受益。①

1. Spring 架构

如图 5-4 所示，Spring 框架采用分层的理念，根据功能的不同划分成了多个模块，这些模块大体可分为 Data Access/Integration、Web、AOP、Aspects、Instrumentation、Messaging、Core Container 和 Test。

图 5-4 中包含了 Spring 框架的所有模块，这些模块可以满足一切企业级应用开发的需求，在开发过程中，可以根据需求有选择性地使用所需要的模块。下面分别对这

---

① 刘双. Spring 框架中 IOC 的实现［J］. 电子技术与软件工程，2018（21）.

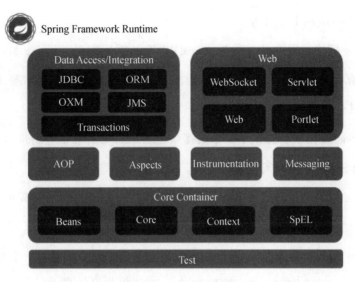

图 5-4　**Spring 架构图**

些模块的作用进行简单介绍。

（1）Data Access/Integration。该层包括 JDBC、ORM、OXM、JMS 和 Transactions 模块。

1）JDBC 模块：提供了一个 JBDC 的样例模板，使用这些模板能消除传统冗长的 JDBC 编码，而且能享受到 Spring 管理事务的好处。

2）ORM 模块：提供与流行的"对象—关系"映射框架无缝集成的 API，包括 JPA、JDO、Hibernate 和 MyBatis 等。使用 Spring 事务管理，无需额外控制事务。

3）OXM 模块：提供了一个支持 Object/XML 映射的抽象层实现，如 JAXB、Castor、XMLBeans、JiBX 和 XStream。它可以将 Java 对象映射成 XML 数据，或者将 XML 数据映射成 Java 对象。

4）JMS 模块：Java 消息服务提供了一套"消息生产者、消息消费者"模板，便于更加简单地使用 JMS。JMS 用于在两个应用程序之间或分布式系统中发送消息，进行异步通信。

5）Transactions 模块：支持编程和声明式事务管理。

（2）Web。Spring 的 Web 层包括 Web、Servlet、WebSocket 和 Portlet 组件。

1）Web 模块：提供了基本的 Web 开发集成特性，如多文件上传功能、IOC 容器初始化以及 Web 应用上下文等。

2）Servlet 模块：提供了一个 Spring MVC Web 框架实现。Spring MVC 框架提供了基于注解的请求资源注入、更简单的数据绑定、数据验证等一套非常易用的 JSP 标签，可与 Spring 其他技术无缝协作。

3）WebSocket 模块：提供了简单的接口，用户只要实现相应的接口就可以快速搭建 WebSocket Server，从而实现双向通信。

4）Portlet 模块：提供了在 Portlet 环境中使用 MVC 来实现类似 Web Servlet 模块的功能。

（3）Core Container。Spring 的核心容器是其他模块建立的基础，它由 Beans 模块、Core 模块、Context 模块和 SpEL 模块组成。没有这些核心容器，也不可能有 AOP、Web 等上层的功能。

1）Beans 模块：提供了框架的基础部分，包括控制反转和依赖注入。

2）Core 模块：封装了 Spring 框架的底层部分，包括资源访问、类型转换及一些常用工具类。

3）Context 模块：建立在 Core 和 Beans 模块的基础之上，集成了 Beans 模块功能，并添加了资源绑定、数据验证、国际化、Java EE 支持、容器生命周期、事件传播等功能。

4）SpEL 模块：提供了强大的表达式语言支持，支持访问和修改属性值、方法调用；支持访问及修改数组、容器和索引器、命名变量；支持算数和逻辑运算；支持从 Spring 容器获取 Bean；支持列表投影、选择和一般的列表聚合等。

（4）AOP、Aspects、Instrumentation 和 Messaging。下面分开讲四个模块。

1）AOP 模块：提供了面向切面编程实现，提供如日志记录、权限控制、性能统计等通用功能和业务逻辑分离的技术，并且能动态地把这些功能添加到需要的代码中，达到各司其职的目的。

2）Aspects 模块：提供与 AspectJ 的集成，是一个功能强大且成熟的面向切面编程（AOP）框架。

3）Instrumentation 模块：提供了类工具的支持和类加载器的实现，可以在特定的应用服务器中使用。

4）Messaging 模块：Spring 4.0 以后版本新增了消息（Spring‑messaging）模块，该模块提供了对消息传递体系结构和协议的支持。

（5）Test。Spring 支持 Junit 和 TestNG 测试框架，而且还额外提供了一些基于 Spring 的测试功能。例如，在测试 Web 框架时，模拟 HTTP 请求的功能。

2. Spring 的使用

在传统 Java 程序中创建一个实例，需要用到关键字 new。换言之，对象的创建由开发人员控制，而 Spring 则是通过 IOC 容器来创建对象，即将创建对象的控制权交给了 IOC 容器。IOC 让开发人员不再关注怎么去创建对象，而是重点关注对象创建之后的操作，把对象的创建、初始化、销毁等工作交给 Spring 容器来做。

IOC 容器通过读取 Spring 配置文件完成对象的创建和初始化，并管理对象之间的依赖关系。配置文件举例如下：

```xml
<? xml version = "1.0" encoding = "UTF- 8"? >
<beans xmlns = "http://www.springframework.org/schema/beans"
    xmlns:xsi = "http://www.w3.org/2001/XMLSchema- instance"
    xsi:schemaLocation = "http://www.springframework.org/schema/beans
        http://www.springframework.org/schema/beans/spring- beans.xsd">
    <bean id = "aaa" class = "com.java.service.AAA"></bean>
    <bean id = "bbb" class = "com.java.service.BBB">
        <property name = "aaa" ref = "aaa"></property>
    </bean>
</beans>
```

当 Spring IOC 容器启动时，就会自动创建对象 AAA 和 BBB。在创建 BBB 这个对象时，已经由容器将 BBB 对象所需要的 AAA 对象注入进去，这个过程称之为依赖注入。

Spring IOC 容器是框架的核心，可以用来降低程序代码之间的耦合度。它把强耦合的代码依赖从代码中移出去，放到统一的 XML 配置文件中，将程序对组件的主要控制权交给 IOC，由 IOC 统一加载和管理。

因此，使用 Spring 进行项目开发，具有如下优点：①低侵入式设计，代码污染极低；②独立于各种应用服务器；③依赖注入机制降低了业务对象替换的复杂性，实现了组件之间的解耦；④AOP 支持允许将一些通用任务如安全、事务进行集中式管理，从而提供了更好的复用；⑤ORM 和 DAO 提供了与第三方持久层框架的良好整合，并简化了底层的数据库访问。

（二）Spring Boot 框架

Spring Boot 是 Pivotal 团队在 Spring 的基础上提供的一套全新的开源框架，其目的是为了简化 Spring 应用的搭建和开发过程。Spring Boot 去除了大量的 XML 配置文件，简化了复杂的依赖管理。

Spring Boot 具有 Spring 一切优秀特性，且使用更加简单，功能更加丰富，性能更加稳定。随着近些年来微服务技术的流行，Spring Boot 也成了时下炙手可热的技术。

Spring Boot 集成了大量常用的第三方库配置，Spring Boot 应用中，这些第三方库几乎可以是零配置的开箱即用（out-of-the-box）。大部分的 Spring Boot 应用都只需要非常少量的配置代码（基于 Java 的配置），使开发人员能够更加专注于业务逻辑。

1. Spring Boot 项目创建

创建项目前，先配置好开发环境。Spring Boot 需要 JDK8 及以上的版本，同时还需要配置好 Maven。

Maven 的本质是一个项目管理工具，其将项目开发和管理过程抽象成一个项目对象模型（POM）。开发人员只需做一些简单的配置，就可以批量完成项目的构建、报告和文档的生成工作。

创建 Spring Boot 项目最简单的方法是访问 https://start.spring.io，由官方帮用户生成项目骨架，然后直接打包下载即可。

如图 5-5 所示，左半边选择了 Maven 项目类型，编程语言为 Java，Spring Boot 版本选择 2.6.0，打包类型为 Jar，JDK 版本为 8；右半边选择了项目的依赖，包括 Spring Web、Spring Data JPA、MySQL Driver 和 Spring Security。选择完毕后，生成项目并下载，导入开发工具中即可。

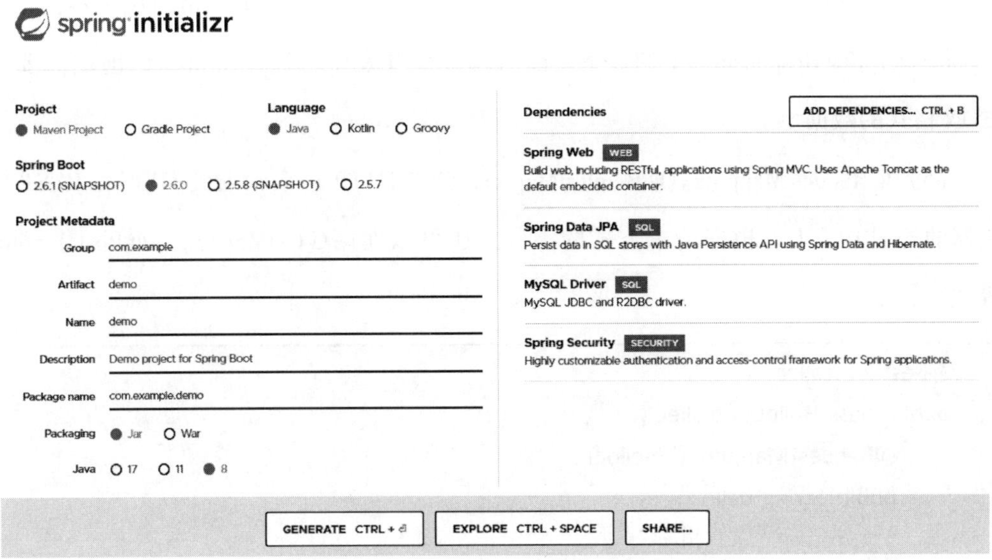

图 5-5　**Spring Boot** 项目设置并打包下载

从生成的代码可以发现，这是一个可以运行的 Java 程序。启动这个程序，会开启内置的 Tomcat 服务器，不需要再做额外的服务器部署。

2. 常用的注解

在 Spring Boot 中，可以通过注解简化程序的开发。下面介绍几种常用的注解。

（1）@SpringBootApplication。这个注解是 Spring Boot 最核心的注解，用在 Spring Boot 的主类上，标识这是一个 Spring Boot 应用，用来开启 Spring Boot 的各项能力。

实际上这个注解是 @Configuration（用于定义配置类）、@EnableAutoConfiguration（自动配置）和 @ComponentScan（组件扫描）三个注解的组合。由于这些注解一般都是一起使用，所以 Spring Boot 提供了一个统一的注解 @SpringBootApplication。

（2）@Repository。该注解用于标注数据访问组件，即 DAO 组件。使用 @Repository 注解可以确保 DAO 或者 Repositories 提供异常转译，这个注解修饰的 DAO 或者 Repositories 类会被 ComponetScan 发现并配置。通常这个类用于完成数据库的相关操作。

（3）@Service。使用注解配置和类路径扫描时，被 @Service 注解标注的类会被 Spring 扫描并注册为 Bean，@Service 用于标注服务层组件。通常业务逻辑写在这个类中。

（4）@RestController。该注解用于标注控制层组件，是 REST 风格的控制器，它是 @Controller 和@ResponseBody 的合集。前后端分离开发中，该注解可返回前端需要的 JSON 格式的数据。

（5）@RequestMapping。@RequestMapping 会将 HTTP 请求映射到 MVC 和 REST 控制器的处理方法上。根据请求方式的不同，还可以使用@GetMapping、@PostMapping 等注解。

```
@RestController
public class HelloController {
    @RequestMapping ("/hello")
    public String hello (){
        return "你好世界";
    }
}
```

上述代码一旦在服务器上运行，可以在浏览器中输入请求的地址 http://ip:port/hello，控制器会以 JSON 格式返回数据"你好世界"。

（6）@AutoWired。该注解用于实现依赖注入。如果控制层依赖业务层，就可以使用这个注解将业务层注入控制层中，由框架完成自动装配。

（7）@Transactional。即事务注解，用于管理数据库事务。

（8）@ControllerAdvice。这个注解定义全局异常处理类，方便用户进行异常处理。

（9）@Async。异步调用指程序在顺序执行时，不等待异步调用的语句返回结果就执行后面的程序。在 Spring Boot 中，使用@Async 注解就能简单地将原来的同步函数变为异步函数。

（10）@Scheduled 和@EnableScheduling。如果需要定时地发送一些短信、邮件之类的操作，可以用这两个注解。@EnableScheduling 用于启用定时任务配置，@Scheduled 用于执行定时任务。

3. Spring Boot 整合其他框架

Spring Boot 可以很方便地集成其他的框架，帮助用户快速开发。通常只需要在 POM 文件中加入对应的依赖就能把其他框架引入到项目中。后端开发中常用的框架有以下几种。

（1）Swagger2 文档生成。Swagger2 用于生成 API 文档，可以轻松地整合到 Spring Boot 中。它既可以减少创建文档的工作量，又能把说明内容整合入实现代码中，让维护文档和修改代码整合为一体，可以在修改代码逻辑的同时，方便地修改文档说明。依赖引用如下：

```
<dependency>
    <groupId>com.spring4all</groupId>
    <artifactId>swagger- spring- boot- starter</artifactId>
    <version>1.9.0.RELEASE</version>
</dependency>
```

（2）Druid 数据源。Druid 是由阿里巴巴数据库事业部出品的开源项目。它除了是一个高性能数据库连接池之外，更是一个自带监控的数据库连接池。依赖引用如下：

```
<dependency>
    <groupId>com.alibaba</groupId>
    <artifactId>druid- spring- boot- starter</artifactId>
    <version>1.1.21</version>
</dependency>
```

（3）JPA 数据库访问。JPA 的出现主要是为了简化持久层开发并整合 ORM 技术，结束 Hibernate、TopLink、JDO 等 ORM 框架各自为营的局面。Spring Data JPA 让数据访问层变成只是一层接口的编写方式。依赖引用如下：

```
<dependency>
    <groupId>org.springframework.boot</groupId>
    <artifactId>spring- boot- starter- data- jpa</artifactId>
</dependency>
```

（4）MyBatis 数据库访问。如果需要对 SQL 进行优化或者定制，可以使用 MyBatis。MyBatis 可以对配置和原生 Map 使用简单的 XML 或注解，将接口和 Java 的 POJO（Plain Old Java Object，普通的 Java 对象）映射成数据库中的记录。依赖引用如下：

```
<dependency>
    <groupId>org.mybatis.spring.boot</groupId>
    <artifactId>mybatis- spring- boot- starter</artifactId>
    <version>2.1.1</version>
</dependency>
```

（5）Redis 缓存。Spring Boot 默认使用 ConcurrentMap 缓存和缓存框架 EhCache。但在集群模式下，各应用服务器之间的缓存都是独立的，因此在不同服务器的进程间会存在缓存不一致的情况。在一些要求高一致性（任何数据变化都能及时被查询到）的系统和应用中，就不能再使用 EhCache 来解决了，可以使用 Redis 实现数据缓存。依赖引用如下：

```
<dependency>
    <groupId>org.springframework.boot</groupId>
    <artifactId>spring- boot- starter- data- redis</artifactId>
</dependency>
<dependency>
    <groupId>org.apache.commons</groupId>
    <artifactId>commons- pool2</artifactId>
</dependency>
```

（6）NoSQL 数据库 MongoDB。MongoDB 是一个基于分布式文件存储的数据库，它是一个介于关系数据库和非关系数据库之间的产品。可以直接用 MongoDB 来存储键值对类型的数据，如验证码、Session 等。由于 MongoDB 的横向扩展能力，也可以用来存储数据规模会在未来变得非常巨大的数据，如日志、评论等。依赖引用如下：

```
<dependency>
    <groupId>org.springframework.boot</groupId>
    <artifactId>spring- boot- starter- data- mongodb</artifactId>
</dependency>
```

（7）Elastic Job 定时任务。Elastic Job 是一个分布式调度解决方案，由两个相互独立的子项目 ElasticJob-Lite 和 ElasticJob-Cloud 组成。

ElasticJob-Lite 定位为轻量级无中心化解决方案，使用 Jar 的形式提供分布式任务的协调服务；ElasticJob-Cloud 使用 Mesos 的解决方案，额外提供资源治理、应用分发以及进程隔离等服务。依赖引用如下：

```
<dependency>
    <groupId>org.apache.shardingsphere.elasticjob</groupId>
    <artifactId>elasticjob- lite- spring- boot- starter</artifactId>
    <version>3.0.0</version>
</dependency>
```

（8）JavaMailSender 邮件发送。在 Spring Boot 中使用 JavaMailSender 发送邮件。依赖引用如下：

```
<dependency>
    <groupId>org.springframework.boot</groupId>
    <artifactId>spring- boot- starter- mail</artifactId>
</dependency>
```

（9）消息队列。消息服务中间件可以提升系统异步通信、扩展解耦能力。如果要在 Spring Boot 中使用 RabbitMQ 消息队列，依赖引用如下：

```
<dependency>
    <groupId>org.springframework.boot</groupId>
    <artifactId>spring- boot- starter- amqp</artifactId>
</dependency>
```

（10）Spring Security 安全框架。Spring Security 是一个功能强大且高度可定制的身份验证和访问控制框架。它提供了完善的认证机制和方法级的授权功能，是一款非常优秀的权限管理框架。它的核心是一组过滤器链，不同的功能经由不同的过滤器。依赖引用如下：

```
<dependency>
    <groupId>org.springframework.boot</groupId>
    <artifactId>spring- boot- starter- security</artifactId>
</dependency>
```

（三）Spring Cloud 框架

Spring Cloud 是开发分布式系统的"全家桶"，是一系列框架的有序集合。Spring

Cloud 利用 Spring Boot 的开发便利性巧妙地简化了分布式系统基础设施的开发。①

Spring Cloud 就是用于构建微服务开发和治理的框架集合（并不是具体的一个框架），由 Netflix 公司主持开发。Spring Cloud 采用的是基于 HTTP 的 REST 方式开发。服务提供方和调用方不存在代码级别的强依赖，这在强调快速演化的微服务环境下显得更加合适。Spring Cloud 能够与 Spring Framework、Spring Boot、Spring Data 等其他 Spring 项目完美融合，这些对于微服务而言是至关重要的。

1. 微服务

微服务是一种架构风格，即将单体应用划分为小型的服务单元，微服务之间使用 HTTP 的 API 进行资源访问与操作。

（1）使用微服务的好处。包括以下内容。

1）服务的独立部署。每个服务都是一个独立的项目，可以独立部署，不依赖于其他服务，耦合性低。

2）服务启动快速。拆分之后服务启动的速度必然要比拆分之前快很多，因为依赖的库少了，代码量也少了。

3）更加适合敏捷开发。服务拆分可以快速发布新版本，修改哪个服务只需要发布对应的服务即可，不用整体重新发布。

4）服务可以动态按需扩容。当某个服务的访问量较大时，只需要将这个服务扩容即可。

（2）微服务存在的弊端。包括以下内容。

1）分布式部署，调用的复杂性高。微服务中，每个模块都是独立部署的，通过 HTTP 来进行通信，这当中会产生很多问题，比如网络问题、容错问题、调用关系问题等。

2）独立的数据库，对分布式事务的处理是一个挑战。每个微服务都有自己的数据库，这就是所谓的去中心化的数据管理，如何保持事务中的最终一致性是最大的问题。

---

① 杨英樱，乔运华，班玉荣. 基于 Spring Boot 微服务架构的 RS10 系统管理［J］. 制造业自动化. 2021，（12）.

3）测试的难度提升。服务和服务之间通过接口来交互，当接口有改变的时候，对所有的调用方都是有影响的，这时自动化测试就显得非常重要了。因此 API 文档的管理尤为重要。

4）运维难度的提升。当业务增加时，服务也将越来越多，服务的部署、监控将变得非常复杂，这个时候对于运维的要求就更高了。

2. Spring Cloud 中的模块

Spring Cloud 中常用的模块如下。

（1）Eureka 模块（服务注册中心）。Eureka 是 Spring Cloud Netflix 微服务套件的一部分，基于 Netflix Eureka 做了二次封装，主要负责实现微服务架构中的服务治理功能，使用 Eureka 能对微服务进行统一管理。以下为 Eureka 模块的使用方法。

创建注册中心，依赖引入如下：

```
<dependency>
    <groupId>org.springframework. cloud</groupId>
    <artifactId>spring- cloud- starter- netflix- eureka- server</artifactId>
</dependency>
```

创建服务提供者，告知注册中心服务端口，依赖引入如下：

```
<dependency>
<groupId>org.springframework.cloud</groupId>
<artifactId>spring- cloud- starter- netflix- eureka- client</artifactId>
</dependency>
```

创建服务消费者、依赖引入和服务提供者是一样的，但需要提供不同的端口。

Eureka 运行时依次启动注册中心、服务提供者和服务消费者。服务消费者可以从注册中心查询到服务提供者的信息，然后就可以调用相关的服务。如图 5-6 所示为 Eureka 服务注册和服务调用的结构。

（2）Ribbon 模块（客户端的负载均衡）。Ribbon 是一个基于 HTTP 和 TCP 的客户端负载均衡工具，它基于 Netflix Ribbon 实现。通过 Spring Cloud 的封装，它可以轻松地将面向服务的 REST 模版请求自动转换成客户端负载均衡的服务调用。依赖引入如下：

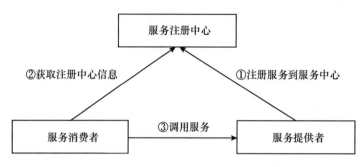

图 5-6　Eureka 服务注册和服务调用结构

```
<dependency>
<groupId>org.springframework.cloud</groupId>
<artifactId>spring- cloud- starter- netflix- ribbon</artifactId>
</dependency>
```

当存在多个服务提供者时，通过配置 Ribbon 就可以实现负载均衡。

（3）Feign 模块（声明式服务调用）。Feign 是一个声明式的伪 HTTP 客户端，它能够简化 HTTP 接口的调用，使得写 HTTP 客户端变得更简单。

使用 Feign，只需要创建一个接口并用注解的方式来配置它，即可完成对服务接口的绑定，它支持可插拔的注解，包括 Feign 注解和 JAX-RS 注解，并且扩展了对 Spring MVC 的注解支持。Feign 还有自身的一些组件，包括可插拔的编码器和解码器，在有需求的时候可以方便地替换和扩展它们。依赖引入如下：

```
<dependency>
    <groupId>org.springframework.cloud</groupId>
    <artifactId>spring- cloud- starter- openfeign</artifactId>
</dependency>
```

（4）Hystrix 模块（客户端容错保护）。Hystrix 是 Netflix 针对微服务分布式系统采用的熔断保护中间件。Hystrix 是一个库，通过添加延迟容忍和容错逻辑，可帮助控制这些分布式服务之间的交互。它通过隔离服务之间的访问点、停止级联失败和提供回退选项来实现微服务的容错保护，所有这些都可以提高系统的整体弹性。

在微服务架构下，很多服务都相互依赖，如果不能对依赖的服务进行隔离，那么服务本身也有可能发生故障。Hystrix 通过 HystrixCommand 对调用进行隔离，这样可以阻止故障的连锁效应，能够让接口调用快速失败并迅速恢复正常，依赖引入如下：

```
<dependency>
    <groupId>com.netflix.hystrix</groupId>
    <artifactId>hystrix- core</artifactId>
    <version>1.5.18</version>
</dependency>
```

（5）Zuul 模块（API 服务网关）。Zuul 是 Netflix OSS 中的一员，是一个基于 JVM 路由和服务端的负载均衡器，它提供了路由、监控、弹性、安全等方面的服务框架，具有路由转发、请求过滤等功能。

Zuul 的核心是过滤器，通过这些过滤器可以扩展出很多功能：

●动态路由。动态地将客户端的请求路由到后端不同的服务，做一些逻辑处理，比如聚合多个服务的数据返回。

●请求监控。可以对整个系统的请求进行监控，记录详细的请求响应日志，实时统计出当前系统的访问量以及监控状态。

●认证鉴权。对每一个访问的请求做认证，拒绝非法请求，保护好后端的服务。

●压力测试。动态地将请求转发到后端服务的集群中，识别测试流量和真实流量，从而做一些特殊处理。

使用 Zuul，依赖引入如下：

```
<dependency>
    <groupId>org.springframework.cloud</groupId>
    <artifactId>spring- cloud- starter- netflix- zuul</artifactId>
</dependency>
```

（四）MyBatis 框架

MyBatis 是一款优秀的持久层框架，它支持自定义 SQL、存储过程以及高级映射。MyBatis 免除了几乎所有的 JDBC 代码、设置参数和获取结果集的工作。MyBatis 通过简单的 XML 或注解来配置和映射原始类型，将接口和 Java POJO 映射为数据库中的记录。

1. MyBatis 的使用

使用 MyBatis 只需将 mybatis-x.x.x.jar 文件置于类路径（classpath）中即可。如果使用 Maven 构建项目，只需要引入相关依赖。Spring Boot 整合 MyBatis 框架中已对此阐述，这里不再赘述。

每个基于 MyBatis 的应用都是以一个 SqlSessionFactory 的实例为核心的。SqlSession-Factory 的实例可以通过 SqlSessionFactoryBuilder 获得，而 SqlSessionFactoryBuilder 则可以从 XML 配置文件或一个预先配置的 Configuration 实例来构建出 SqlSessionFactory 实例。以下就是 XML 配置文件的主要内容：

```
<? xml version = "1.0" encoding = "UTF- 8" ? >
<configuration>
  <environments default = "development">
    <environment id = "development">
      <transactionManager type = "JDBC"/>
      <dataSource type = "POOLED">
        <property name = "driver" value = " $ {driver}"/>
        <property name = "url" value = " $ {url}"/>
        <property name = "username" value = " $ {username}"/>
        <property name = "password" value = " $ {password}"/>
      </dataSource>
    </environment>
  </environments>
<mappers>
    <mapper resource = "org/mybatis/example/BlogMapper.xml"/>
  </mappers>
</configuration>
```

从配置文件可以看出该文件配置了数据源以及连接数据库的相关信息。此外，在这个文件中还配置了映射文件 BlogMapper.xml。通过加载该文件信息，就可以获取到 SqlSessionFactory 实例：

```
String resource = "org/mybatis/example/mybatis- config.xml";
InputStream inputStream = Resources.getResourceAsStream (resource) ;
```

```
SqlSessionFactory sqlSessionFactory = new SqlSessionFactoryBuilder () .build (input-
Stream) ;
```

既然有了 SqlSessionFactory，就可以从中获得 SqlSession 的实例。SqlSession 提供了在数据库执行 SQL 命令所需的所有方法，可以通过 SqlSession 实例直接执行已映射的 SQL 语句：

```
SqlSession session = sqlSessionFactory.openSession () ;
    Blog blog = (Blog) session.selectOne ("org.mybatis.example.BlogMapper.selectBlog",
101) ;
```

从代码中并没有看到执行的 SQL 语句，这是因为 MyBatis 通过反射机制，执行了映射文件中定义的 selectBlog 对应的 SQL 语句。下列代码是 BlogMapper. xml 中的内容：

```xml
<? xml version = "1.0" encoding = "UTF- 8" ? >
<! DOCTYPE mapper
    PUBLIC "- //mybatis.org//DTD Mapper 3.0//EN"
    "http://mybatis.org/dtd/mybatis- 3- mapper.dtd">
<mapper namespace = "org.mybatis.example.BlogMapper">
    <select id = "selectBlog" resultType = "Blog">
        select *  from Blog where id = #{id}
    </select>
</mapper>
```

从这个文件中，可以看到 selectBlog 对应的 SQL 语句是"select ＊ from Blog where id = #｛id｝"，执行的过程中需要传入参数 id，返回结果 Blog。Blog 是用户定义的 Java POJO 对象，这样就完成了数据库记录和类之间的映射。操作类对象，实质就是操作数据库中的数据。

2. XML 映射文件

使用 MyBaits 的核心就是编写 XML 映射文件。MyBatis 的真正强大在于它的语句映射。下面简要介绍下用法。

（1）select。查询语句是 MyBatis 中最常用的元素之一，下面展示 select 的用法：

```
<select id = "selectPerson" parameterType = "int" resultType = "hashmap">
  SELECT *  FROM PERSON WHERE ID = #{id}
</select>
```

上述代码中，select 元素中的 id 属性为 selectPerson，映射文件中 id 属性值具有唯一性，parameterType 指定查询语句输入参数的类型，这个例子中是一个整数类型接受一个 int（或 Integer）类型的参数。resultType 是执行结果的类型。

（2）insert、update 和 delete。数据变更语句 insert、update 和 delete 的实现非常接近，样例代码如下：

```
<insert id = "insertAuthor" parameterType = "Author">
  insert into Author (id, username, password, email, bio)
  values (#{id}, #{username}, #{password}, #{email}, #{bio})
</insert>
<update id = "updateAuthor" parameterType = "Author">
  update Author set
    username = #{username},
    password = #{password},
    email = #{email},
    bio = #{bio}
  where id = #{id}
</update>
<delete id = "deleteAuthor" parameterType = "int">
  delete from Author where id = #{id}
</delete>
```

从上述代码中可以看出，添加和更新需要传入一个 Author 对象，删除则需要传入记录的主键 id。

3. 结果映射

通常 POJO 对象的属性名和数据表的字段是一一对应的，因此返回的结果可以直接映射到 Java 实体类：

```
<select id = "selectBlog" resultType = "Blog">
```

但是，如果对象属性和数据表字段名不一致或者要实现一对多或者多对多的效果时，就需要用到 resultMap。

首先需要定义 resultMap，样例代码如下：

```
<resultMap id = "rm" type = "Author">
  <id property = "id" column = "id" />
  <result property = "docId" column = "doc_id"/>
</resultMap>
```

resultMap 的属性如下：

- id：用来唯一标识这个 resultMap，在同一个 Mapper. xml 中不能重复用。

- type：指定 JavaBean 的类型，可以是全类名，也可以是别名。

子标签 result 的属性如下：

- column：SQL 返回的字段名称。

- property：JavaBean 中属性的名称。

定义完 resultMap 后，就可以将结果映射到 resultMap 上：

```
<select id = ' selectAuthors'  resultMap = ' rm' >
    select*  from Author;
</select>
```

4. 动态 SQL

动态 SQL 是 MyBatis 的强大特性之一。动态 SQL 通过以下元素实现。

（1）if 标签。请看如下代码：

```
<select id = "findActiveBlogWithTitleLike"
    resultType = "Blog">
  SELECT *  FROM BLOG
  WHERE state = ' ACTIVE '
  <if test = "title ！ = null">
    AND title like #{title}
  </if>
</select>
```

这条代码提供了可选的查找文本功能。如果不传入 title 参数，那么所有处于 AC-TIVE 状态的 Blog 都会返回；如果传入了 title 参数，那么就会对 title 一列进行模糊查找并返回对应的 Blog 结果。

（2） choose、when、otherwise 标签。请看如下代码：

```
<select id = "findActiveBlogLike"
    resultType = "Blog">
  SELECT *  FROM BLOG WHERE state = 'ACTIVE'
  <choose>
    <when test = "title ！ = null">
      AND title like #{title}
    </when>
    <when test = "author ！ = null and author.name ！ = null">
      AND author_name like #{author.name}
    </when>
    <otherwise>
      AND featured = 1
    </otherwise>
  </choose>
</select>
```

此处借用之前的例子，但是策略变为"传入了 title 参数就按 title 查找，传入了 author 参数就按 author 查找"的情形。若两者都没有传入，就返回标记为 featured 的 Blog。

（3） foreach 标签。请看如下代码：

```
<select id = "selectPostIn" resultType = "domain.blog.Post">
  SELECT *
  FROM POST P
  WHERE ID in
  <foreach item = "item" index = "index" collection = "list"
      open = " (" separator = ", " close = ") ">
        #{item}
  </foreach>
</select>
```

可以将任何可迭代对象（如 List、Set 等）、Map 对象或者数组对象作为集合参数传递给 foreach。当使用可迭代对象或者数组时，index 是当前迭代的序号，item 的值是本次迭代获取到的元素。当使用 Map 对象（或者 Map. Entry 对象的集合）时，index 是键，item 是值。

第三节 云应用架构设计

考核知识点及能力要求：

● 熟悉 OpenStack 和 Kubernetes 的架构设计。

● 熟悉架构模式的思想。

一、架构设计概述

架构（architecture）这个词来源于建筑学。在建筑建造出来或者产品加工出来之前，设计人员用图纸来描述自己的设计意图，可以让他人快速理解整个体系，指导一系列的细节设计。[①]

架构根据上下文理解有两种含义：①一个系统的形式化描述或指导系统实现的详细计划；②一组构件的结构、构件间的相互关系，以及对这些构件的设计和随时间演进的过程进行治理的一些原则和指导策略。

架构设计是从业务需求到系统实现的一个转换，是对需求进一步深入分析的过程，用于确定系统中实体与实体的关系，以及实体的形式与功能。可根据从业务到系统实现的不同需求分为业务架构、应用架构、数据架构、技术架构。

---

① 叶飞，金宗安，李家兵. 三种云计算架构设计模式分析与研究［J］. 湖北开放职业学院学报，2020（11）.

下面分别介绍云管平台 OpenStack 和 Kubernetes 的架构设计。

（一）OpenStack 架构设计

OpenStack 既是一个社区，也是一个项目和一个开源软件。它提供开放源码软件，建立公有云和私有云；它提供了一个部署云的操作平台或工具集，其宗旨在于帮助组织运行用于虚拟计算或存储服务的云，为公有云、私有云、大云、小云提供可扩展的、灵活的云计算。

OpenStack 开源项目由社区维护，包括 OpenStack 计算（Nova）、OpenStack 对象存储（Swift）和 OpenStack 镜像服务（Glance）。OpenStack 提供了一个操作平台和工具包，用于编排云。

整个 OpenStack 是由控制节点、计算节点、网络节点、存储节点四大部分组成。

1. 控制节点

负责对其余节点的控制，包含虚拟机建立、迁移、网络分配、存储分配等。控制节点的服务包括管理支持服务、基础管理服务和扩展管理服务。管理支持服务包含 MySQL 与 Qpid 两个服务，具体见表 5-4。

表 5-4 管理支持服务

服务名称	描述
MySQL	数据库作为基础/扩展服务产生的数据存放的地方
Qpid	消息代理（也称消息中间件）为其他各种服务之间提供了统一的消息通信服务

基础管理服务包含 Keystone、Glance、Nova、Neutron 和 Horizon 五个服务，具体见表 5-5。

表 5-5 基础管理服务

服务名称	描述
Keystone	认证管理服务，提供了其余所有组件的认证信息和令牌的管理、创建、修改等，使用 MySQL 作为统一的数据库
Glance	镜像管理服务，提供了对虚拟机部署时所能提供的镜像的管理，包含镜像的导入、格式和制作相应的模板
Nova	计算管理服务，提供了对计算节点的 Nova 的管理，使用 Nova-api 进行通信

续表

服务名称	描述
Neutron	网络管理服务，提供了对网络节点的网络拓扑管理，同时提供 Neutron 在 Horizon 的管理面板
Horizon	控制台服务，提供了以 Web 的形式对所有节点的所有服务的管理，通常把该服务称为 Dashboard

扩展管理服务包含 Cinder、Swift、Trove、Heat、Ceilometer 五个服务，具体见表 5-6。

表 5-6　　　　　　　　　　　　　　扩展管理服务

服务名称	描述
Cinder	提供管理存储节点的 Cinder 相关服务
Swift	提供管理存储节点的 Swift 相关服务
Trove	提供管理数据库节点的 Trove 相关服务
Heat	提供了基于模板来实现云环境中资源的初始化、依赖关系处理、部署等基本操作，也可以解决自动收缩、负载均衡等高级特性
Ceilometer	提供对物理资源以及虚拟资源的监控，并记录这些数据，对该数据进行分析，在一定条件下触发相应动作

2. 计算节点

见表 5-7，计算节点负责虚拟机运行，包含 Nova、Neutron、Telemetry 三个服务。计算节点包含最少两个网络端口 eth0 和 eth1。eth0 负责与控制节点进行通信，受控制节点统一调配；eth1 负责与网络节点、存储节点进行通信。

表 5-7　　　　　　　　　　　　　　计算节点服务

服务范围	服务名称	描述
基础服务	Nova	提供虚拟机的创建、运行、迁移、快照等各种围绕虚拟机的服务，并提供 API 与控制节点对接，由控制节点下发任务
	Neutron	提供计算节点与网络节点之间的通信服务
扩展服务	Telemetry	提供计算节点的监控代理，将虚拟机的情况反馈给控制节点，是 Ceilometer 的代理服务

3. 网络节点

网络节点负责外网络与内网络之间的通信。网络节点仅包含 Neutron 服务，负责管理私有网段与公有网段的通信，以及管理虚拟机网络之间的通信和拓扑、管理虚拟机之上的防火墙等。网络节点包含三个网络端口 eth0、eth1 和 eth2。eth0 用于与控制节点进行通信；eth1 用于与除了控制节点之外的计算或存储节点之间的通信；eth2 用于外部的虚拟机与相应网络之间的通信。

4. 存储节点

如图 5-7 所示为 OpenStack 架构。存储节点负责管理虚拟机的额外存储，包含 Cinder、Swift 等服务。存储节点最少包含两个网络接口 eth0 和 eth1。eth0 与控制节点进行通信，接受控制节点任务，受控制节点统一调配。eth1 与计算节点进行通信，完成控制节点下发的各类任务。

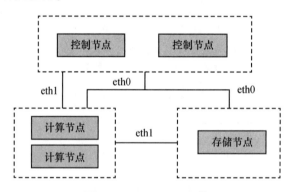

图 5-7　OpenStack 架构

（二）Kubernetes 架构设计

Kubernetes（K8s）是自动化容器操作的开源平台。这些容器操作包括部署、调度和节点集群间扩展。如图 5-8 所示为 Kubernetes 架构。

一个 K8s 集群由 Master 节点和 Node 节点两部分构成。Master 节点主要负责集群的控制、对 Pod 进行调度、令牌管理等功能，主要由 etcd、API Server、Controller Manager 和 Scheduler 四个模块组成。如图 5-9 所示为 Master 节点结构。

1. API Server

API Server 对外暴露 K8s 的 API 接口，是外界进行资源操作的唯一入口，并提供

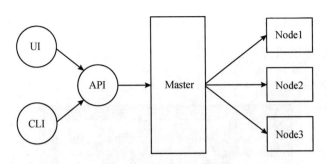

图 5-8　**Kubernetes 架构**

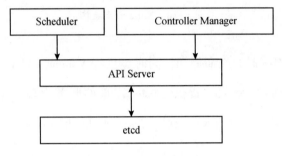

图 5-9　**Master 节点结构**

认证、授权、访问控制、API 注册和发现等机制。

2. etcd

etcd 是 K8s 提供的一个高可用的键值数据库，用于保存集群所有的网络配置和资源对象的状态信息，即保存整个集群的状态。数据变更都是通过 API Server 进行的。

3. Scheduler

Scheduler 负责资源的调度，按照预定的调度策略将 Pod 调度到相应的机器上。Pod 调度即监视新创建的 Pod，如果没有分配节点，就选择一个节点供它们运行。

4. Controller Manager

Controller Manager 负责维护集群的状态，如故障监控、自动扩展、滚动更新等。每个资源一般都对应一个控制器，这些 Controller 通过 API Server 实时监控各个资源的状态，Controller Manager 就是负责管理这些控制器的。

如图 5-10 所示为 Node 节点结构。Node 上运行着 Master 分配的 Pod，Pod 是一个 Kubernetes 抽象，表示一组中一个或多个应用程序容器。当一个 Node 宕机，其上的

Pod 会被自动转移到其他 Node 上。每一个 Node 节点都安装了 Node 组件，可以是虚拟机器，也可以是物理机器，具体取决于集群。包括 kubelet、kube proxy、Container Runtime。

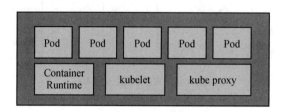

图 5-10　Node 节点结构

kubelet 负责维护容器的生命周期，同时也负责 Volume（CSI）和网络（CNI）的管理。kube proxy 负责为 Service 提供 Cluster 内部的服务发现和负载均衡。Container Runtime 为容器运行环境，目前 K8s 支持 Docker 和 rkt 两种容器。

二、常用架构模式

架构模式是针对特定软件架构场景常见问题的通用、可重用的解决方案。架构模式类似于软件设计模式，但范围更广。下面小节将介绍云应用开发中常用的架构模式。

（一）端口适配器模式

端口适配器模式是一种具有对称性特征的架构风格。在这种模式中，系统通过适配器的方式与外部交互，将应用服务封装在系统内部。

端口是对其消费者无感知进入或离开应用的入口或出口。在许多编程语言里，端口就是接口。在应用中，可以直接把接口当成入口或出口使用，不用去关心它的具体实现。

适配器是将一个接口转换（适配）成另一个接口的类。适配器分为主适配器和从适配器。

如图 5-11 所示，业务逻辑的左侧的适配器被称为主适配器或者主动适配器（Driving Adapter），它们发起了对应用的一些操作。它代表用户如何使用应用，从技术上来说，它们接收用户输入，调用端口并返回输出。同一个端口可能被多种适配器调用。而业务逻辑右侧表示和后端工具链接的适配器，被称为从适配器或者被动适配器（Driven Adapter），它们只会对主适配器的操作作出响应。它是实现应用的出口端口，向外部工具执行操作。

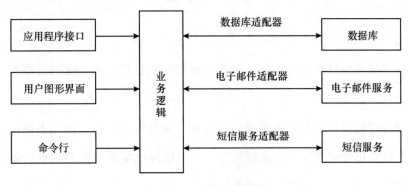

图 5-11　端口适配器模式

使用这种应用位于系统中心的端口适配器模式，可以保持应用和技术、工具、传达机制之间的隔离。它还让可重用的概念更容易、更快速地得到验证并被创建出来。

（二）管道过滤器模式

管道过滤器模式是一种面向数据流的软件体系，结构如图 5-12 所示，主要由管道和过滤器组成。

图 5-12　管道过滤器模式

管道过滤器模式最典型的应用是编译系统。编译系统主要包括词法分析、语法分析、语义分析、优化、生产目标代码等过程。可以将每个过程看作一个过滤器，通过管道进行连接，最后将源程序编译成目标代码。

1. 过滤器

过滤器如图 5-13 所示，主要功能为从输入接口中读取数据，然后经过特定的处理，将结果数据置于输出接口。过滤器是一个独立的实体，只负责自身的处理，不用考虑其他过滤器的输入和输出数据。

图 5-13　过滤器

2. 管道

管道是连接各个过滤器的组件，负责过滤器间数据的传输，充当过滤器之间数据流的通道。

管道过滤器模式可以很好地实现功能分解，通过将不同的功能用不同的过滤器进行实现，然后再用管道将各个过滤器相连，可以很好地实现封装与功能分解。利用管道过滤器模式架构开发的软件，可以很好地进行移植，提高了软件模块的重用性，同时也可以方便地将某一个旧过滤器用一个新过滤器进行更换，实现功能的修改或者更新，而不用修改软件项目中其他的过滤器。

利用管道过滤器模式主要表现为如下三个优点：

● 符合高内聚、松耦合的设计原则。

● 支持某些特定的分析，如吞吐量计算、死锁检测等。

● 支持并行执行。每个过滤器是一个独立的实体，可以单独运行，不受其他过滤器影响。

当然，管道过滤器模式也存在着不足。第一，不适合处理交互的应用。第二，传输的数据没有标准化，所以读入数据和输出数据存在着格式转换等问题，会导致性能的降低。

（三）面向服务架构模式

面向服务架构模式将应用程序的不同功能单元（服务）进行拆分，并通过这些服务之间定义良好的接口和协议联系起来。接口是采用中立的方式进行定义的，它应该独立于实现服务的硬件平台、操作系统和编程语言。这使得构建在各种各样的系统中的服务可以以一种统一和通用的方式进行交互。

传统的架构、软件包被编写为独立的软件，即在一个完整的软件包中将许多应用程序功能整合在一起。实现整合应用程序功能的代码通常与功能本身的代码混合在一起。与此密切相关的是，更改一部分代码将对使用该部分代码的代码具有重大影响，这会造成系统的复杂性，并增加维护系统的成本。

1. 面向服务架构模式的优势

面向服务架构模式旨在将单个应用程序功能彼此分开，以便这些功能可以单独用作应用程序功能或组件。面向服务架构模式的优点主要有如下三点：

- 可通过互联网服务器发布，从而突破企业内网的限制。
- 与平台无关，减少了业务应用实现的限制。
- 具有松耦合特点，业务伙伴对整个业务系统的影响较低。

2. 面向服务架构模式中的角色

在面向服务架构模式中有三种角色，分别是服务提供者、服务注册中心和服务使用者：

- 服务提供者：发布自己的服务，并且对服务请求进行响应。
- 服务注册中心：注册已经发布的 Web Service，对其进行分类，并提供搜索服务。
- 服务使用者：利用服务中心查找所需要的服务，然后使用该服务。

3. 面向服务架构模式中的操作方法

在面向服务架构模式中有三种操作，包括发布、查找和绑定。

（1）发布操作。为了使服务可访问，需要发布服务描述，使服务使用者可以发现它。

（2）查找操作。服务请求者定位服务，方法是在服务注册中心查询，找到满足其标准的服务。

（3）绑定操作。在检索到服务描述之后，服务使用者继续根据服务描述中的信息来调用服务。

在云计算平台开发中，各个应用都需要进行用户身份验证，这就需要用到统一身份认证。将身份认证这一功能模块发布成一种服务，当用户在某个应用需要验证身份时，应用通过服务注册中心查找该服务，完成服务的绑定。

（四）发布订阅模式

发布订阅模式属于设计模式中的行为模式。

在软件架构中，发布订阅是一种消息范式，如图5-14所示，消息发布者不会将消息直接发送给消息订阅者，而是通过消息通道广播出去，让订阅消息主题或内容的订阅者接收到。

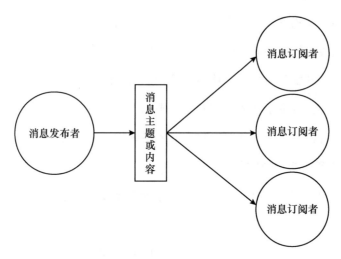

图5-14　发布订阅模式

订阅者通常接收所有发布的消息的一个子集。选择接受和处理消息的过程被称作过滤。有两种常用的过滤形式——基于主题的过滤和基于内容的过滤。

在基于主题的系统中，消息被发布到主题或命名通道上。订阅者将收到其订阅主题上的所有消息，并且所有订阅同一主题的订阅者将接收到同样的消息。发布者负责定义订阅者所订阅的消息类别。

在基于内容的系统中，订阅者定义其感兴趣的消息的条件，只有当消息的属性或内容满足订阅者定义的条件时，消息才会被投递到该订阅者。订阅者需要负责对消息进行分类。

发布订阅模式最大的特点就是实现了松耦合。发布订阅模式中统一由调度中心进行处理，订阅者和发布者互不干扰，消除了发布者和订阅者之间的依赖。

当然这种松耦合也是发布订阅模式最大的缺点，因为需要调度中心，增加了系统的复杂度。而且消息发布者无法实时知道发布的消息是否被每个订阅者接收到，从而增加了系统的不确定性。

（五）领域驱动设计模式

领域驱动设计模式是一种通过将实现连接到持续进化的模型来满足复杂需求的软件开发方法。

在进行领域驱动设计实战前，一定要熟悉业务，不熟悉业务无法把业务模型翻译成领域模型。理解业务，站在业务方和产品角度，才能梳理系统业务的所有细节，明白每一个业务细节点。[①]

在梳理业务过程中会把业务每一个具体的点都给罗列出来，通过对业务的理解进行抽象，把相关性的业务点进行分组聚合。

在经过业务抽象之后，业务模型已经清晰明了，只需要把业务模型经过简单翻译映射成领域模型即可。

1. 领域驱动设计架构

领域驱动设计没有特定的架构风格，它的核心思想是领域模型驱动业务，常见的领域驱动设计架构有经典的三层架构（如图5-15所示）。

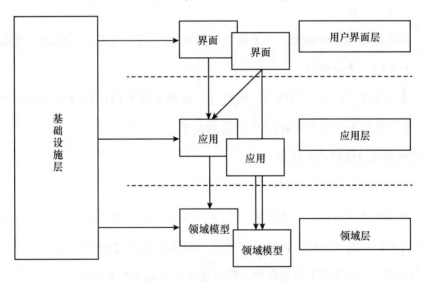

图 5-15　领域驱动设计架构

（1）用户界面层（或称表示层）：负责向用户显示信息和解释用户指令。这里的用户，既可以是使用用户界面的人，也可以是另外一个计算机系统。

---

① 贾子甲，钟陈星，周世旗. 领域驱动设计模式的收益与挑战：系统综述 [J]. 软件学报，2021 (09).

（2）应用层：定义软件要完成的任务，并且指挥表达领域概念的对象来解决问题。这一层实际上是系统与应用层进行交互的必要渠道。

（3）领域层：负责表达业务概念、业务状态信息和业务规则。尽管技术细节由基础设施层实现，但业务情况状态的反映则需要有领域层进行控制。领域层是业务软件的核心。

而基础设施层为上面各层提供通用的技术能力。此外，还能为应用层传递消息，为领域层提供持久化机制，为用户界面层绘制屏幕组件等。基础设施层还能够通过架构框架来支持四个层次间的交互模式。

2. 领域驱动设计模式的特点

领域驱动设计模式具有如下四个特点。

（1）根据业务模型设计系统。不是通过数据库等数据源驱动设计，而是根据业务语义抽象梳理设计成领域模型。

（2）数据模型统一。通过真实业务背景，梳理出业务模型形成出参、入参、中间属性，收口统一为领域模型。

（3）业务模型与数据源无关。无论数据源数据结构怎么变、数据源怎么换，业务模型统一无感知，无须变更。

（4）业务操作高内聚、松耦合。所有这个域的操作都内聚在这个 Model 中，不会存在同一个业务行为在多个 Service 中出现的现象。

3. 领域驱动设计模式的优势

领域驱动设计模式具有如下四种优势。

（1）系统演进更方便。随着业务的变化，系统设计也要演进升级。好的架构设计一定是演化来的，不是一开始就设计出来的，但系统演进过程中的成本，一定是最开始的设计决定的。在领域驱动设计中，领域模型是系统架构的内核。

（2）业务复杂性变化的演进。领域模型可能是简单新增属性或行为就能支撑整体的业务发展。当业务演进出一个新功能时，系统各个方面可能都要同时改造支撑。在领域驱动中，系统的领域模型是同一套，只需在领域层进行改造，即可同时支撑多端。

（3）业务数据量变化的演进。业务数据量变化后，现有的架构往往很难支持业务的发展，一定会进行新的技术选型支持业务。在领域驱动设计中，领域模型为内核，在内核外的一层是代理层，通过这层代理来抽象、透明化掉业务模型对系统底层设计的感知，使业务代码全程透明无感知。

（4）更方便测试。领域驱动设计思想是天然地在代码上把纯函数和普通函数区分开，对于测试 Mock 数据或者切换数据源是非常方便和友好的。

4. 领域驱动设计模式的劣势

当然，领域驱动设计模式也不是完美的，它存在以下两个劣势。

（1）系统改造成领域驱动设计的过程比较复杂。常用的架构基本都是 MVC 三层架构方式，在常用的 MVC 三层架构中，基本所有的业务逻辑都在业务层中，并且是按业务功能属性设计的。如果要进行领域驱动设计思想开发，需要打破原有的设计，有些部分还需要进行重构设计。

（2）团队开发不熟悉领域驱动设计的思想转变较为困难。一个开发团队如果之前对领域驱动设计没有了解，推进领域驱动设计并使之或对团队产生影响将是一个艰难的过程。

思考题

1. 什么是前后端分离？前后端分离具有怎样的优点？

2. 简述前端库和框架的区别。

3. 简述 Vue 中 MVVM 工作模式。

4. 简述 Vue 中数据双向绑定的原理。

5. 简述 Spring 中依赖注入的方式。

6. 简述 Spring Boot 和 Spring 的区别。

7. 简述 Spring Cloud 的功能和常用的组件。

第六章
云计算平台应用理论知识

　　云计算平台主流服务是提供计算、存储、网络和容器的应用，近十年云计算技术飞速发展，云计算平台开始普及应用。各级政府推出了一系列鼓励企业应用上云的政策，特别是金融、电子商务、移动社交、游戏行业等业务率先上云。云计算企业根据行业应用分析和行业需求分析，提出了相应的解决方案，制定了高效的应用方案。

　　容器技术使云计算平台应用得到广泛使用，编排工具为企业上云提供了可行性方案。以容器、持续交付、DevOps 以及微服务为代表的云原生技术已成为 IT 技术发展方向。

　　云计算平台分为私有云、公有云和混合云，不同的行业对云计算平台需求不同，本章对云计算平台应用需求分析、设计上云架构、优化部署方案、资源优化方案等做出了举例说明。

第一节　云计算平台主流服务应用

考核知识点及能力要求：

- 掌握镜像、弹性伸缩、负载均衡等计算知识。

- 掌握对象存储、块存储、分布式存储等存储知识。

- 掌握 VPC、安全组、防火墙、VPN 等网络知识。

- 掌握容器镜像、仓库、定制镜像等容器知识。

- 能够应用云计算平台计算、存储、网络、容器服务。

服务本质上就是提供给用户满足其需求的一种功能，应用就是集合了多种服务提供更多功能，而云计算平台融合了多种服务应用以满足各行各业的需求，下面介绍主流的云计算平台服务应用。

一、计算服务应用

云计算服务应用是云计算平台提供的虚拟机服务之一。虚拟机运行在真实物理服务器上，由硬件虚拟化技术虚拟出的 CPU、内存、硬盘等设备组合而成。一台物理服务器可以隔离分割出许多台虚拟机，这些虚拟机和真实的物理机器使用起来一模一样。它们不仅节省了硬件采购成本与电能的消耗，也降低了维护的工作量，而云计算平台最主要的任务就是把这些虚拟机分发给用户使用，因此虚拟机是云计算平台提供的最基本也是最核心的服务应用。虚拟机结构如图 6-1 所示。

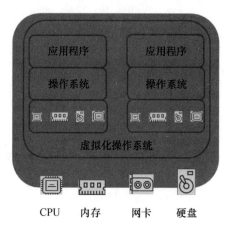

CPU　　内存　　网卡　　硬盘

图 6-1　虚拟机结构

（一）镜像应用

镜像是一种冗余技术，它为磁盘提供保护功能，防止磁盘发生故障而造成数据丢失，并提供完整的数据冗余功能。当一个数据副本失效不可用时，外部系统仍可正常访问另一副本，不会对应用系统的运行和性能产生影响。而且，镜像不需要额外的计算和校验，其对故障修复非常快，直接复制即可，且镜像技术可以从多个副本进行并发读取数据，提供更高的读 I/O 性能。但镜像技术不能实现并行写数据，写多个副本会导致一定的 I/O 性能降低。

1. 适用格式和场景

在云计算平台上，虚拟机要想部署成功，必须要和镜像搭配使用，不然用户分配到的就只是资源池中的一些硬件资源，就像一台只有一堆硬件却没有安装操作系统的计算机一样，没有办法正常使用。所谓镜像文件是将特定的一系列文件按照一定的格式制作成单一的文件，方便用户下载和使用。例如，OpenStack 云计算平台最常用的镜像格式是 RAW 和 QCOW2 格式。

2. 镜像的作用

镜像相当于云服务器的"装机盘"，它提供了启动云服务器所需的所有信息，其目的是创建云服务器，批量部署软件环境。系统盘镜像包含运行业务所需的操作系统、应用软件，数据盘包含业务数据。整机镜像是系统盘镜像和数据盘镜像的总和，系统盘镜像或整机镜像可以创建新的服务器，数据盘镜像可以创建新的磁盘，实现业务迁移。镜像适用于以下场景——服务器上云或云上迁移、部署特定软件环境、批量部署软件环境和服务器运行环境备份等。可以把本地或者其他云计算平台的服务器数据盘导入至镜像文件中，系统盘也可以制作成镜像。完成后，可使用制作的镜像创建新的云硬盘。

3. 镜像分类

以华为云为例，根据镜像来源不同，可分为公共镜像、市场镜像、私有镜像和共享镜像。

（1）公共镜像。这是一种常见的标准操作系统镜像，所有用户可见，包括操作系统以及预装的公共应用。公共镜像具有高度稳定性，皆为正版授权，可用性和安全性较高，可放心免费使用。

（2）市场镜像。是提供预装操作系统、应用环境和各类软件的优质第三方镜像。无需配置，可一键部署，从而满足建站、应用开发、可视化管理等个性化需求。市场镜像的可用性和安全性较高，其收费与否取决于镜像上传者。

（3）私有镜像。私有镜像包含操作系统或业务数据、预装的公共应用以及用户的私有应用，仅用户个人可见。私有镜像的可用性和安全性等级较高，并且私有镜像可以免费使用。

（4）共享镜像。用户可以接收云计算平台其他用户共享的私有镜像，并作为自己的镜像进行使用。共享镜像虽然可以免费使用，但是可用性和安全性较低。

在实际选择时，有以下简单的判断原则：

- 如果需要一个纯净版 OS，则选择公共镜像。
- 如果需要一个完整的软件环境，如 Magento 电子商务系统，则选择市场镜像。
- 如果希望基于当前云服务器实例复制新实例，则选择私有镜像。
- 如果想使用别人共享的镜像，则选择共享镜像。

（二）应用部署

各种应用部署的发展历史大致可分为如下三个阶段。

1. 物理机部署

早期的互联网公司在一般情况下都使用纯粹的物理机部署应用（如图6-2所示）。如果一台服务器配置为32核CPU、64 G内存，若这种配置只安装一个应用，那就太浪费了。于是，人们开始把多个应用进程、数据库、Cache进程等都部署在同一个物理服务器上。这样虽然能让昂贵的物理机物尽其用，但是这种方式有一个致命的问题，那就是进程与进程之间会抢占资源。如果某个进程已经占用了大部分的资源，那么其他的资源就不能提供服务。甚至如果物理机系统发生异常，光是日志记录就把硬盘填满了，那所有的进程都要结束。虽然进程间抢占资源的个例数不胜数，但解决方法很简单——进程间资源隔离，而虚拟机技术的出现正好解决了这个问题。

图6-2 物理机部署方式

2. 虚拟机部署

虚拟机通过硬件虚拟化，即每台虚拟机事先从物理机分配好CPU核数、内存和磁盘，每台虚拟机一般只部署一个应用（如图6-3所示），这样就解决了进程间资源隔离的问题。不同的虚拟机运行不同的进程，这样就杜绝了资源冲突现象。同时，一台物理服务器还能部署多台虚拟机，部署的多台虚拟机依靠虚拟机管理系统进行管理。

虽然虚拟机技术彻底解决了物理机部署的缺陷，但是虚拟机同样也存在缺陷。在大集群部署情况下，软件的版本比较容易混乱。大应用集群的虚拟机第一次安装时，系统镜像都是一样的，所以初始阶段的软件版本和

图6-3 虚拟机部署方式

依赖库是统一的。随着时间的推移，一些开源的软件需要逐步升级，于是运维人员开始批量升级集群里软件版本，批量升级的时候比较容易升级失败。同时，有些开发人员因为自己的需要，也会对某些集群中的虚拟机的软件版本或者配置做一些微调。长此以往，一个应用的集群里的虚拟机软件版本和配置逐渐碎片化，当出现问题的时候，

在排查基础软件层面过程中，软件版本碎片化的问题就会导致排查变得很困难。为了解决这个问题，容器部署就出现了。

3. 容器部署

容器部署技术有很多，但是最具代表性的还是 Docker。以 Docker 为例，对应用集群部署时，每台机器首先会拉取指定版本的镜像文件。安装镜像后产生了 Docker 容器。由于所有机器都使用同一个基础镜像，所以容器的软件版本是一样的。即使开发或者运维过程中修改了容器的软件版本，但是容器销毁时，所有软件改动都会随容器的销毁一起消失。如果容器要升级软件版本，那就直接修改基础镜像文件，这样部署时集群内的软件版本就全部一样了，软件版本混乱的问题也就解决了。

虽然容器能使虚拟资源彻底隔离，但是目前把虚拟机和 Docker 搭配起来使用效果比较好（如图 6-4 所示）。

（三）弹性伸缩

在传统模式下，如果遇到业务突增或 Challenge Collapsar 攻击（一种常见的网站攻击方法）该如何应对？一种应对方法是按高峰访问量预估资源，但平时访问量很少达到高峰，就会造成投入资源的浪费。而如果人工守护则需要频繁处理容量告警，需要多次手动变更，这又会造成人力资源的浪费。

图 6-4　容器部署方式

云计算平台的弹性伸缩（Auto Scaling，AS）就可以根据业务的需求和策略（如图 6-5 所示）自动调整计算资源，确保有适量的实例来处理应用程序负载。实际应用中，只需事先设置好扩容条件和缩容条件，弹性伸缩会在需求上升达到扩容条件时，自动增加使用的服务器数量以维护性能；在需求下降达到缩容条件时，根据缩容策略减少服务器数量，降低成本。通过使用弹性伸缩，集群可以永远保留恰到好处的资源量，使集群处于健康状态。

1. 弹性伸缩场景分类

以华为云为例，弹性伸缩场景主要分为弹性扩张、弹性收缩和弹性自愈。

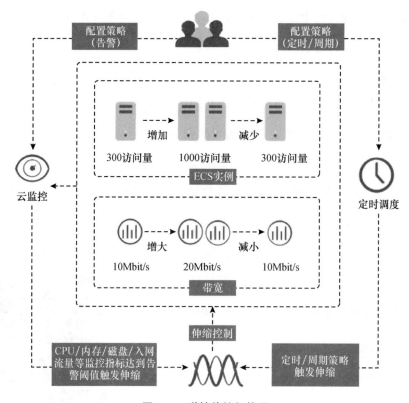

图 6-5　弹性伸缩架构图

（1）弹性扩张。当业务升级时，弹性伸缩自动完成底层资源升级，避免访问延时和资源超负荷运行。

（2）弹性收缩。当业务需求下降时，弹性伸缩自动完成底层资源释放，避免资源浪费。

（3）弹性自愈。弹性伸缩提供健康检查功能，自动监控伸缩组内的云服务器实例的健康状态，避免伸缩组内健康云服务器实例数低于设置的最小值。

2. 弹性伸缩的优势

弹性伸缩可以使云服务器的配置更灵活，更加广泛地使用云计算服务，下面列举了弹性伸缩的优势。

（1）自动化。可以利用云监控和策略，做到无需人工干预，免去人工部署负担。主要通过设置策略完成。

（2）省成本。适量伸缩实例，节省成本，提高设备利用率。

（3）容错性。系统自动监测，及时排错，一旦发现异常，自动复制出健康的实例，替换异常实例，确保应用程序获得预期的计算容量。

（四）自定义镜像

从一个实例的系统盘快照，可以创建自定义镜像。当需要大规模复制同样的云服务器时，自定义镜像是必不可少的，自定义镜像是可水平扩展的 Web 层自动伸缩服务的基础。

通过已创建的自定义镜像，可以一次性开通多台已完全拷贝相同操作系统及环境数据的云服务器实例来满足弹性扩容的业务需求，还可以把线下环境的镜像文件导入到服务器集群中生成一个自定义镜像，甚至还可以把自定义镜像复制到其他地域。CentOS 官方提供了 GenericCloud 供下载使用，但是由于不知道用户名与密码，因此无法使用该虚拟机镜像直接访问。所以在制作私有镜像的时候，通常使用的方法是基于公有镜像修改 root 用户的密码，并生成快照制作镜像。

（五）镜像优化

Guestfish 是 libguestfs 项目中的一个工具软件，它提供了修改镜像内部配置的功能。它不需要把镜像挂接到本地，而是为用户提供一个 Shell 接口，用户从此可以查看、编辑和删除镜像内的文件。Guestfish 提供了结构化的 libguestfs API 访问，可以通过 Shell 脚本、命令行或交互方式访问。用 Guestfish 打开虚拟机镜像内部文件后，可修改镜像中的文件系统、文件权限、分区设置等配置，使镜像能满足各种需求。

二、存储服务应用

当前出现了很多在线存储和网盘等应用，但这类应用只是云存储服务应用中的一部分，下面列出几种常见的云存储应用。

（一）数据存储

数据存储对象包括数据流在加工过程中产生的临时文件或加工过程中需要查找的信息。数据以某种格式记录在计算机内部或外部存储介质上。数据存储需要命名，这种命名要反映信息特征的组成含义。数据流反映了系统中流动的数据，表现出动态数据的特征；数据存储反映了系统中静止的数据，表现出静态数据的特征。

(二) 对象存储

对象存储，也称为基于对象的存储，是一种扁平化存储结构，其中的文件被拆分成多个部分，并散布在多个硬件。在对象存储中，数据会被分解成称为"对象"的离散单元，并保存在单个存储库中，而不是作为文件夹中的文件或服务器上的块来保存。

对象存储服务（Object Storage Service，OSS）如图 6-6 所示，提供了海量、安全、高可靠、低成本的数据存储功能，可供用户存储任意类型和大小的数据。其适合企业备份和归档、视频点播、视频监控等多种数据存储场景。

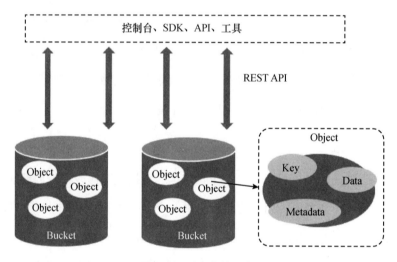

图 6-6　对象存储服务

对象存储服务 OSS 是由桶和对象组成。桶是对象存储中数据存储的基本单位，一个对象实际是一个文件的数据与其相关属性信息的集合体，包括 Key、Metadata、Data 三个部分。Key（键值），即对象的名称，是经过 UTF-8 编码的长度大于 0 且不超过 1 024 的字符序列。一个桶里的每个对象必须拥有唯一的对象键值。Metadata（元数据），即对象的描述信息，包括系统元数据和用户元数据，这些元数据以键值对（Key-Value）的形式被上传到对象存储中。Data（数据），即文件的数据内容。对象存储还提供了三种存储类别，分别为标准存储、低频访问存储和归档存储，从而满足客户业务存储性能、成本的不同诉求。

对象存储服务 OSS 常用于大数据分析、静态网站托管、在线视频点播、基因测序、智能视频监控、备份归档、HPC、企业网盘（云盘）等业务。

OpenStack Object Storage（Swift）是 OpenStack 开源云计算项目的子项目之一，因为它没有中心单元或主控结点，所以拥有强大的扩展性、冗余性和持久性。Swift 并不是文件系统或者实时的数据存储系统，这些数据可以检索、调整，必要时进行更新。最适合存储的数据类型是虚拟机镜像、图片存储、邮件存储和存档备份。

Swift 应用场景为大数据分析、静态网站托管、企业云盘、备份归档、互联网领域的存储。

（三）块存储

块存储会将数据拆分成块，并单独存储各个数据块。每个数据块都有一个唯一标识符，数据可以存储在 Linux 系统环境中，也可以存储在 Windows 系统单元中。

块存储 API 和调度程序服务通常在控制器节点上运行。根据使用的驱动程序，卷服务可以在控制器节点、计算节点或独立存储节点上运行。

私有云中，Cinder 是 OpenStack 中提供块存储服务的组件，主要是为虚拟机实例提供虚拟磁盘，在 OpenStack 中提供对卷从创建到删除整个生命周期的管理。

公有云中，云硬盘就是一种典型的块存储服务。如共享云硬盘，即一个云硬盘可以被多个云服务器或者裸金属服务器并发读/写访问。共享云硬盘具备多挂载点、高并发性、高性能、高可靠性等特点，被广泛应用于需要支持集群、HA 能力的关键企业应用。

（四）分布式存储

分布式存储架构（如图 6-7 所示）是将数据分散存储在多台独立的设备上。传统的网络存储系统采用集中的存储服务器存放所有数据，其存储服务器成为系统性能的瓶颈，可靠性和安全性等级也不高，不能满足大规模存储应用的需要。

分布式网络存储系统采用可扩展的系统结构，利用多台存储服务器分担存储负荷，并利用位置服务器定位存储信息，它不但提高了系统的可靠性、可用性和存取效率，还易于扩展。

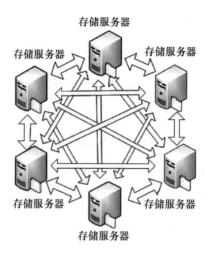

图 6-7 分布式存储架构

分布式存储通过 x86 服务器的内部磁盘组建存储池（无需 RAID 设置），为云计算平台上的云主机提供系统盘及数据盘的数据存储，同时使用分层缓存为 Ceph 客户端中的数据提供更好的 IO 性能。分层缓存需创建一个由 SSD 磁盘组成的存储池作为缓存层，以及一个相对低速且廉价设备（SAS 或 SATA 磁盘）组成的后端存储池作为存储层。Ceph 的对象处理器决定往哪里存储对象，分级代理决定何时把缓存内的对象刷回后端存储层；缓存层和后端存储层对 Ceph 客户端来说是完全透明的。

分布式存储系统需要使用多台服务器共同存储数据，而随着服务器数量的增加，服务器出现故障的概率也在不断增加。为了保证在有服务器出现故障的情况下系统仍然可用，可以尝试把一个数据分成多份，存储在不同的服务器中。

分布式存储系统需要服务器协同工作，当服务器数量增加时，存储系统出现故障的概率提高，分布式存储采用容错性的机制保障了分布式存储系统数据的一致性，让系统能正常对外提供读或写请求业务。

分布式存储系统适用场景为 HPC 大文件存储和单一大规模应用。

（五）云硬盘备份

云硬盘是一种为云服务器提供持久性块存储的服务，它通过数据冗余和缓存加速等多项技术，呈现出提供高可用性和持久性，以及稳定的低时延性能。用户可以对云硬盘做格式化、创建文件系统等操作，并对数据做持久化存储。云硬盘类似台式计算机中的硬盘，需要挂载至云服务器使用。

云硬盘的优点有以下四点。

第一，简单易用。操作简单，三步即可完成备份配置，无需具备专业的备份软件技能。相比传统备份系统，无需关心备份服务器、备份存储的规划和扩容。

第二，灵活高效。基于策略的自动备份，满足各种备份场景需求。可实现永久增量备份和增量恢复，备份窗口短，恢复时间目标（RTO）达分钟级。

第三，经济实惠。永久增量备份，首次备份为全量备份，后续备份均为增量备份，备份数据占用空间少。备份存储资源弹性伸缩，按量付费。

第四，安全可靠。加密盘的备份数据可自动加密，保障了数据安全。备份数据跨数据中心保存，数据持久性高达 99.999 999 999%，远高于传统备份系统。

云硬盘备份提供对云计算环境中云硬盘的基于快照技术的数据保护服务，使用户数据更加安全可靠。当云硬盘出现故障或云硬盘中的数据发生逻辑错误时（如误删数据、遭遇黑客攻击或病毒危害等），可快速恢复数据。云硬盘备份支持全量备份和增量备份。无论是全量还是增量，都可以方便地将云硬盘恢复至备份时刻的状态。

（六）文件存储

文件存储也称为文件级存储或基于文件的存储，数据会以单条信息的形式存储在文件夹中，正如将几张纸放入一个马尼拉文件夹中一样。当需要访问该数据时，计算机需要知道相应的查找路径。存储在文件中的数据会根据数量有限的元数据来进行整理和检索，这些元数据含有计算机文件所在的确切位置信息。元数据就像是数据文件的目录，每个文档都会按照某种类型的逻辑层次结构来排放。

"分层存储"就是文件存储，是最古老且运用最为广泛的一种数据存储系统，而且这种系统已经用了数十年。文件存储具有丰富多样的功能，几乎可以存储任何内容。它非常适合用来存储一系列复杂文件，并且有助于用户快速导航。

文件存储适用场景为需局域网共享的应用、媒体处理和 HPC。

三、网络服务应用

行业类型不同，需求也不一样，这就造成了云计算的网络服务应用要能符合各行业的发展需求。以下列出五种网络服务应用。

（一）VPC 网络

虚拟私有云（Virtual Private Cloud，VPC）为云服务器、云容器、云数据库等资源构建隔离的、用户自主配置和管理的虚拟网络环境，它能提升用户云上资源的安全性，简化用户的网络部署。如图 6-8 所示就是一个 VPC 网络的案例。

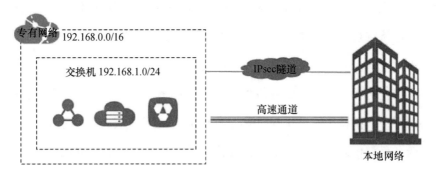

图 6-8　VPC 网络示意图

用户可以在 VPC 网络中定义安全组、VPN、IP 地址段、带宽等网络特性。用户可以通过 VPC 网络方便地管理、配置内部网络，进行安全、快捷的网络变更。用户也可以自定义安全组内与组间弹性云服务器的访问规则，加强弹性云服务器的安全保护。

VPC 网络的优势有以下四点。

第一，灵活配置。自定义虚拟私有网络，按需划分子网，配置 IP 地址段、DHCP、路由表等服务，VPC 网络支持跨可用区部署弹性云服务器。

第二，安全可靠。VPC 网络之间通过隧道技术进行 100% 隔离，不同 VPC 网络之间默认不能通信。网络 ACL 对子网进行防护，安全组对弹性云服务器进行防护。

第三，互联互通。默认情况下，VPC 网络与公网是不能通信访问的，需要依靠弹性公网 IP、弹性负载均衡、NAT 网关、虚拟专用网络、云专线等多种方式连接公网。默认情况下，两个 VPC 网络之间也是不能通信访问的，需要依靠对等连接的方式，使用私有 IP 地址在两个 VPC 网络之间进行通信。

第四，高速访问。VPC 网络使用全动态 BGP 协议接入多个运营商，支持多达 21 条线路，可以根据设定的寻路协议实时自动故障切换，保证网络稳定，使云上业务访问更流畅。

VPC 网络的应用场景为云端专属网络、Web 应用或网站托管、Web 应用访问控制、云上 VPC 网络连接和混合云部署。

（二）安全组

安全组是一种虚拟防火墙，具备状态检测和数据包过滤功能，用于设置云服务器、负载均衡、云数据库等实例的网络访问控制，控制实例级别的出入流量，是重要的网络安全隔离手段。

用户可以通过配置安全组规则，允许或禁止安全组内的实例的出流量和入流量。以华为云为例，如图 6-9 所示，其安全组的默认规则是在出方向上的数据报文全部放行，入方向访问受限。

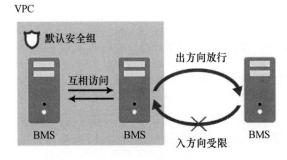

图 6-9　默认安全组规则

1. 安全组的特点

第一，安全组是一个逻辑上的分组，用户可以将同一地域内具有相同网络安全隔离需求的云服务器、弹性网卡、云数据库等实例加到同一个安全组内。

第二，关联了同一安全组的实例间默认不会互通，用户需要添加相应的允许规则。

第三，安全组是有状态的，对于用户已允许的入站流量，都将自动允许其流出，反之亦然。

第四，用户可以随时修改安全组的规则，新规则立即生效。

不同云服务供应商提供的安全组服务都有不同的规则和限制，以华为云为例，安全组创建后，用户可以在安全组中设置出方向、入方向规则，这些规则会对安全组内部的云服务器出入方向网络流量进行访问控制。当云服务器加入该安全组后，即受到这些访问规则的保护。

2. 安全组规则组成部分

以下部分组成安全组规则，通过此类规则可提高云计算平台网络的安全性。

（1）来源。源数据（入方向）或目标数据（出方向）的 IP。

（2）协议类型和协议端口。包括协议类型和协议端口，协议类型如 TCP、UDP、HTTP 等。

（3）源地址。可以是 IP 地址、安全组和 IP 地址组。

（4）类型。指 IP 地址类型，开通 IPv6 功能后可见。

（5）描述。安全组规则的描述信息。

（三）防火墙

防火墙技术是通过有机结合各类用于安全管理与筛选的软件和硬件设备，帮助计算机网络在内、外网之间构建一道相对隔绝的保护屏障，以保护用户资料与信息安全性的一种技术。

云防火墙（Cloud Firewall，CFW）是新一代的云原生防火墙，它提供云上互联网边界和 VPC 边界的防护，包括实时入侵监测与防御、全局统一访问控制、全流量分析可视化、日志审计与溯源分析等，同时支持按需弹性扩容。云防火墙服务是为用户业务上云提供网络安全防护的基础服务。它的适用场景为外部入侵防御、主动外联管控和 VPC 间互访控制。

Web 应用防火墙（Web Application Firewall，WAF）通过对 HTTP(S) 请求进行监测，识别并阻断 SQL 注入、跨站脚本攻击、网页木马上传、命令或代码注入、敏感文件访问、第三方应用漏洞攻击、恶意爬虫扫描、跨站请求伪造等攻击，保护 Web 服务安全稳定。购买 Web 应用防火墙后，在 WAF 管理控制台，将域名添加并接入 WAF，即可启用 Web 应用防火墙。启用之后，用户网站所有的公网流量都会先经过 Web 应用防火墙，恶意攻击流量会过滤，而正常流量返回源站 IP，从而确保源站 IP 安全、稳定、可用。

Web 应用防火墙的功能包括以下几大特性。

（1）Web 基础防护。覆盖 OWASP（Open Web Application Security Project）TOP10 中常见安全威胁，通过预置丰富的信誉库，对恶意扫描器、IP、网络木马等威胁进行检测和拦截。

（2）IPv6 防护。Web 应用防火墙可应对 IPv6 防护环境下突发的外来攻击，帮助用户的源站实现对云计算平台 IPv6 流量的安全防护。随着 IPv6 协议的迅速普及，新的网络环境以及新兴领域均面临着新的安全挑战。比如，华为云 Web 应用防火墙的 IPv6 防护功能，可以帮助用户轻松构建覆盖全球的安全防护体系。

（3）CC 攻击防护。根据业务需要，配置防护动作，有效降低 CC 攻击带来的业务影响。

（4）安全可视化。提供简洁友好的控制界面，实时查看攻击信息和事件日志。

（5）非标准端口。Web 应用防火墙除了可以防护标准的 80、443 端口外，还支持非标准端口的防护。

（6）精准访问防护。基于丰富的字段和逻辑条件组合，打造强大的精准访问控制策略。

（7）网页防篡改。对网站的静态网页进行缓存配置，当用户访问时，返回给用户缓存的正常页面，并随机检测网页是否被篡改。

（8）网站反爬虫。动态分析网站业务模型，结合人机识别技术和数据风控手段，精准识别爬虫行为。

（9）防敏感信息泄露。防止在页面中泄露用户的敏感信息，例如，用户的身份证号码、手机号码、电子邮箱等。

此外，Web 应用防火墙的适应场景。包括常规防护、电商抢购秒杀防护、0 Day 漏洞爆发防范、防数据泄露和防网页篡改。

（四）弹性负载均衡

弹性负载均衡（Elastic Load Balance，ELB）如图 6-10 所示，是将访问流量根据分配策略分发到后端多台服务器的流量分发控制服务。弹性负载均衡可以通过流量分发扩展应用系统对外的服务能力，同时通过消除单点故障提升应用系统的可用性。

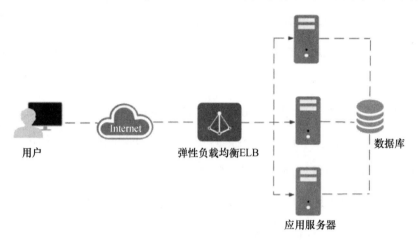

图6-10　弹性负载均衡

1. 弹性负载均衡组成

在弹性负载均衡服务中创建一个负载均衡器。该负载均衡器会接收来自客户端的请求，并将请求转发到一个或多个可用区的后端服务器中进行处理。请求的流量分发与负载均衡器配置的分配策略类型相关。

用户可以开启健康检查功能，对每个后端服务器组配置运行状况检查。当后端某台服务器健康检查出现异常时，弹性负载均衡会自动将新的请求分发到其他健康检查正常的后端服务器上；而当该后端服务器恢复正常运行时，弹性负载均衡会将其自动恢复到弹性负载均衡服务中。

弹性负载均衡由以下三部分组成。

（1）负载均衡器。接受来自客户端的传入流量并将请求转发到一个或多个可用区中的后端服务器。

（2）监听器。可以向弹性负载均衡器添加一个或多个监听器。监听器使用配置的协议和端口检查来自客户端的连接请求，并根据定义的分配策略将请求转发到一个后端服务器组里的后端服务器。

（3）后端服务器。每个监听器会绑定一个后端服务器组，后端服务器组中可以添加一个或多个后端服务器。后端服务器组使用指定的协议和端口号，将请求转发到一个或多个后端服务器。

2. 负载均衡的调度算法

负载均衡支持以下三种调度算法。

（1）加权轮询算法。根据后端服务器的权重，按顺序依次将请求分发给不同的服务器。它用相应的权重表示服务器的处理性能，按照权重的高低以及轮询方式将请求分配给各服务器，相同权重的服务器处理相同数目的连接数。该算法常用于短连接服务，如 HTTP 等服务。

（2）加权最少连接。最少连接是通过当前活跃的连接数来估计服务器负载情况的一种动态调度算法。加权最少连接就是在最少连接数的基础上，根据服务器的不同处理能力，给每个服务器分配不同的权重，使其能够接受相应权值数的服务请求。加权最少连接常用于长连接服务，如数据库连接等服务。

（3）源 IP 算法。将请求的源 IP 地址进行一致性 Hash 运算，得到一个具体的数值，同时对后端服务器进行编号，按照运算结果将请求分发到对应编号的服务器上。这可以使得不同源 IP 的访问进行负载分发，同时使得同一个客户端 IP 的请求始终被派发至某特定的服务器。该方式适合负载均衡无 Cookie 功能的 TCP 协议。

使用弹性负载均衡可以为高访问量业务进行流量分发、消除单点故障、跨可用区特性实现业务容灾部署，还可以使用弹性负载均衡和弹性伸缩（AS）为潮汐业务弹性分发流量。

（五）VPN

虚拟专用网络（VPN）的功能是在公用网络上建立专用网络，进行加密通信，其在企业网络中得到广泛应用。VPN 网关通过对数据包的加密和数据包目标地址的转换实现远程访问。VPN 可通过服务器、硬件、软件等多种方式实现（如图 6-11 所示）。

VPN 属于远程访问技术，简单地说就是利用公用网络架设专用网络。例如，某公司员工出差到外地，他想访问企业内网的服务器资源，这种访问就属于远程访问。在传统的企业网络配置中，要进行远程访问，传统的方法是租用 DDN（数字数据网）专线，这样的通信方案必然导致高昂的网络通信和维护费用。对于移动用户（移动办公

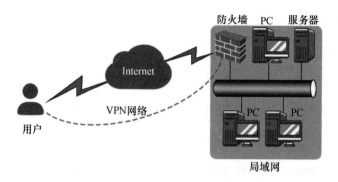

图 6-11　VPN 网络示意图

人员）与远端个人用户而言，一般会通过拨号线路（Internet）进入企业的局域网，但这样必然带来安全上的隐患。

在虚拟私有云（VPC）中的弹性云服务器无法与用户自己的数据中心或私有网络进行通信。如果用户需要将 VPC 中的弹性云服务器和用户的数据中心或私有网络连通，可以启用 VPN 功能。VPN 由 VPN 网关和 VPN 连接组成，VPN 网关提供了虚拟私有云的公网出口，与用户本地数据中心侧的远端网关对应。VPN 连接则通过公网加密技术，将 VPN 网关与远端网关关联，使本地数据中心与虚拟私有云通信，更快速、安全地构建混合云环境。通过 VPN 在传统数据中心与 VPC 之间建立通信隧道，用户可以方便地使用云计算平台的云服务器及块存储等资源、将应用程序转移到云中、启动额外的 Web 服务器、增加网络的计算容量，从而实现企业的混合云架构，既降低了企业 IT 运维成本，又不用担心企业核心数据的扩散。

VPN 适用场景为单站点 VPN 连接和多站点 VPN 连接。

四、容器服务应用

以容器镜像应用为例，下面介绍容器服务应用。

（一）容器镜像

容器镜像是一种新型的应用打包、分发和运行机制。容器镜像将应用运行环境（包括代码、依赖库、工具、资源文件和元信息等）打包成一种与操作系统发行版无关的不可变更软件包，它可以被用在软件生命周期的重要阶段，彻底改变传统的软件交付方式。

容器镜像服务（SoftWare Repository for Container，SWR）是一种支持镜像全生命周期管理的服务，它提供简单、易用、安全、可靠的镜像管理功能，并为快速部署容器化提供支持。可以通过界面、社区 CLI 和原生 API 实现容器镜像的上传、下载和管理。

阿里云是目前国内最大的镜像服务提供商。阿里云在全球地域提供服务，存储了几十万的容器镜像，支持了上亿的镜像下载量。

容器镜像服务提供公网、VPC 网络、经典内网三种访问入口，支持镜像的细粒度安全扫描和便捷的镜像分享授权。此外，容器镜像无缝集成容器服务等云产品，输出云端 DevOps 的整套完整解决方案，极大地提高了产品的创新迭代速度。

（二）　容器镜像仓库

集中存放容器镜像文件的地方，镜像构建完成后，可以很容易地在当前宿主上运行，但是，如果需要在其他服务器上使用这个镜像，那就需要一个集中的存储镜像的服务，镜像仓库就是这样的服务。另外，在真正的生产环境中，会需要大量的第三方或者自建的镜像，大量镜像伴随而来的就是需要保存、分发使用等管控工作，这就更需要镜像仓库了。

容器镜像仓库的特点有如下四点：全球部署、高效镜像构建、DevOps 支持、安全合规。

（三）　定制容器镜像

Dockerfile 是用来构建 Docker 镜像文件的。

1. Dockerfile 语法规则

第一，每条保留字指令都必须为大写字母，且后面至少跟一个参数指令，按从上到下的顺序执行，"#"表示注释。

第二，每条指令都会创建一个新的镜像层，并提交 Docker 执行 Dockerfile 的大致流程。

第三，Docker 利用基础镜像运行一个容器，执行一条指令并对容器做出修改，然后执行类似 Docker commit 的命令，提交一个新的镜像层。

第四，Docker 再基于刚提交的镜像运行一个新容器，执行 Dockerfile 中的下一条指令，直至所有指令都完成。

2. Dockerfile 命令

下面介绍 Dockerfile 中的常用命令。

（1）FROM。表示使用当前 Dockerfile 在构建镜像时基于哪个镜像。一般都要选择一个已有的镜像作为基础镜像，在上面安装各种软件和设置，然后构建出一个全新加工过的镜像。

（2）MAINTAINER。用来提示用户 Docker 的作者、作者的邮箱地址等。

（3）RUN。用来执行一条 Linux 操作系统的命令，执行的时机是构建镜像的时候，一个 Dockerfile 文件允许多个 RUN 命令运行，所以在构建镜像时，可以执行多个指定的命令。

（4）ADD。将 Dockerfile 文件所在目录中的某个文件，添加到要构建的镜像中。

（5）WORKDIR。设置一个工作目录，后面的 RUN 命令、CMD 命令都会在这个工作目录中执行。

（6）ENV。在镜像中设置一个环境变量，之后可以使用这个变量。

（7）USER。指定启动容器后，可以同时设置组和用户。

（8）COPY。COPY 命令与 ADD 命令的功能类似。

（9）CMD。表示在使用镜像、启动容器的时候会运行的命令。

（10）EXPOSE。表示将容器的内部端口映射到外部环境（宿主机）的某个端口上。

第二节 云计算平台行业应用

考核知识点及能力要求：

- 掌握应用部署架构和资源调整的知识。

- 具备根据业务需求设计上云部署架构的能力。

- 具备设计高可用、高性能技术架构的能力。

- 具备资源调整优化方案的能力。

一、应用上云需求分析

近年来，我国正大力推进企业上云的计划，制定了很多政策和计划。许多行业也都响应政府政策，下面从金融、电子商务、移动社交、游戏这四个行业来分析各行业上云的需求。

（一）金融行业的需求分析

首先，国家政策支持云计算在金融行业的应用，国家网监层面也对于金融上云给予支持的态度。其次，金融上云已经在行业内部成为主流。大部分的金融机构已经应用或正计划应用上云。在各类金融行业中，银行是系统最复杂的，同时主管部门也是监管最严厉的。因此，银行部门对云计算应用提出的要求也比较高，要求杜绝发生数据泄露、被窃取等安全事件。

目前，国内的金融机构使用云计算平台主要用两种部署模式，即私有云和行业云。

273

相比之下，公有云的选择要少于其他行业。金融行业 IT 系统迁移到云上，仍需逐步推进。金融机构使用云计算技术通常都采取从外围系统开始逐步迁移的实施路线，而且普遍考虑在渠道类系统、客户营销系统和经营管理等辅助性系统尝试使用相关上云服务。非金融辅助性业务系统安全等级较低，系统问题不会导致巨大的业务风险。金融机构会优先考虑使用云计算技术构建互联网金融系统（包含微贷、P2P、消费金融等相关业务）。

综合实际情况，大型金融机构会偏向本地化的私有云，因为他们具有较强的经济基础和技术实力，可以部署大型、安全、本地化的私有云平台，用来运行核心业务系统，存储重要敏感数据。一般采用购买硬件产品、基础设施、解决方案方式集中搭建。在运维方面，大型金融机构一般会采用外包驻场运维、自主运维或自动运维等方式。

中小型金融机构更偏向于行业云，这是其自身实力、技术相对较弱导致的。行业云通过机构间在基础设施领域的合作，通过资源方面的共享，在业内形成一批技术公共服务，然后应用于金融机构外部客户的数据处理、服务，或为一定区域内金融机构、金融机构垂直机构提供资源共享服务。用一支专业化的团队负责运营维护，可以节省一笔不小的开支。

通过对金融行业的需求分析，可基于安全性、数据的隔离性、业务的连续性、用户体验和运营成本等核心考量角度来获取数据。

（二）电子商务行业的需求分析

自 2009 年 11 月 11 日第一次举办"双 11"购物节以来，至今已经有十余年。早期的购物节中，由于参加的商家和消费者都不多，因此并未引起多大关注。但随着时间推移，越来越多的商家、消费者都参与到这一购物狂欢之中，近几年"双 11"期间是淘宝技术运维部门全年最忙的时段。

电子商务的另一个特点就是静态的资源几乎占了业务请求流量的 80%。因为在其业务中，98% 以上的商品都是有商品图片或者视频的，这些商品图片往往是商品详情介绍最为核心的一部分，而且商品图片或者视频也是网上购物消费者唯一能详细了解商品的渠道。所以，电子商务网站需要海量的存储以及顺畅的体验感，才能使用户得到极佳的购物体验。

现在的电子商务网站，即使在非促销期，也会有流量的波峰突增的情况，线上平台需要 24 小时应对这样的业务突增。另外，平台面临着 DDoS 攻击、网络入侵等线上袭击。所以电子商务云计算平台需要全面保护平台应用安全，支持服务器、数据库自动备份或回档功能，以降低平台数据丢失的风险。最后，还需要保障平台稳定运行。

通过对电子商务行业的需求分析，可实现包括良好的用户体验（主要是网络顺畅、下载速度快）等在内的核心诉求。

（三）移动社交行业的需求分析

随着 5G、人工智能、VR 等技术的发展与变迁，音频、视频、直播等新型社交载体快速落地。在新技术驱动的背景下，中国移动社交行业将迎来新一轮的变革契机，在移动社交行业内容不断丰富、行业规模快速扩张的浪潮下，其所依赖的服务基础资源的压力也越来越大，主要表现在如下四个方面。

第一，移动社交应用对于即时通信、推送等交互体验拥有很高的要求。由于社交应用基本不存在地域属性，因此跨地域实现全球通信是移动社交的必备要素。但是消息延迟、直播卡顿、图片加载慢等都会给用户带来非常差的用户体验，严重的甚至会造成用户的大面积流失。

第二，目前移动社交应用的实时在线用户数量达到几十万、几百万已经是常态，视频、直播等业务形式更容易导致服务器负载高、系统响应慢，严重的会导致整个系统服务不可用。

第三，随着应用人数的指数级上升和 VR 等新兴社交载体的快速落地，移动社交应用对数据库性能的要求越来越高，数据库性能不足会引发用户数据丢失、数据加载慢等问题。

第四，很多社交数据是缓存在社交软件之中的，更有部分用户把社交软件作为自己日常记录的存储空间，若应用的数据发生灾难，那么用户对产品必定会丧失信任。

通过对移动社交行业的需求分析，可得到包括高并发性、高速网络、分布式数据库和数据容灾在内的核心需求。

（四）游戏行业的需求分析

目前游戏按终端不同分类，分为手机游戏、网页游戏、主机游戏、PC 游戏（网络游戏为主）。其中，除了网页游戏以外，其他种类游戏都需要下载客户端再体验，这使得游戏推广和获得客户的成本难度均提高了，网页游戏虽然不用下载客户端，但是游戏画面及品质都很难令人满意。

首先，追求游戏的精品化使得客户端的数据加载量大幅增大，这又增加了用户的等待时间，不利于玩家数量的增长。同时，高质量的游戏体验，都依赖高成本的硬件投入，且大多数玩家的设备算力都难以支持主流游戏。而随着硬件设备的更新换代和游戏内容日渐丰富，这大幅度增加了游戏成本，影响了游戏行业的发展。

其次，PC 游戏、手机游戏、主机游戏等各游戏平台资源无法共享，玩家也无法切换终端设备畅玩多种类的游戏。不仅如此，网络游戏为了解决玩家的延时性，传统 IDC 机房的游戏架构采用"分区"形式。分区就是用同一个账号去登录不同区的服务器，一般分为电信和联通两大分区，其下还分为北京、上海、江苏等分区。分区方案可以解决地域性差异造成的网络延时，例如，在北京的游戏玩家登录本地的服务器肯定很快，而登录上海服务器就可能延时。

最后，为了保护网络游戏者的合法利益，认可网络虚拟财产的现实价值，游戏的安全性也是需要有所保障的。

通过游戏行业的需求分析，可得到以下核心需求，包括高并发数、高速网络、性能算力和安全性。

二、应用上云架构设计

上节对典型的几个行业需求进行了分析，通过分析，可以设计出满足其需求的云计算架构，帮助企业快速上云。当然这些架构也是从早期的传统部署中一步一步改进、发展而来的。

（一）传统业务部署方式

传统 IT 业务部署采用业务和架构紧耦合架构，各业务应用的架构通常是竖井式架构（如图 6-12 所示）。IT 基础资源 85% 是被浪费掉的，因为无法整合 IT 资源的计算能力，每个 IT 资源都是独立地提供，以避免相互干扰。大部分的系统资源在 80% 的日常运行时段里只使用了 30% 以下，而只占总时段 10% 的业务高峰期间会用到 90% 的资源，系统在日常运行时段的资源并不能拿出来给其他系统使

图 6-12 传统 IT 业务部署

用，只能浪费。这种模式导致了业务之间资源分配非常不均匀、资源使用效率低下，而且空闲的资源无法灵活调用。此时，就需要一种动态的基础架构，即服务的平台来快速响应业务环境的变化，适应"互联网+"的应用模式。

传统 IT 业务部署架构主要问题表现在如下几个方面。

第一，服务器的物理分布不集中，每项业务都有自己独立运行的服务器。

第二，服务器系统的环境比较复杂，表现为设备数量多、故障点多、产品不统一、缺乏规范性、运维管理的工作量和难度大。

第三，各个系统重复投资和建设，建设成本高，技术上没有统一规范和标准。

第四，没有实现资源共享，服务器资源使用率低，难以集中管理和使用。

第五，不能根据实际需要和业务变化动态调整资源和快速扩展，系统的灵活性和扩展性差。

第六，部分服务器存在单点故障隐患，有些服务器的高可用性配置不合理，造成资源闲置和成本过高。

（二）行业上云的政策

2018 年，工信部发布了《推动企业上云实施指南（2018—2020 年）》。其中提出了四点总体要求。

第一，企业上云应以提升企业发展能力、解决实际业务问题为出发点。通过将企业业务与信息化应用相结合，实现信息系统升级，促进企业业务创新、流程重构、管

理变革，加速企业数字化、网络化、智能化转型，切实提高企业管理水平和综合竞争力。

第二，企业开展上云工作，可从性价比、可用性、可扩展性、安全性、合规性等方面进行调研分析，运用理论分析、仿真实验、测试验证等方法，充分评估业务使用云服务的成本、收益、风险和可接受程度。在此基础上，按照分级分类的原则，统一规划信息系统的上云部署方案。

第三，企业可优先选择业务特征与云计算特点相契合、上云价值效益明显的信息系统上云。首先，信息系统使用具有明显的高低峰，需要动态调配资源，进行弹性扩展。其次，信息系统需要快速迭代上线，提升业务创新速度。再次，信息系统需要降低运行维护成本，提高应急响应、故障恢复、信息安全保障能力。最后，信息系统需要运用大数据、人工智能等云上服务实现业务拓展。

第四，开展上云工作，需要上云企业、云计算平台服务商、云应用服务商、系统集成商、基础设施提供商及相关行业组织、第三方机构加强协作，明确各方责任，共同推进实施。云计算平台服务商等作为主要服务供给方，要联合云应用服务商、系统集成商、基础设施提供商等产业链相关方，共同为上云企业提供技术支撑服务。

各地政府也对"企业上云"高度重视，都出台了关于"企业上云"的具体的补助或者优惠政策。例如，江苏省出台了《江苏省"企业上云"奖补资金实施办法》鼓励企业参与星级上云企业评定，河南省鼓励各地采用"云服务券"等方式给予企业上云费用补贴。在奖补方式上，山东、天津、云南、贵州、湖南等地有"云服务券""创新券"等方式补贴。

（三）行业应用上云解析

根据上文对电商行业的需求分析构建 IaaS 私有云平台。首先提出解决方案，然后分步建设，最终实现私有云架构。下面是对解决方案的一些具体解析。

1. 开放云计算框架

根据项目的自主可控、面向未来、防止厂商锁定的原则，基于开放的云计算框架，选择以 OpenStack 为基础和核心，进行二次开发和优化云界面，实现控制节点的高可用。整合审批流程、统一监控和支持自动化运维开发，实现自主可控的云计算平台。

2. 计算与存储的分布式架构

采取计算与存储的分布式架构，实现类似 Google 数据中心的横向扩展的分布式云计算资源池。

3. 软件定义计算

基于优化过的开源虚拟化平台，增加热迁移和高可用等高级功能；整合自动化物理节点部署和应用部署自动化，实现计算资源的软件定义及多虚拟化平台的整合，避免厂商锁定。

4. 软件定义网络

通过 OpenStack Neutron 和 OVS 以及异构网络硬件设备的整合，实现控制平面和转发平面的分离，建立软件定义网络环境。

5. 软件定义存储

通过 OpenStack 实现异构存储的统一，实现存储的灵活调度和按需分配，并通过分布式存储搭建冗余备份环境，实现软件定义存储环境。

三、应用上云部署与优化

以电子商务行业为例，本节具体介绍为满足其行业需求而设计的云计算架构平台，以及在此基础上提高性能、优化资源的一些方案。

（一）基本应用部署方案

根据电子商务行业需求分析，列出云计算平台物理架构，如图 6-13 所示。

1. 云计算平台物理架构

云计算平台物理架构包括网络核心区、网络汇聚层和服务器层。

（1）网络核心区。核心区的作用用于连接各个区域，保证数据的高速转发。由于服务器层中建设云计算资源平台并采用了扁平化架构，所以网关设置在核心交换机上。这样核心设备不仅要担负起其他区域的数据转发工作，还要保证云计算平台数据的稳定转发。核心交换机与网络汇聚层使用了 40 G 光纤连接，不仅满足现云计算平台网络

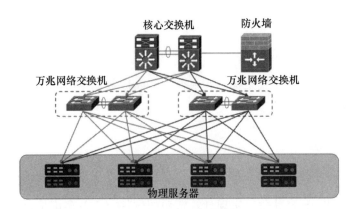

图 6-13　云计算平台物理架构

带宽的需求，也满足企业未来 3~5 年业务扩展后的带宽需要。交换机采用虚拟化技术，防火墙采用万兆防火墙，以旁挂部署方式部署在核心交换机上，用于外部对服务器层设备的访问控制。

（2）网络汇聚层。网络汇聚层连接了网络核心层与服务器层之间的网络。它将服务器层的网络流量接入，并提供到核心层的上行链路。它与网络核心区之间采用 40 G 光纤连接，保障云计算平台网络带宽需求。汇聚层交换机采用虚拟化技术，确保交换机之间的高可用。

（3）服务器层。服务器层用于放置组成云计算平台资源池的服务器。它通过虚拟化、分布式技术，将原有物理资源转化为逻辑资源池，为云计算平台提供计算、存储及网络资源。

2. 云计算平台节点构成

云计算平台部署方式主要依据电商企业规模最后决定使用何种部署方式，云计算平台主要部署方式可以采用融合与非融合的方式。

（1）融合方式。通过将所有云计算平台组件高度集中，来提高机柜使用率。但由于其高度融合、可提供的资源较少等特性，只适用于体量较小、节点数不大于 30 台的业务规模。

（2）非融合方式。其通过将不同功能区分在不同的物理服务器节点，在针对大型数据中心时，有较好的扩展能力和抗故障能力。

1）控制节点。具体使用三台物理服务器，用于运行 OpenStack 环境所有的关键服务，如 Nova（计算模块）、Cinder（块存储模块）、Neutron（网络模块）、Horizon（控制台界面模块）、Swift（对象存储模块）、Ceilometer（计量模块）等服务，以及各项关键服务运行所需的消息队列服务 RabbitMQ 集群、MySQL 数据库和 MongoDB 数据库服务集群。通过安装 Zabbix 监控工具、Grafana 以及 EFK 日志分析工具，为控制节点提供无限扩展的能力。为防止脑裂（支持≥3 个节点），可扩展奇数台控制节点，提高负载均衡和高可用实现。同时为保障系统的灵活性，还可提供控制节点上各种服务项目的可拆分性，如拆分网络服务到单独的物理节点之上。

2）监控节点。Zabbix 监控工具实时监控 OpenStack 环境中的各项关键指标，如物理服务器的健康状况和资源使用率、网络吞吐及磁盘 I/O、OpenStack 服务状态、Ceph 分布式存储的性能数据等，并配置了告警模板。当触发告警时，可以以邮件、短信、微信的方式进行通知，并集成 Grafana 组件实现对监控数据的图形化展示。

3）计算节点。计算节点是 Hypervisor 虚拟化层提供计算能力的载体，推荐使用 KVM 虚拟化。KVM 虚拟化提供虚拟机在线迁移和离线迁移等高级功能，支持计算节点水平无限扩展。计算节点的扩展应不影响业务的正常运行，保障业务的连续性。

4）存储节点。OpenStack 支持传统的商业存储（如 FC、IP SAN），还支持基于开源 Ceph 技术优化后的 Server SAN 存储，推荐使用多盘位的物理服务器构建 Ceph 存储池，便于单独扩展存储资源（在某些中小规模的 OpenStack 部署环境中，也可以将计算和存储节点合并，提供超融合计算存储节点的部署方式）。存储节点扩展的同时应不影响业务的正常运行，保障业务的连续性。

（二）高性能部署方案

为了提高方案的可用性，可采用本书第四章第三节"私有云平台的高可用架构"中提到的 IaaS 基础支撑云计算平台整体高可用架构的设计。

1. 云计算平台计算资源

通过虚拟化管理软件实现资源池化，主要用于提供 CPU、内存等计算资源以承载业务应用，并基于硬件服务器自身的双电源、RAID 卡等机制实现设备的高可用性。

2. 云计算平台存储资源

IaaS 云架构实现存储和计算资源的融合，即每台 x86 服务器既是计算节点，又是存储节点。通过分布式存储引擎，将每台节点机本地不同访问速率的硬盘融合成全局的存储资源池，用于存放云主机镜像以及业务数据等；通过分布式存储引擎构建的存储资源池搭建分布式架构；通过软件定义方式实现分布式集群 HA、分布式的"无状态"、分布式智能 Cache（冷热数据分离）及数据的多副本存取机制。

3. 云计算平台网络资源

云计算平台的高冗余网络架构由 IaaS 管理服务器和计算服务器的万兆、千兆网卡和外置的万兆、千兆以太网交换机共同组建。

4. 云计算平台管理

用于对云计算平台的资源池进行统一的调度和管理，以 HA 方式部署在管理节点服务器组成的集群上。云管理可对资源池中所有节点上的资源进行统一管理，并提供 Web 接口给管理员和用户，实现访问门户的负载均衡和高可用。具体要点如下。

（1）节点高可用。使用不少于三台物理服务器作为控制节点，实现控制节点服务高可用。通过 Docker 容器化的组件级部署，实现自动化运维的基础。

利用 RabbitMQ、MySQL、MongoDB、云控制界面等模块的高可用机制，保障业务能够可靠运行。

管理节点重要数据全部保存在数据库中，对数据库需要定期定时进行完整的数据备份，并将备份数据存放在分布式存储中。在出现重大事故导致管理数据丢失时，可以利用备份的数据进行恢复。

（2）计算资源高可用。云主机的高可用主要通过 KVM 提供的虚拟化功能实现，以应对当某台物理节点出现故障时的迁移需求。

（3）存储的多副本和自动容错。通过使用 Ceph 分布式存储系统作为后端存储，提供跨服务器的数据三副本机制，在少量节点失败的情况下，能够保证数据不丢失，并且在相对较短的时间内自动恢复。

（三）资源优化方案

各个云供应商的公有云技术日渐成熟，更多企业选择在拥有私有云平台后，把资源上传到公有云上，组成混合云架构。这种架构不仅可以优化资源，还可以节省成本。

1. 迁移

公有云针对企业云计算数据中心场景进行设计和优化，提供了强大的虚拟化功能和资源池管理能力、丰富的云基础服务组件和工具、开放标准化的 API 接口，可以帮助客户水平整合数据中心的物理资源和虚拟资源，垂直优化业务平台，在支持现有企业 IT 应用的同时，更面向新兴应用场景，让企业的云计算建设、使用及演进更加便捷、平滑。鉴于公有云的优势，为了资源优化，以华为云为例，可以使用主机迁移服务将本地私有云迁移上公有云。

（1）主机迁移服务。主机迁移服务（Server Migration Service，SMS）是一种 P2V/V2V 迁移服务，可以帮用户把 x86 物理服务器或者私有云、公有云平台上的虚拟机迁移到华为云弹性云服务器上，从而帮助用户或企业轻松地把服务器上的应用和数据迁移到华为云上。其迁移方式需要经过如下六个步骤。

第一，用户在源端服务器上安装迁移 Agent。

第二，源端服务器上的迁移 Agent 向主机迁移服务注册自身连接状态，并将源端服务器信息上报到主机迁移服务，完成迁移可行性检查。

第三，用户创建迁移任务。

第四，迁移 Agent 获取并执行主机迁移服务发送的迁移指令。

第五，迁移源端服务器系统盘。

第六，迁移源端服务器数据盘。

主机迁移服务的功能包括迁移可行性校验、Windows 系统迁移与同步、Linux 系统迁移与同步和动态安全传输通道。

（2）对象存储迁移服务。对象存储迁移服务（Object Storage Migration Service，OMS）是一种线上数据迁移服务，帮助用户将其他云服务商对象存储服务中的数据在线迁移至华为云的 OBS 中。目前支持亚马逊云、阿里云、微软云、百度云、华为云、金山云、青云、七牛云、腾讯云平台的对象存储数据迁移。

（3）云数据迁移服务。云数据迁移服务（Cloud Data Migration，CDM）提供同构或异构数据源之间批量数据迁移服务，实现数据自由流动。支持自建和云上的文件系统、关系数据库、数据仓库、NoSQL、大数据云服务、对象存储等数据源。CDM 基于分布式计算框架，利用并行化处理技术，支持用户稳定高效地对海量数据进行移动，可实现不停的数据迁移，快速构建所需的数据架构。

2. 资源优化

私有云资源迁移到公有云后，可以选择公有云的服务来优化资源。以华为云为例，列举以下一些服务。

（1）网络方面。包括以下几方面。

1）内容分发网络。内容分发网络（Content Delivery Network，CDN）是构建在现有互联网基础之上的一层智能虚拟网络。通过在网络各处部署节点服务器，实现将源站内容分发至所有 CDN 节点，使用户可以就近获得所需的内容。CDN 服务缩短了用户查看内容的访问延迟，提高了用户访问网站的响应速度与网站的高可用性，解决了网络带宽小、用户访问量大、网点分布不均等问题。CDN 具有节点丰富、调度智能、操作简单、稳定可靠的优势。它常用于网站加速、文件下载加速、点播加速、直播加速、全站加速等场景。

2）弹性公网 IP。弹性公网 IP 提供独立的公网 IP 资源，包括公网 IP 地址与公网出口带宽服务。可以与弹性云服务器、裸金属服务器、虚拟 IP、弹性负载均衡、NAT 网关等资源灵活地绑定及解绑。

3）NAT 网关。能够为虚拟私有云内的云主机（弹性云服务器、裸金属服务器、云桌面）或者通过云专线或 VPN 接入虚拟私有云的本地数据中心的服务器，提供最高 10 Gbit/s 能力的网络地址转换服务，使多个云主机可以共享弹性公网 IP 访问 Internet 或使云主机提供互联网服务。

（2）云存储。包括以下几方面。

1）弹性文件服务。可以提供按需扩展的高性能文件存储，可为云上多个弹性云服务器（Elastic Cloud Server，ECS）、容器、裸金属服务器提供共享访问。

2）存储容灾服务。存储容灾服务（Storage Disaster Recovery Service，SDRS）是一种为弹性云服务器、云硬盘和专属分布式存储等服务提供容灾的服务。其通过存储复制、数据冗余和缓存加速等多项技术，提供给用户高级别的数据可靠性以及业务连续性，简称存储容灾。

（3）关系型数据库。华为云关系型数据库（RDS）是一种基于云计算平台的即开即用、稳定可靠、弹性伸缩、便捷管理的在线关系型数据库。关系型数据库支持MySQL、PostgreSQL、SQL Server、GaussDB T 和 DamengDB 引擎。华为云关系型数据库具有完善的性能监控体系和多重安全防护措施，并提供了专业的数据库管理平台，让用户能够在云中轻松地进行设置和扩展关系型数据库。通过华为云关系型数据库的管理控制台，用户几乎可以执行所有必要的任务而无需编程，简化了运营流程，减少了日常运维工作量，从而使用户专注于开发应用和业务发展。

（4）云服务器。包括以下几方面。

1）云容器实例。云容器实例（Cloud Container Instance，CCI）提供 Serverless Container（无服务器容器）引擎，让用户无需创建和管理服务器集群即可直接运行容器。Serverless 是一种架构理念，指不用创建和管理服务器、不用担心服务器的运行状态（服务器是否在工作等），只需动态申请应用需要的资源，把服务器留给专门的维护人员管理和维护。用户仅专注于应用开发，以提升应用开发效率、节约企业 IT 成本。传统上使用 Kubernetes 运行容器，首先需要创建运行容器的 Kubernetes 服务器集群，然后再创建容器负载。云容器实例的无服务器容器就是从使用角度出发，无需创建、管理 Kubernetes 集群，直接通过控制台、kubectl、Kubernetes API 创建和使用容器负载，且只需为容器所使用的资源付费。

2）云容器引擎。云容器引擎（Cloud Container Engine，CCE）是华为公有云服务的 Kubernetes 集群，它提供高度可扩展的、高性能的企业级 Kubernetes 集群，支持运行 Docker 容器。借助 CCE，用户可以在华为云上轻松部署、管理和扩展容器化应用程序。

第三节　云计算平台技术应用

考核知识点及能力要求：

- 掌握容器编排、DevOps 和云原生相关知识。
- 具备设计云化服务架构、混合云架构和云原生技术架构的能力。

一、容器编排技术

IT 技术飞速发展的今天，应用程序的迭代速度越来越快，这必然刺激着应用程序开发模型不断优化。应用程序的开发模式从原先的瀑布式到敏捷式，再到 DevOps；应用程序架构从单体模型到分布式模型，再到微服务模型；应用程序部署的方式从面向物理机到虚拟机或容器。开发模式的变化在一定程度上提高了系统的开发、测试及运维等环节的效率。容器技术的出现，直接解决了交付与部署环节中存在的各种困难，而这些困难一直困扰着运维人员。

容器技术可以为基于微服务的应用提供完备的应用部署单元和独立的执行环境。借助容器，不仅能以微服务的方式在同一硬件上单独运行一个应用的多个部分，还能更好地控制每个部分及其生命周期。容器技术主要有四个特点——轻量、秒级部署、易于移植和弹性伸缩。

（一）容器编排

当容器达到巨大数量级的时候，再要管理其生命周期等运维操作，将会是一个十分巨大的运维工程。容器编排技术通过自动化容器的调度、部署、可伸缩性、负载平衡、可用性和联网来解决该问题。容器编排可以在容器的任何环境中使用，即在不同环境中部署相同的应用，而无需重新设计。

使用容器编排可以自动化执行和管理任务，如置备和部署、配置和调度、资源分配、根据平衡基础架构中的工作负载扩展或删除容器、监控容器的健康状况、根据运行应用的容器来配置应用和保持容器间交互的安全。

（二）容器编排工具

容器编排工具将生命周期管理能力扩展到大量机器集群上，通过抽象主机基础结构，允许用户将整个集群视为单个部署目标。容器生命周期的管理最常用的三个容器编排工具分别是 Kubernetes、Docker Swarm、Apache Mesos。

1. Kubernetes

Kubernetes 简称"K8s"，其用"8"代替名字中间的 8 个字符"ubernete"。Kubernetes 是一个开源的、用于管理云计算平台中多个主机上的容器化的应用。Kubernetes 源自 Google 公司工程师开发和设计的 borg，它是 Google 公司内部使用的大规模集群管理系统，它基于容器技术开发，目的是实现资源管理的自动化以及跨多个数据中心的资源利用率的最大化。Google 公司的数据中心里运行着超过 20 亿个容器，很早之前 Google 公司就开始使用容器技术，在积累了多年的经验后，公司决定重写容器管理系统，并将其贡献到开源社区，让全世界都能受益。2015 年，Google 公司将 Kubernetes 项目捐赠给新成立的云原生计算基金会（CNCF）。Kubernetes 就是 Google 公司 Omega 的开源版本。

Kubernetes 的编排功能可以构建跨多个容器的应用服务，可以跨集群调度容器并扩展这些容器，持续管理它们的健康状况。Kubernetes 可以帮助用户省去应用容器化过程的许多手工部署和扩展操作，可以将运行 Linux 系统容器的多台主机（物理机或虚拟机）聚集在一起，由 Kubernetes 平台轻松高效地管理这些集群。换句话说，它可以帮助用户在生产环境中，完全实施基于容器的基础架构。而且，这些集群可跨公有云、私有云或混合云部署主机。因此，对于要求快速扩展的云原生应用而言，Kubernetes 是理想的托管平台。

（1）Kubernetes 的架构。具体介绍请参考第五章第三节的"Kubernetes 架构设计"。

（2）Kubernetes 的特点。第一，可移植。支持公有云、私有云、混合云、多重云（multi-cloud）移植。第二，可扩展。支持模块化、插件化，可挂载、可组合。第三，自动化。支持自动部署、自动重启、自动复制和自动伸缩。

（3）Kubernetes 的作用。包括实行自动化容器的部署和复制、随时扩展或收缩容器规模、将容器组织成组且提供容器间的负载均衡、升级应用程序容器为新版本、提供容器弹性（如果容器失效就替换它）。

2. Docker Swarm

Swarm 是 Docker 公司推出的用来管理 Docker 集群的平台，几乎全部用 Go 语言开发完成，代码开源在 https://github.com/docker/swarm，它将一群 Docker 宿主机变成一个单一的虚拟主机。Swarm 使用标准的 Docker API 接口作为其前端的访问入口。各种形式的 Docker Client（如 compose、docker-py 等）均可以直接与 Swarm 通信，甚至 Docker 本身都可以很容易地与 Swarm 集成，这有利于用户将原本基于单节点的系统移植到 Swarm 上。同时 Swarm 内置了对 Docker 网络插件的支持，用户也能很容易地部署跨主机的容器集群服务。

Docker Swarm 和 Docker Compose 一样，都是 Docker 官方容器编排项目，但不同的是，Docker Compose 是一个在单个服务器或主机上创建多个容器的工具，而 Docker Swarm 则可以在多个服务器或主机上创建容器集群服务。对于微服务的部署，显然 Docker Swarm 会更加适合。

从 Docker 1.12.0 版本开始，Docker Swarm 已经包含在 Docker 引擎中，并且已经内置了服务发现工具，用户就不需再配置 etcd 或者 consul 来进行服务发现配置了。

Swarm deamon 只是一个调度器（Scheduler）加路由器，Swarm 自己不运行容器，它只是接受 Docker 客户端发来的请求，然后调度适合的节点来运行容器。这就意味着，即使 Swarm 由于某些原因中断了，集群中的节点也会照常运行，当 Swarm 重新恢复运行之后，才会收集重建集群信息。

（1）Docker Swarm 的架构。如图 6-14 所示，Docker Client 使用 Swarm 对集群

（Cluster）进行调度。Swarm 是典型的 master-slave 结构，它通过发现服务来选举 Manager。Manager 是中心管理节点，各个 Node 上运行 Agent 接受 Manager 的统一管理，集群会自动通过 Raft 协议分布式选举出 Manager 节点，无需额外发现服务支持，避免了单点的瓶颈问题，同时也内置了 DNS 的负载均衡和对外部负载均衡机制的集成支持。

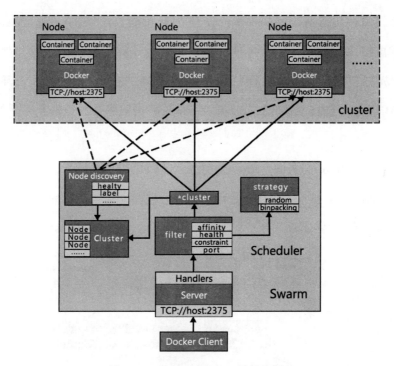

图 6-14　Docker Swarm 的结构图

（2）Docker Swarm 的特性。首先，可以批量创建服务。建立容器之前先创建一个 Overlay 的网络，用来保障在不同主机上的容器网络互通。其次，具有强大的集群的容错性。当容器副本中的某一个或某几个节点宕机后，Cluster 会根据自己的服务注册发现机制以及之前设定的值，在集群剩余的空闲节点上，重新拉起容器副本。整个副本迁移的过程无需人工干预，迁移后原本集群的 load balance 依旧可以使用。再次，支持服务节点的可扩展性。Swarm Cluster 不光只是提供了优秀的高可用性，同时也提供了节点弹性扩展或缩减的功能。最后，具备调度机制。所谓的调度其主要功能是 Cluster 的 Server 端选择在哪个服务器节点上创建并启动一个容器实例的动作。它由一个装箱算法和过滤器组合而成。每次通过过滤器（Constraint）启动容器的时候，Swarm Cluster 都会调用调度机制筛选出匹配约束条件的服务器，并在这上面运行容器。

3. Apache Mesos

Apache Mesos 是由加州大学伯克利分校的 AMPLab 首先开发的一款开源群集管理软件，支持 Hadoop、ElasticSearch、Spark、Storm 和 Kafka 等应用架构。Mesos 使用了与 Linux 系统内核相似的规则来构造，仅存在不同抽象层级的差别。Mesos 从设备（物理机或虚拟机）抽取 CPU、内存、存储和其他计算资源，让容错和弹性分布式系统更容易使用。Mesos 内核运行在每个机器上，在整个数据中心和云环境内向应用程序（Hadoop、Spark、Kafka、Elastic Serarch 等）提供资源管理和资源负载的 API 接口。

（1）Apache Mesos 的架构。Mesos 的主要组件如图 6-15 所示，Mesos 包括一个主控（Mesos Master）守护进程，用来管理子节点的被控（Mesos Slave）守护进程。同时还包含 Mesos 应用（Application），负责在子节点上运行任务（tasks）。

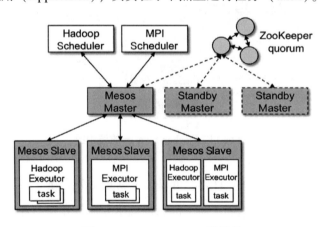

图 6-15　Apache Mesos 的架构

主控进程通过基于各个应用框架来提供资源邀约（resource offers），提供更细粒度的资源共享能力（资源类型包括 CPU、内存等）。

主控进程可根据给定的组织策略来决定如何分配资源给每个应用，如平均分配或者严格按优先级分配等。为了支持多样化的策略，主控采用了模块化的架构，这样一来，通过插件机制来添加新的资源分配模块会变得很容易实现。一个运行在 Mesos 之上的应用框架包含两个组件：调度器（Scheduler）进程和执行器（Executor）进程。执行器进程在被控节点启动来执行应用任务。

主控负责决定给每个应用分配多少资源，而应用框架的调度器才会真正选择使用哪些被分配到的资源。当应用框架接收了分配的资源，它会向 Mesos 发送一个它希望运行任务的描述信息。然后，Mesos 会负责在相应的被控节点上启动任务。

（2）Apache Mesos 的特点。其特点包括可扩展到 10 000 个节点、使用 ZooKeeper 可以实现 Master 和 Slave 的容错、支持 Docker 容器、使用 Linux 系统容器可以实现本地任务隔离、支持基于多资源（内存、CPU、磁盘、端口）调度、提供多种语言（Java、Python、C++等）的 APIs 以及可以通过 Web 界面查看集群状态。

二、混合云架构

在前面的云计算部署模式中简要介绍了公有云、私有云、容器云各自的特点，以及在实际部署时私有云和公有云的混合部署情况，下面着重介绍一下混合云的概述、部署和管理。

（一）概述

混合云融合了公有云和私有云，是近年来云计算的主要模式和发展方向。私有云主要是面向企业用户。出于安全考虑，企业更愿意将数据存放在私有云中，但是同时又希望可以获得公有云的计算资源。在这种情况下混合云被越来越多的企业采用，它将公有云和私有云进行混合和匹配，以获得最佳的效果，这种个性化的解决方案，达到了既省钱又安全的目的。

1. 混合云的优势

虽然云服务可以节省成本，但其主要价值在于支持快速发展的数字化业务转型。每一个技术管理部门都担负着 IT 与数字化业务转型这两大任务。一般来说，IT 任务一直以来关注的都是成本节省；数字化业务转型任务则关注如何通过投资来赚取利润。

混合云的主要优势在于敏捷。数字化业务的核心理念是快速应对变化并调整方向。

为了获得保持竞争优势所需的敏捷性，企业可能希望（或需要）将公有云、私有云和内部资源融合在一起。

并非所有环境都适合采用公有云，因此许多有远见的企业目前都选择混合搭配各种云服务这种方式。混合云可以利用数据中心的现有架构，同时具备公有云和私有云的优势。

借助这种混合云方法，应用程序和组件可以跨边界互操作（如跨云和跨内部环境），也可以在不同云实例之间，甚至不同架构（如传统架构和现代数字化架构）之间互操作。同样，数据也需要能够灵活地进行分布和访问。无论是处理工作负载还是数据集，面对瞬息万变的数字化世界，企业都应当精心规划、灵活应变，以满足不断变换的需求。

2. 混合云架构的特征

在混合云架构下，内部数据中心、私有云和公有云资源及工作负载绑定在一起实施通用数据管理，同时又保持了彼此之间的差异。业务关键型应用程序或敏感数据或许不适合采用公有云，但企业可以采用传统架构。

3. 混合云架构是未来的趋势

根据 Flexera 公司发布的《2020 年云计算状态报告》，如图 6-16 所示，目前 93% 的企业都采用了多云策略；87% 的企业拥有混合云策略。研究机构 Gartner 公司的调查数据也支持了这一点。Gartner 公司认为混合云是结合了两种及以上不同"云"的云部署模式。广义上来讲，混合云不是公有云和私有云的简单组合，而是兼具两者的优势，实现多云资源统一，使企业基础设施数据和应用能够在不同云计算平台上协同共享。

（二）部署

混合云的部署不是一成不变的，需要综合考虑，实际操作也有难度。下面先介绍混合云部署的策略和架构模式，然后通过混合云实际应用场景的实例学习如何部署好混合云。

1. 部署策略

将内部服务器与一个或多个混合云架构融合在一起充满挑战，简单地增加一段代

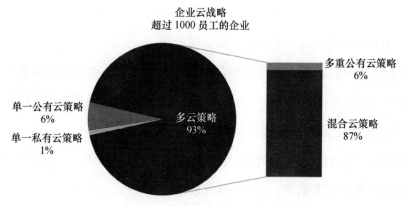

来源：Flexera 公司《2020 年云计算状态报告》

图 6-16 云计算状态报告

码无法将虚拟服务器与公有云对接起来，还涉及潜在的数据迁移、安全问题以及建立应用与混合云架构映射等问题。虽然混合云是大势所趋，但判断部署公有云、私有云还是混合云，以及混合程度应该占多少比例并不简单。不同地域、不同法律规定、不同行业性质、不同技术条件、不同规模的公司都会影响判断结果。

每个部署方案都有其自身的优势。对于任何一个工作负载或组织来说，最好的选择往往是基于多方面的考虑，如考虑策略、时间、价格和相互抵触的优先事项。

英特尔公司归纳了一套全面的判断标准，作为参考，它将企业云部署的影响因素划为四类。

（1）业务注意事项。业务注意事项包含敏捷性、上市时间、法律法规规定、业务资产控制、全球覆盖范围等。不同行业赋予业务注意事项的优先级并不同，如英特尔公司发现在学术领域存在三大主要业务注意事项。

1）法律要求。如是否要求教育机构在原地保留数据。

2）容忍度。指企业可接受何种级别的权衡。

3）风险。企业愿意承受多大风险。

（2）技术注意事项。2016 年英特尔在全球重要行业中组织超过 125 场客户和系统集成商的专题小组讨论，研究确定了四个有助于判断云工作负载放置方法的技术特征，四大技术特征如下。

1）性能。在云计算的环境中，对性能有非常高要求的工作负载。主要包括：第一，将工程解决方案部署在与最终用户位置距离近的位置；第二，资源密集型交易的性能应具备有保障的服务质量和响应协议。

2）安全。某些重要数据遭到恶意攻击或其他影响，将会给企业造成重大损失。

3）集成。数据库、框架、应用、工作流程及终端连接会给传统的迁移和云迁移带来挑战。集成的复杂性和数量会影响决策。

4）数据量。包括数据规模和创建管理数据的位置两个因素。大型数据进行远距离传输与存储的成本会极其高昂，时间也延迟较久。

（3）生态系统注意事项。企业通过特定需求对以上技术注意事项进行评分，然后据此得出企业适合公有云还是私有云。

生态系统需要注意三个问题。第一，针对企业业务应用，市场上有成熟的 SaaS 产品吗？采用 SaaS 之前，企业应明确了解为满足业务需求进行的业务流程再造和技术集成的成本、难度有多高。第二，企业需要哪些 CSP 服务？大型 CSP 为开发人员提供了强大框架和丰富的集成开发环境工具套件，针对每一种开发都存在特定服务和产品。第三，在使用特定服务前，服务会让订阅成本增加多少？

（4）其他注意事项。比如，企业应用是专为传统计算环境还是云计算环境而设计？如果未经隔离调试就放置一个并非用于共享基础设施的应用，将导致其他使用相同资源的工作负载出现性能问题。

2. 混合云的架构模式

企业的不同需求，需要不同的混合云模式来满足，下面列出了一些常见模式。

（1）分层混合模式。它就是通常所说的分层架构。在混合云场景下，将业务的不同层根据数据敏感级别、安全级别、弹性诉求、外部访问诉求等因素，放置在不同的计算环境中。

（2）分区混合模式。它就是通常所说的纵切或者冗余模式。在混合云场景下，将不同的业务分别放置在不同的计算环境中，或者将同样的业务在不同的计算环境中进行冗余部署。

（3）边缘混合模式。边缘混合模式主要应对边缘计算场景。在混合云场景下，将时间延迟敏感以及对网络连续连接没有强依赖的应用部署在边缘，与中心一般采取异步的方式通信，这种模式的显著特点就是网络连接属于非关键组件。

（4）云爆发模式。云爆发模式主要应对业务高峰期的诉求。这种模式的核心技术诉求是负载动态迁移、及时扩容和全局域名解析。

3. 混合云的作用

混合云的应用一定程度上可以促进企业的应用、业务、运维等方面升级。

（1）应用升级。包括传统应用的现代化改造、现代化的应用开发、持续集成和持续交付。

（2）业务升级。包括业务流程的数字化和自动化，高阶服务能力，边缘服务能力。

（3）运维升级。包括及时扩容、灾备，简化运维，降低成本。

4. 云厂商解决方案

下面举例介绍一些优秀的云厂商设计混合云架构的解决方案。

（1）华为云 Stack。华为云 Stack 的混合云解决方案有三个主流场景。

1）混合云应用跨云。混合云应用跨云解决方案，助力企业根据应用不同的安全、可靠、并发特征，选择将应用灵活部署在公有云或混合云，实现应用跨云分类、分层部署。面对业务变化，基于混合云弹性跨云分担业务负载，化解业务冲击，同时通过混合云环境保障核心数据安全。

2）混合云 EI 智能。混合云 EI 智能解决方案通过混合云统一架构设计及线上线下协同，使企业本地能够无缝地享用到华为云全量 EI 服务。多种 EI 应用模型降低了企业本地总拥有成本，加速了企业数字化转型和业务创新。

3）混合云 DevOps。混合云 DevOps 解决方案利用华为软件开发云进行快速开发、测试，同时可以利用公有云的环境及丰富的资源进行验证。验证后同步到混合云侧进行部署，保证业务应用开发高效规范、代码生产本地合规，实现业务敏捷开发和快速部署上线。

（2）VMware。VMware 的混合云解决方案主要面对四个场景。

1）现代化数据中心场景。VM 定义的现代化数据中心中混合云的目标包括简化、控制成本和敏捷。对应的产品或项目主要有 MarketPlace、Verfied Partners 以及 Cloud

Foundation。

2）迁移上云场景。VM 定义的迁移上云中混合云的目标包括零成本、不复杂和不重构。对应的产品主要是 HCX。

3）业务扩容场景。VM 定义的业务扩容中混合云的目标包括无中断、不复杂和低成本。对应的产品和解决方案有 HCX、灾备方案以及 scale up/down 的能力。

4）简化运维场景。VM 定义的简化运维中混合云的目标包括一致的运维体验、降低成本和降低风险。对应的产品和解决方案非常多，包括 vRautomation、NSX、vROps、vR Network Insight、AppDefense。

（3）Google。Google 的混合云解决方案主要应对两个场景。

1）传统应用的现代化改造。针对传统应用改造场景，Google 提供的产品和解决方案包括 Migrate for Anthos、Service Mesh for VM 以及 Google 的 Spring Cloud。

2）现代化 CI/CD。针对现代化 CI/CD 场景，Google 提供了统一的配置管理、跨云的注册中心、跨云的服务方案。

（4）RedHat。RedHat 的混合云解决方案主要应对两个场景。

1）现代化应用开发。RedHat 针对现代化应用开发提供的产品和解决方案包括 OpenShift 平台（最新版本已支持虚拟机）以及企业版 Linux 系统。

2）自动化业务流程。针对自动化业务流程，RedHat 提供的混合云相关产品与解决方案包括 Ansible Automation 和企业版 Linux 系统。

（5）阿里云。阿里云的混合云解决方案主要针对四个场景。

1）云爆发场景。阿里针对云爆发场景主要提供的产品和解决方案是 Express Connect 以及其他计算存储等通用服务。

2）云备份和恢复场景。阿里针对云备份和恢复场景提供的产品和解决方案主要包括 Storage Gateway 和 OSS。

3）容灾、热备。阿里针对容灾和热备场景，提供了全局 DNS、VPN、DB replication。

4）后端系统集成。阿里针对后端集成场景主要可以使用 Express Connect 以及 VPN。

（6）Azure。微软的混合云解决方案目标针对四个场景：运行高阶服务、迁移本地应用、边缘计算和持续集成、持续交付。

5. 混合云的用途

总结以上各个厂商的混合云解决方案，得到一些典型的用途。

第一，分离工作负载。使用易于扩展的公有云来快速更改工作负载，并将较少的动态工作负载留在本地数据中心。

第二，分离敏感的工作负载。将敏感的财务数据和客户信息存储在私有云中，并使用公有云运行不太敏感的应用程序。

第三，大数据处理。在公有云中执行大数据分析，同时在私有云中处理敏感的大数据。

第四，迁移到云。将企业的一些工作负载放在公有云中作为试用，并逐步扩展企业在公有云和私有云中的存在。

第五，临时处理需求。以比企业自己的数据中心更低的成本，将公有云资源用于短期项目。

6. 四大行业部署混合云的案例

下面列举在混合云部署的影响下，医疗保健、金融、教育、零售行业如何实现加快发展的策略。

（1）医疗保健。该行业面临着一系列核心挑战，如增强安全性以防止试图访问有价值患者信息的黑客入侵。随着"互联网+医疗"的深度发展，数据共享也是一个十分重要的话题。而且远程诊断、患者监视和医疗专业人员之间的实时协作已成为现实。混合云基础架构提供的公共和私有云资源的组合能够为医疗保健部门在保护患者数据、符合法规要求情况下自由移动数据。

（2）金融。既然提到合规性、安全等关键词，肯定就要说到金融行业。凭借其强大的功能、灵活性、连通性和可扩展性，混合云基础架构可以通过多种方式使金融服务行业受益。

使用公有云资源，金融机构可以在不花费大量成本的情况下大大扩展其现有基础架构。混合云做到这一点的同时又将敏感数据保留在本地，以满足合规性要求。混合云还可以利用新的云服务而不必重写应用程序，从而使金融机构能够以低成本推出新的金融产品和服务。混合云基础架构还可以帮助金融机构实现灾难恢复，从而可以始终在内部安全地备份关键数据。

（3）教育。教育行业在近几年来迅速发展，混合云的使用消除了人们对昂贵的教科书和本地硬件的需求，并提供了更容易的学习访问性、更大的移动性和更多的协作机会。

混合云部署通过允许教育机构升级其通信和学习系统而无需在基础设施上进行大量投资，有效满足了教育机构的需求。而且混合云可以在维持高度安全性的同时满足其隐私和对知识产权保护的诉求。混合云系统还使教育机构能够高效地推出创新的课程和学习材料，并在竞争激烈的市场中吸引并留住高素质的师生。

（4）零售。零售比其他行业都更想了解和更快使用最新策略，以确保最佳客户体验，这就是零售商越来越多地转向混合云解决方案的原因之一。一方面，混合云可以帮助零售商满足消费者对个性化的需求；另一方面，还可以确保数据安全性和跨渠道体验的一致性。

混合云基础架构还可以在高流量时期轻松扩展，并允许零售商利用强大的数据分析来创建客户想要的产品。实时地了解库存水平可以增加零售企业的销售额，并帮助其解决现金流的问题。

（三）管理

虽然混合云的部署纷繁复杂，但是在混合云的管理上还是需要有一个统一的管理方式。

1. 混合云管理的难点

当混合云被越来越多企业所接受时，混合云管理也成为越来越多的企业关心的话题。企业在使用混合云时，主要面临着三大挑战。

（1）企业在申请公有云服务时，通过调用 API 接口对接每个服务，每个访问需要进行身份验证，造成服务使用复杂缓慢。同时，这种访问方式支持的服务种类比较低。因此，企业需要一种方式能够直接简单地使用全量公有云服务。

（2）当前，企业都是通过统一的账号和权限接入使用公有云，不能根据不同分支机构和部门的需求按策略分配权限，无法实现公有云资源的按需精细管控。同时，公有云的资源使用也无法与私有云资源的使用进行统一管理。

（3）私有云和公有云存在服务和界面上的差异，需要在多个操作界面重复登录，造成操作和体验上的诸多不便。

当前的云服务架构并没有一个统一的标准，在使用过程中需要一个开放的云管理平台，既能兼顾历史投资，又要支持面向未来的演进，能够以统一的方式集中管理私有云、公有云以及异构虚拟化和不同供应商的云计算平台，实现资源调度与管理的自动化，并且为上层应用按需、自助、敏捷、弹性地提供云服务。

2. 云管理平台定义

云管理平台（Cloud Management Platform，CMP）定义来自国际权威的研究机构Gartner，是提供对公有云、私有云和混合云统一集成管理的产品。云管理平台主要能力包含对混合云、多云环境的统一管理和调度，提供系统映像、计量计费以及通过既定策略优化工作负载。产品还可以与外部企业管理系统集成，并支持存储和网络资源的配置，允许通过服务治理加强资源管理，以提高性能和可用性。

3. 混合云管理平台介绍

混合云的管理问题，也让众多云服务商看到了商机，纷纷推出了各自的混合云管理平台。

（1）华为云。ManageOne 是华为云 Stack 6.5（HCS 6.5）的核心部件之一，其拥有诸多强大的云数据中心管理能力，包括灵活的服务自定义和服务目录，可以匹配组织模型实现精确的资源和服务供给；强大的自动化和服务编排，能够简化业务应用的发放和维护流程，极大提升运营运维效率；全面丰富的大屏和报表特性，能够支持各种 KPI 指标的图形化呈现，从而为经营决策团队提供有效的数据支撑等。ManageOne 还有一项强大的黑科技——"云联邦"。"云联邦"是 HCS 6.5 推出的新一代混合云技术，其基于统一架构，通过认证和用户映射将私有云和公有云结成联邦体系，统一运营和运维以实现混合云统一管理。

（2）阿里云。Apsara Uni-manager 混合云管理平台是面向混合云和多级云场景的企业级云管理平台，提供全方位资源供给、运维和运营管理能力，具备一体化管控、自动化运维、智能化分析及个性化扩展等核心竞争力，通过极致的用户体验，简化混合云管理，加速企业业务数字化转型。该平台面向开发者重新定义了云和应用的界面，即在混合云、多级云、异构云场景下，开发者看到的是完全统一、一致的界面。

（3）Amazon。Amazon EC2 Systems Manager（SSM）是一套资源管理、配置的工具集，它不仅能够帮助客户完成 AWS 云中资源的管理，还能够将客户私有云中的资源统一纳入管理范围，是混合云架构中的管理利器。

（4）Google。Knative 提供了一群可重复使用的组件，帮助开发人员解决日常琐碎但必要的任务，协调部署容器的工作流、路由，管理部署时的流量，自动扩展工作负载。开发人员能以通用的开发语言与框架来部署功能、应用程序。企业只要使用由 Google 与 Pivotal、IBM、红帽和 SAP 等企业共同开发的跨云 Serverless 管理平台 Knative，就能在支持 Kubernetes 的云计算平台上自由地迁移工作负载。

三、云原生技术

云原生（Cloud Native）是云计算发展当下最火的一个词，可以分解为"云"和"原生"。"云"即上云，就是把本地的服务器资源等传上云；"原生"即从设计初期就考虑服务应用在云计算的环境中运行。下面对云原生的概述、要点和优势方面进行详细介绍。

（一）云原生概述

下面介绍云原生的产生背景和它的核心技术与发展。

1. 云原生的产生

云原生的概念最早于 2010 年在 Paul Fremantle 的一篇博客中被提及，他主要将其描述为一种和云一样的系统行为应用，当时提出云原生是为了能构建一种符合云计算特性的标准来指导云计算应用的编写。

云原生应用最早是由 Pivotal 公司在 2013 年的时候提出的，它推出了 Pivotal Cloud

Foundry 云原生应用平台和 Spring 开源 Java 开发框架，成为云原生应用架构中的先驱者和探路者。2015 年，Pivotal 公司的 Matt Stine 编写了一本叫作《迁移到云原生应用架构》的小册子。

2. 技术背景

集装箱的发明对于 20 世纪的全球化有着巨大的推动作用。集装箱这一看起来并无多少技术含量的发明，却因为实现标准化和系统化运输的创新，彻底改变了全球的货物贸易体系。

如今在 IT 领域，云计算的出现和发展相当于一次数字世界的"全球化"大发现，而云原生就相当于一次"集装箱式"的创新变革。如果把互联网看作是数字世界里的贸易航线，那么应用软件和其中的数据就是穿行在航线上的船只和货物。在传统的 IT 架构当中，最小的货运单位就是船只（单体应用），不同的企业都有自家的船只，因此每个船只上都要配备全套的 IT 基础设施（计算、存储、网络等），船只要根据业务软件的规模提前规划。如果遇到业务增长，就只能在船上增补硬件设备，一旦业务下降，这些设备也只能闲置吃灰。

而云计算的出现，相当于成立了几家大型货运公司，推出了一些超大型的标准化船只，其他企业可以选择把一部分货物交给这些货运公司去托运，甚至直接租用货运公司的船只去运货。伴随着云计算这种"集中式货运"的出现，一种基于云计算架构的应用开发技术和运维管理方式也随之出现，那就是云原生。

3. 核心技术

云原生的一个核心技术就是容器（Container），而容器的创新之处就非常类似于集装箱的创新。正如物理世界货运的最小单元从船只变成了集装箱，在云计算中，软件的最小单元不再是主机箱或者虚拟机，而是一个个容器。

4. 云原生基金会（CNCF）

在 2015 年，Google 主导成立了云原生计算基金会（CNCF），CNCF 的成立标志着云原生正式进入高速发展轨道，Google、Cisco、Docker 等纷纷加入，并逐步构建出围绕云原生的具体工具。起初 CNCF 对云原生的定义包含应用容器化、面向微服务架构和应用支持容器的编排调度这三个方面。

到了 2018 年，随着云原生生态的不断壮大，所有主流云计算供应商都加入了该基金会，且从 Cloud Native Landscape 中可以看出云原生有意蚕食非云原生应用的部分。CNCF 中的会员和容纳的项目越来越多，该定义已经限制了云原生生态的发展，CNCF 为云原生进行了重新定位，内容如下。

首先，云原生技术有利于各组织在公有云、私有云和混合云等新型动态环境中，构建和运行可弹性扩展的应用。

其次，云原生的代表技术包括容器、服务网格、微服务、不可变基础设施和声明式 API。这些技术能够构建容错性好、易于管理和便于观察的松耦合系统。

最后，结合可靠的自动化手段，云原生技术使工程师能够轻松地对系统做出频繁和可预测的重大变更。

5. 云原生的发展

2018 年以前云原生被抽象概括为"以容器化、持续交付、DevOps 以及微服务为代表的技术体系"，如图 6-17 所示。2018 年以后加入的 Server Mesh（服务网络）和声明 API 同时为这一概念灌入更深一层的意义，也就是建立一个统一中立的开源云生态。这对云原生的生态定位是很重要的一点，也算 CNCF 最初成立的宗旨之一。这些技术能够构建容错性好、易于管理和便于观察的松耦合系统。结合可靠的自动化手段，云原生技术使工程师能够轻松地对系统做出频繁和可预测的重大变更。CNCF 对云原生的描述，前半部分给出了云原生的定义，并给出目前云原生最佳的技术实践；后半部分指出构建云原生应用的目标。CNCF 还给出了构建云原生的相关技术栈以及基金会相关的孵化项目信息。

（二）云原生的要点

云原生可以简单地理解为"云原生 = 微服务 + DevOps + 持续交付 + 容器化 + Service Mesh + 声明 API"。下面依次介绍各要点。

1. 微服务

下面从微服务的定义和与 SOA 的关系这两个方面详细介绍。

（1）微服务的定义。在维基百科上对微服务的定义为"一种软件开发技术——面

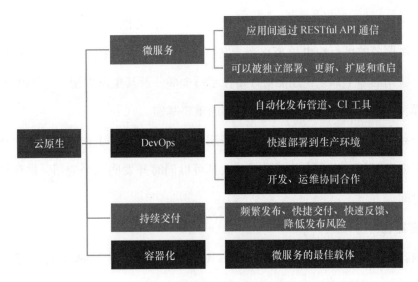

图 6-17　云原生四要点定义图

向服务的架构（SOA）的一种变体"，它提倡将单一应用程序划分成一组小的服务，服务之间互相协调、互相配合，为用户提供最终价值。每个服务运行在其独立的进程中，服务与服务间采用轻量级的通信机制互相沟通（通常是基于 HTTP 的 RESTful API）。每个服务都围绕着具体业务进行构建，并且能够独立地部署到生产环境和类生产环境。另外，应尽量避免统一的、集中式的服务管理机制。对具体的一个服务而言，应根据上下文，选择合适的语言、工具对其进行构建。

尽管有关微服务的许多讨论都围绕其体系结构定义和特征展开，但它们的价值可以通过相当简单的业务和组织收益理解。第一，可以更轻松地更新代码。第二，团队可以为不同的组件使用不同的堆栈。第三，组件可以彼此独立地进行缩放，从而减少了因必须缩放整个应用程序而产生的浪费和成本。

（2）微服务与 SOA 的关系。大体上，SOA 与微服务架构是非常相像的。微服务是细粒度的 SOA 组件。换句话说，某单个 SOA 组件可以被拆分成多个微服务，而这些微服务通过分工协作，可以提供与原 SOA 组件相同级别的功能。

微服务可以相互通信，而且这种通信通常都是无状态的，所以采用这种方式构建的应用容错性更高，对于单个 ESB 的依赖性也更低。由于微服务可以通过与语言无关的应用编程接口（API）进行通信，开发团队也可以自行选用所需工具。

纵观 SOA 的整个历史，不能说微服务是一个全新的概念。但随着容器化技术的不断改进，微服务的可行性也越来越高。它可以借助 Linux 系统容器在同一硬件上单独运行一个应用的多个部分，还能更好地控制每个部分及其生命周期。与 API 和 DevOps 团队一样，容器化微服务也是云原生应用的重要基础。

微服务可通过分布式部署，大幅提升用户的团队和日常工作效率。用户还可以并行开发多个微服务，这意味着更多开发人员可以同时开发同一个应用，进而缩短开发所需的时间。

2. 容器化

讲到容器，就不得不提 LXC（Linux Container），它是 Docker 的前身，或者说 Docker 是 LXC 的使用者。完整的 LXC 在 2008 年合入 Linux 系统主线，所以容器的概念在 2008 年就基本定型了，并不是后面由 Docker 创造出来的。关于 LXC 的介绍很多，大体都会说"LXC 是 Linux 系统内核提供的容器技术，能提供轻量级的虚拟化能力，能隔离进程和资源"，但总结起来，无外乎是 Cgroups 和 Namespace 两大知识点。

（1）Cgroups 的作用。Cgroups 最初的目标是为资源管理提供的一个统一的框架，既整合现有的 cpuset 等子系统，也为未来开发新的子系统提供接口。现在的 Cgroups 适用于多种应用场景，如单个进程的资源控制及实现操作系统层次的虚拟化（OS Level Virtualization）。Cgroups 提供了以下功能。

1）限制进程组可以使用的资源数量（Resource Limiting）。如 memory 子系统可以为进程组设定一个 memory 使用上限，一旦进程组使用的内存达到限额再申请内存，就会触发 OOM（Out Of Memory）。

2）进程组的优先级控制（Prioritization）。例如，可以使用 CPU 子系统为某个进程组分配特定 CPU Share。

3）记录进程组使用的资源数量（Accounting）。例如，可以使用 cpuacct 子系统记录某个进程组使用的 CPU 时间。

4）进程组隔离（Isolation）。例如，使用 ns 子系统可以使不同的进程组使用不同的 Namespace，以达到隔离的目的。不同的进程组有各自的进程、网络、文件系统挂载空间。

5）进程组控制（Control）。例如，使用 freezer 子系统可以将进程组挂起和恢复。

（2）Cgroups 的概念。Cgroups 是 Linux 系统内核中的一个机制，Cgroups 是实现资源控制的一个基本单位，而 Cgroup 是按某种资源控制标准划分而成的一个任务组，其中包含有一个或多个任务。层级由一系列 Cgroup 以一个树状结构排列而成，每个层级通过绑定对应的子系统进行资源控制。

1）任务（Task）。在 Cgroups 中，任务就是系统的一个进程。

2）控制族群（Control Group，Cgroup）。控制族群就是一组按照某种标准划分的进程。Cgroups 中的资源控制都是以控制族群为单位实现。一个进程可以加入某个控制族群，也可以从一个进程组迁移到另一个控制族群。一个进程组的进程可以使用 Cgroups 以控制族群为单位分配的资源，同时受到 Cgroups 以控制族群为单位设定的限制。

3）层级（Hierarchy）。控制族群可以组织成 Hierarchical 的形式，即一棵控制族群树。控制族群树上的子节点控制族群是父节点控制族群的孩子，继承了父节点控制族群的特定的属性。

4）子系统（Subsystem）。一个子系统就是一个资源控制器，比如 cpu 子系统就是控制 CPU 时间分配的一个控制器。子系统必须附加到一个层级上才能起作用，一个子系统附加到某个层级以后，这个层级上的所有控制族群都受到这个子系统的控制。blkio、cpu、cpuacct、cpuset、devices、freezer、memory 等是典型的子系统。

每次在系统中创建新层级时，该系统中的所有任务都是那个层级的默认 Cgroup（称之为 Root Cgroup，此 Cgroup 自动创建层级，后面在该层级中创建的 Cgroup 都是此 Cgroup 的后代）的初始成员。一个子系统最多只能附加到一个层级，一个层级可以附加多个子系统。一个任务可以是多个 Cgroup 的成员，但是这些 Cgroup 必须在不同的层级。

系统中的进程创建子进程时，该子进程自动成为其父进程所在 Cgroup 的成员。然后可根据需要将该子进程移动到不同的 Cgroup 中，但开始时，它总是继承其父进程的 Cgroup。

（3）Namespace 的作用。Namespace 的目的为通过抽象方法使得 Namespace 中的进程看起来拥有它们自己的隔离的全局系统资源实例。Linux 系统内核实现了六种 Namespace，包括 Mount Namespaces、UTS Namespaces、IPC Namespaces、PID Namespaces、Network Namespaces 和 User Namespaces，功能分别为隔离文件系统、定义 hostname 和 domainame、特定的进程间通信资源、独立进程 ID 结构、独立网络设备、用户和组 ID 空间。

Docker 在创建一个容器的时候，会创建以上六种 Namespace 实例，然后将隔离的系统资源放入到相应的 Namespace 中，使得每个容器只能看到自己独立的系统资源。

（4）容器化技术的优势。容器化技术的最大优势是为应用程序提供了隔离的运行空间。

假设用户在开发一个应用。用户使用的是一台笔记本电脑，而且开发环境具有特定的配置，其他开发人员身处的环境配置可能稍有不同。用户正在开发的应用不止依赖于用户当前的配置，还需要某些特定的库、依赖项和文件。与此同时，用户的企业还拥有标准化的开发和生产环境，有着自己的配置和一系列支持文件。用户希望尽可能多在本地模拟这些环境，而避免因重新创建服务器环境产生的开销。因此，用户要确保应用能够在这些环境中运行和通过质量检测，并且在部署过程中不出现令人头疼的问题，也无需重新编写代码和进行故障修复。如何实现上述需求？答案就是使用容器。

容器可以确保用户的应用拥有必需的库、依赖项和文件，可以在生产中自如地迁移这些应用，无需担心会出现任何负面影响。实际上，用户可以将容器镜像中的内容，视为 Linux 系统发行版的一个安装实例，因为其中包含 RPM 软件包、配置文件等内容。安装容器镜像发行版，要比安装新的操作系统副本容易得多。

虽然这只是一个常见情况的示例，但在需要很高的可移植性、可配置性和隔离性的情况下，可以利用 Linux 系统容器，通过很多方式解决难题。Linux 系统容器的价值在于，它能加速开发并满足新出现的业务需求。在某些情形中（如通过 Apache Kafka 进行实时数据流处理），容器是不可或缺的，因为它们是提供应用所需的可扩展性的唯一途径。无论基础架构是在企业内部还是在云端，或者混合使用两者，容器都能满足需求。当然，选择正确的容器平台也同样重要。

每个容器内都包含一个独享的完整用户环境空间，容器之间共享同一个系统内核。容器化可以快速扩展，灵活性和易用性较好。

3. DevOps

DevOps 的意思就是开发和运维不再是分开的两个团队，而是你中有我、我中有你的一个团队，如图 6-18 所示。

DevOps 如果从字面上来理解只是 Dev（开发人员）+Ops（运维人员），实际上，它是一组过程、方法与系统的统称。从 2009 年首次提出发展到现在，其内容也非常丰富，包括组织文化、自动化、精益、反馈和分享等不同方面。首先，组织架构、企业文

图 6-18　DevOps 理念

化与理念等需要自上而下设计，用于促进软件开发部门、运维部门和质量保障部门之间的沟通、协作与整合，其组织形式类似于系统分层设计。其次，自动化指所有的操作都不需要人工参与，全部依赖系统自动完成。如上述的持续交付过程必须自动化才有可能完成快速迭代。最后，DevOps 的出现是由于软件开发部门和运维部门必须紧密合作才可以按时交付软件产品和服务。总之，DevOps 强调的是高效组织团队之间如何通过自动化的工具协作和沟通来完成软件的生命周期管理，从而更快、更频繁地交付更稳定的软件。

（1）工作原理。传统的软件组织将开发、IT 运维和质量保障设为各自分离的部门，在这种环境下如何采用新的开发方法（如敏捷软件开发），是一个重要的课题。按照从前的工作方式，开发和部署不需要 IT 或者 QA 的跨部门支持，而现在却需要极其紧密的多部门协作。DevOps 考虑的还不只是软件部署，它是一套针对这几个部门间沟通与协作问题的流程和方法。

（2）作用。需要频繁交付的企业可能更需要对 DevOps 有一个大致的了解。如果一个组织要生产面向多种用户、具备多样功能的应用程序，其部署周期必然会很短。

（3）优势。DevOps 有其独特的优势，主要表现在如下六个方面。

第一，速度。高速运转，让企业可以更快速地针对客户进行创新、更好地适应不断变化的市场、更有效地推动业务成果。DevOps 模式能够帮助企业的开发人员和运营团队实现这些目标。例如，微服务和持续交付能够让团队充分掌控服务，然后更快速地发布更新。

第二，快速交付。提高发布的频率和速度，以便企业能够更快速地进行创新并完善产品。企业发布新功能和修复错误的速度越快，就越能快速地响应客户需求并建立竞争优势。持续集成和持续交付是自动执行软件发布流程（从构建到部署）的两项实践经验。

第三，可靠性。确保应用程序更新和基础设施变更的品质，以便企业能够在保持最终用户优质体验的同时，更加快速可靠地进行交付。使用持续集成和持续交付等实践经验来测试每次变更是否安全，以及是否能够正常运行。监控和日志记录方面的实践经验能够帮助企业实时了解当前的性能。

第四，规模大。大规模运行和管理企业的基础设施及开发流程。在降低企业风险的同时，帮助企业有效管理复杂且不断变化的系统。例如，基础设施即代码能够帮助企业以一种可重复且更有效的方式来管理部署、测试生产环境。

第五，增强合作。建立一个适应 DevOps 文化模式的更高效的团队，强调主人翁精神和责任感。开发人员和运营团队密切合作，共同承担诸多责任，并将各自的工作流程相互融合。这有助于减少效率低下的工作，同时节约开发及运维的时间（例如，缩短开发人员和运营团队之间的交接时间，编写将运行环境考虑在内的代码）。

第六，安全性。在快速运转的同时，保持控制力和合规性。利用自动实施的合规性策略、精细控制和配置管理技术，企业可以在不牺牲安全性的前提下采用 DevOps 模式。例如，利用基础设施和策略，企业可以大规模定义并追踪合规性。

4. 持续交付

持续交付（Continuous Delivery，CD）是一种软件工程手法，它可以让软件产品的产出过程在一个短周期内完成，以保证软件可以稳定、持续地保持在随时可以发布的状况。它的目标在于让软件的构建、测试与发布变得更快以及更频繁。这种方式可以减少软件开发的成本与时间，减少风险。

（1）与 DevOps 的关系。持续交付与 DevOps 的含义很相似，所以经常被混淆。但是它们是不同的两个概念。DevOps 的范围更广，它以文化变迁为中心，特别是软件交付过程所涉及的多个团队之间的合作（开发、运维、QA、管理部门等），并且将软件交付的过程自动化。另一方面，持续交付是一种自动化交付的手段，其关注点在于将不同的过程集中起来，并且更快、更频繁地执行这些过程。因此，DevOps 可以是持续交付的一个产物，持续交付也可以直接汇入 DevOps。

（2）与持续部署的关系。有时候，持续交付也与持续部署混淆。持续部署意味着所有的变更都会被自动部署到生产环境中。持续交付意味着所有的变更都可以被部署到生产环境中，但是出于业务考虑，可以选择不部署。如果要实施持续部署，必须先实施持续交付。

（3）自动化软件发布流程。持续交付让企业的团队能够自动构建、测试并准备代码变更，以便发布到生产环境中，从而使软件交付更加高效、快速。

（4）提高开发人员的工作效率。这些实践可将开发人员从手动任务中解放出来，并且鼓励有助于减少错误的行为，从而提高团队的工作效率。

（5）更快发现并解决缺陷。通过更频繁、更全面的测试，可以在缺陷变成大问题前发现并解决。持续交付让企业能够更轻松地对代码执行其他类型的测试，因为整个过程已实现自动化。

（6）更快交付更新。持续交付有助于软件产品更快、更频繁地向客户交付更新。当持续交付得以正确实施时，企业将始终能够获得一个已通过标准化测试流程的部署就绪型构建工件。

5. Service Mesh

Service Mesh 最早在 2016 年 9 月 29 日由开发 Linkerd 的 Buoyant 公司首次提出。2016 年 10 月，Alex Leong 开始在 Buoyant 公司的官方博客中连载一系列关于"A Service Mesh for Kubernetes"的文章。随着 2017 年 Linkerd 加入 CNCF，Service Mesh 开始大规模出现在各个技术论坛。Service Mesh 在国内被翻译为"服务啮合层"或"服务网格"。

Service Mesh 用于处理服务到服务通信的专用基础架构层。云原生有着复杂的服务拓扑，它负责传递可靠的请求。Service Mesh 通常作为轻量级网络代理，在应用程序无感知的情况下，与应用程序代码部署在一起。

传统模式下，代理一般是集中式的单独服务器，所有的请求都先经过代理，然后再流入转发到实际的后端应用，如 Nginx。在 Service Mesh 中，代理变成分布式的，它常驻在应用服务的旁边（最常见的就是 Kubernetes Sidecar 模式，每一个应用的 Pod 中都运行着一个代理，负责与流量相关的事情）。这个代理是基于流量的，一般存在 IP 或者 TCP 层面，很少关注服务的应用逻辑。在 Service Mesh 中，代理会知道整个集群的所有应用信息，并且额外添加了热更新、注入服务发现、降级熔断、认证授权、超时重试、日志监控等功能，这些通用的功能放在代理中即可。

（1）Service Mesh 现状。目前 Service Mesh 的框架快速涌现，以下几个框架是经常被提到的。

1）Linkerd。2016 年 1 月 15 日，Twitter 前基础设施工程师 William Morgan 和 Oliver Gould 组建了一个名为 Buoyant 的公司，同时在 GitHub 上发布了 Linkerd 0.0.7 版本。它由 Scala 实现，自此业界第一个 Service Mesh 项目诞生。2016 年下半年，Linkerd 陆续发布了 0.8 和 0.9 版本，宣布支持 HTTP/2 和 gRPC。2017 年 1 月 23 日，Linkerd 加入 CNCF。2017 年 4 月 25 日，Linkerd 发布了 1.0 版本。

Linkerd 在生产环境得到了大规模使用，但是随着 Istio 的诞生，Linkerd 开始走下坡路。由于 Istio 背后有强大的 Google 和 IBM 的支持，也拥有非常活跃的社区。虽然到目前为止 Istio 还没有大规模使用，但是业界已将其列为第二代 Service Mesh。2017 年 7 月 11 日，Linkerd 迫于压力发布 1.1.1 版本，宣布和 Istio 项目合并，但是 Linkerd 在 Istio 中替代 Envoy 的难度非常大，前景并不是特别乐观。

2）Envoy。2016 年 9 月 13 日，Lyft 的 Matt Klein 宣布 Envoy 在 GitHub 开源，并发布 1.0.0 版本。Envoy 由 C++实现，在性能和资源消耗上非常出色。和 Linkerd 相比，Envoy 发展得更平稳，被 Istio 收编之后，Envoy 专注于数据平面。2017 年 9 月 14 日，Envoy 加入 CNCF，成为 CNCF 继 Linkerd 之后的第二个 Service Mesh 项目。目前，Envoy 已用于生产系统中，据 Lyft 介绍，"Envoy 在 Lyft 上可以管理一百多个服务及上万台虚拟机，每秒可处理近两百万次请求"。

3）Nginmesh。2017 年 9 月，在波特兰举行的 nginx. conf 大会上，Nginx 宣布在 GitHub 上发布了 Nginmesh 0.1.6 版本。Nginmesh 的定位是作为 Istio 的服务代理，也就是专注于数据平面，和 Linkerd 与 Istio 集成的思路一致。Nginmesh 的发展一直比较缓慢，目前它还没有应用到生产环境中。

4）Conduit。由于 Buoyant 在 Linkerd 上受到 Istio 压制，2017 年 12 月 5 日，Buoyant 在 KubeConf 上发布了 Conduit 0.1.0 版本，作为 Istio 的竞争产品。Conduit 的架构几乎和 Istio 一样，也分成了数据平面和控制平面，为了具备性能和资源占用方面的优势，它直接采用 Rust 语言开发。Conduit 也被称为第二代 Service Mesh。

5）Istio。2017 年 5 月 24 日，Istio 0.1 版本发布，目前已经发展到了 Istio 0.7 版本。Istio 背后是强大的 Google 和 IBM 公司，所以 Istio 自诞生之日起就备受瞩目。Istio 的初期版本只支持 Kubernetes 平台，从 Istio 0.3 版开始支持非 Kubernetes 平台，可以独立运行。

（2）Service Mesh 的优势。应用微服务之后，每个单独的微服务都会有很多副本，而且可能会有多个版本，这么多微服务之间的相互调用和管理非常复杂，但是有了 Service Mesh，就可以把这块内容统一在代理层。

有了看起来四通八达的分布式代理，管理员还需要对这些代理进行统一的管理。管理员只需要根据控制中心的 API 来配置整个集群的应用流量、安全规则即可，代理会自动和控制中心打交道，根据用户的期望改变自己的行为。

6. 声明 API

API 是一些预先定义的接口（如函数、HTTP 接口），或指软件系统不同组成部分衔接的约定。它用来提供应用程序与开发人员基于某软件或硬件得以访问的一组例程，而又无需访问源码或理解内部工作机制的细节。

所谓"声明式"，指的就是用户只需要提交一个定义好的 API 对象来"声明"所期望的状态是什么样子。声明式 API 允许有多个 API 端以 Patch 的方式对 API 对象进行修改，而无需关心本地原始 YAML 文件的内容。Kubernetes 项目可以基于对 API 对象的增、删、改、查，在完全无需外界干预的情况下，完成对"实际状态"和"期望状态"的调谐（Reconcile）过程。声明式 API 才是 Kubernetes 项目编排能力"赖以生存"的核心所在。

（三）云原生的优势

云原生的容器、微服务等技术为 DevOps 提供了很好的前提条件，保证 IT 软件开发实现 DevOps 和持续交付等关键应用。能够实现 DevOps 和持续交付，已经成为云原生技术价值不可或缺的内涵部分，这也是互联网巨头企业和众多中小应用开发公司与个人越来越多选择云原生技术和工具的原因。

而对于企业而言，选择云原生技术不仅仅是出于降本增效的考虑，还能为企业创造过去难以想象的业务承载量。对于企业业务规模和业务创新来说，云原生技术都正在成为全新的生产力工具。过去企业看重的办公楼、厂房、IT 设施等有形资产的重要性也逐渐被这些云端数字资产所超越，企业正通过云原生构建一个完整的数字孪生新体系，而这才是云原生技术的真正价值所在。

基于云原生技术带给企业的应用开发的技术价值可以大幅降低企业 IT 开发和运维的成本，并且能提升企业业务的创新效率和产业价值。

对于外界而言，人们最直观的感受就是近几年节假日前在"12306"抢票很少会遇到系统崩溃。在购物节的流量高峰时，页面也很少出现延迟或者无法刷新的情况，而人们对大型的在线直播、游戏的体验也很棒。有时高达数以亿计的高并发流量的实现都得益于云原生技术的快速弹性扩容。

对于整个云计算产业本身的发展来说，云原生也完成了一次全新的技术生产力变革，就如同近代能源革命导致产业规模指数级跃迁一样，云原生也将云技术的应用特性和交付架构进行了创新性组合，极大地释放了云计算的生产能力。此外，云原生的变革从一开始就自然而然地与开源生态走在了一起，也意味着云原生技术从一开始就选择了一条"飞轮进化式"的道路，通过技术的易用性和开放性实现快速增长，又通过不断壮大的应用实例推动了企业业务全面上云。当然，企业业务的全面云原生化并非一蹴而就，企业业务的技术架构变革仍然要迎接很多的挑战，比如传统虚拟机模式下的运维习惯、原有的 IT 资产切换、人员的思维和管理方式变革等。不过，鉴于云原生所带来的种种好处，其对于企业的未来业务发展的优势已经成为众多企业的新共识。

可以预见，更多企业在经历了这一轮云原生的变革之痛后，能够穿越企业的原有成长周期，跨到数字经济的新赛道，更好地迎接即将到来的全面云化的数字时代。

思考题

1. 云计算平台主流服务应用有哪些？

2. 传统业务部署和应用上云业务部署有哪些异同点？

3. 高性能部署方案侧重于考虑哪些因素？

4. 容器编排技术有哪些？

5. 什么是云原生？

第七章
云计算安全管理理论知识

　　云计算是继计算机、互联网之后信息领域的又一重大技术变革，云计算的出现，给业界提供了新的发展机遇。与此同时，云计算安全依然是一个严峻的问题。

　　研究表明，越来越多的组织正在将其系统和数据迁移到云端，在云中工作时，安全性与内部部署环境一样重要。云服务提供商必须保护付费用户的数据安全（数据可用性、完整性、私密性和正确性），这些用户能够放心使用云服务，也是主流 IT 设备厂商及服务提供商能够健康成长发展的必要条件。因此，云计算安全是主流 IT 产业服务模型健康可持续发展的必要条件。

第一节　云计算硬件安全管理

考核知识点及能力要求：

- 熟悉硬件安全的保障方法。
- 掌握硬件安全的测试方案。

一、保障云计算硬件安全的方法

云计算基础设施包括物理环境、计算、存储、网络等物理系统，以及虚拟化、网络、负载等各种非实体的系统。云计算基础设施安全是云计算稳定运行的基础。基础设施一旦遭受破坏，将会对云计算数据中心造成严重的打击。本节将从物理安全方面介绍云计算基础设施安全保障措施，为 IaaS 稳定、可靠的服务提供安全保障。

（一）云计算物理安全相关管理

物理安全是云计算安全体系的重要组成部分，在实践中，很大一部分网络故障都归结于物理安全，所以物理安全机制与云计算其他安全机制一样重要。云计算物理安全涉及整个系统的配套部件、设备和设施的安全、所处的环境安全、人员安全等几个方面，是云计算信息系统运行的基本保障。

1. 云计算物理安全概述

为了充分保障云计算中物理系统的安全，首先，应该明确物理安全保障的内容及范围；其次，还要明确物理安全面临的安全威胁，以便针对这些安全威胁采取必要的保障措施。

2. 云计算物理安全威胁

云计算物理设施面临的安全威胁包括非人为的影响（如自然灾害、电磁环境影响、物理环境影响和软硬件影响）以及人为造成的安全威胁（如物理攻击、操作失误、管理不到位、越权或滥用）两个方面。下面主要介绍自然灾害、环境影响以及物理攻击。

（1）自然灾害。自然灾害对于云计算数据中心安全的影响往往是毁灭性的，包括地震、水灾、雷击、火灾等。这些灾害具有突发性和不可预测性，如果在发生之前没有对云计算数据中心做好防护措施，就会对数据中心造成严重的破坏，带来严重的经济损失和人员伤亡。

（2）环境影响。环境因素对数据中心造成的威胁主要来自两个方面：一方面来自电磁环境的影响，包括断电、电压波动、静电、电磁干扰等；另一方面来自物理环境的影响，包括灰尘、潮湿、温度等。

（3）物理攻击。物理攻击包括物理设备接触、物理设备破坏、物理设备失窃等。人为损坏包括故意和无意损坏设备。无意损坏设备多半是因操作不当造成的；而有意损坏设备则是有预谋的，这类攻击很难防范，因为攻击者往往是能够接触到设备的工作人员。而且在云计算数据中心，很多设备和部件价值不菲，往往会成为偷窃者的目标。

3. 云计算物理安全体系

传统信息系统在面对各种物理安全威胁时，一般是从环境安全、设备安全、介质安全、人员安全四个方面进行保护的。

（1）环境安全。通过采取适当的措施对信息系统所处的环境进行严密保护和控制，提供安全可靠的运行环境，从而降低或避免各种威胁。

（2）设备安全。对硬件设备及部件采取适当安全控制措施，来保障信息系统的安全可靠运行，降低或阻止人为或自然因素对硬件设备安全可靠运行带来的威胁。

（3）介质安全。为了使信息系统的数据得到物理上的保护，通过采取适当的措施保障介质的安全，从而降低或避免数据存储的威胁。

（4）人员安全。通过加强对人员的管理，从而降低或避免信息系统遭受的来自内部或外部个人或组织的恶意攻击。

以上是物理安全重点关注的四个领域。云计算信息系统具备系统的所有特质，所以云计算信息系统的物理安全建设也可以从以上几个方面来展开，即从云环境安全、设备安全、介质安全、人员管理安全四个方面进行安全建设。

4. 环境安全

环境安全是物理安全的最基本保障，是整个安全系统不可缺少的重要组成部分。云计算环境安全是指对云计算信息系统所处环境的保护，包括消防报警、安全照明、不间断供电、温湿度控制和防盗报警等设备。机房与设施安全内容包括机房的选址、防火、防水和防潮、防雷击、防震、防静电等能力。

（1）机房选址。机房和办公场地应选择在具有防震、防风和防雨等能力的建筑内。机房场地应避免设在建筑物的高层或地下室，避免设在用水设备的下层或隔壁。

（2）防火。机房应设置火灾自动消防系统，能够自动监测火情、自动报警，并自动灭火。机房及相关的工作房间和辅助房间应采用具有耐火等级的建筑材料。机房应采取区域隔离防火措施，将重要设备与其他设备隔离开。

（3）防雷击。机房建筑应设置避雷装置、防雷保安器（防止感应雷）和交流电源地线。

（4）防水和防潮。水管安装，不得穿过机房屋顶和活动地板下，并采取措施防止雨水通过机房窗户、屋顶和墙壁渗透。机房应采取措施防止内部水蒸气结露和地下积水的转移与渗透；安装一些对水敏感的检测仪表或元件，对机房进行防水检测和报警。

（5）防静电。对产生静电的主要因素应予以排除，在机房中使用防静电地板，采用静电消除器等装置，减少静电的产生。

（6）温湿度控制。机房应设置温湿度自动调节设施，使机房温度、湿度的变化在设备运行所允许的范围之内。

（7）电力供应。在机房供电线路上配置稳压器和过电压防护设备来防止压力过载，并提供短期的备用电力供应，至少满足设备在断电情况下的正常运行要求。设置冗余或并行的电力电缆线路为计算机系统供电，保障系统的安全运行，并建立备用供电系统。

5. 设备安全

在云计算中，设备安全保护对象包括构成信息系统的各种设备、网络线路、供电连接、各种介质等，设备的抗电磁干扰能力、防电磁泄漏能力、电源保护能力，以及设备振动、强撞、冲击适应性等直接决定了云计算信息系统的保密性、完整性和可用性，所以保障物理设备的安全是保障云计算物理安全的基础。对物理设备保护的具体措施如下。

（1）防毁防盗。对云计算信息系统来说，如果云存储服务器或者网络设备被盗被毁，存储在其上的重要数据和业务信息也随之丢失，其所造成的损失远远超过被盗被毁设备本身，甚至构成犯罪。因此，应妥善安置及保护设备，并对重要的设备和介质（磁盘等）采取严格的防盗措施。

为了防止设备被盗取，可以在重要设备上贴上标签、设置锁定装置。这样，一旦非法携带设备外出，监测器就会发出警报。另外，安装监控报警系统也是很有必要的，它不仅能对整个云计算数据中心进行实时监控，还可以迅速找到出现问题的设备。

（2）防电磁泄漏。计算机主机及其附属电子设备在工作时会不可避免地产生电磁辐射，这些辐射中携带计算机正在处理的数据信息，因而电磁泄漏很容易造成信息泄露。此外，磁泄漏极易对周围的电子设备形成电磁干扰，影响周围电子设备的正常工作。从技术上讲，目前常用的防电磁泄漏措施主要有抑源防护、屏蔽防护、滤波防护、干扰防护、隔离防护、光纤防护等。

（3）电源保护。电源系统电压的波动、浪涌电流和突然断电等意外情况的发生，很可能引起云计算信息系统存储信息的丢失、存储设备的损坏。传统电源保护方法有三种，即选择合适的电源调整器、使用 UPS 和正确操作电源。

（4）设备保护。云计算信息系统设备的安全保障除了防盗、防毁、防电磁泄漏、电源保护，还要对设备进行维护和保养，对于报废的设备也要正确地处理和利用，如将设备进行地点转移应该按照相关规定来执行，以免由于疏忽造成数据的泄露和丢失。

6. 介质安全

在云计算信息系统中，常用的介质有硬盘、磁盘、磁带、打印纸、光盘等，使用这些介质来存储、交换数据，极大地方便了云计算信息系统的数据转移和交换，但这种方便性也给云计算信息系统带来很大的风险。

介质也可以看成云计算数据中心的设备，其管理办法和设备安全管理有相似之处，但是由于介质的独特性质，与设备安全管理也存在着差异性，具体的管理措施如下。

第一，对于存储业务数据或程序的介质，必须注意防磁、防潮、防火、防盗，并且管理必须落实到人，并分类建立登记簿。

第二，对于存储在硬盘上的数据，要建立有效的级别、权限并严格管理，必要时要对数据进行加密，以确保数据的安全。

第三，对存储重要数据的介质，要备份两份并分两处保管。

第四，打印有业务数据或程序的打印纸，要视同档案进行管理。

第五，凡超过数据保存期的介质，必须经过特殊的数据清除处理。

第六，凡不能正常记录数据的介质，必须经过测试确认后方可销毁。

第七，对删除和销毁的介质数据，应采取有效措施，防止被非法复制。

第八，对需要长期保存的有效数据，应在介质的质量保证期内进行转储，转储时应确保数据内容正确和完整。

7. 人员安全

在云计算信息系统中，任何一个环节都需要人员的保障，然而，人员也会给云计算信息系统带来很大的风险。云计算信息系统所遭受的人为威胁主要来自内部人员、准内部人员、特殊身份人员、外部个人或组织以及竞争对手。针对以上问题，云服务提供商要加强对人员的安全管理。

（1）物理访问控制。机房出入口应安排专人值守并配置电子门禁系统，控制、鉴别和记录进入的人员；需进入机房的来访人员应经过申请和审批流程，并限制和监控其活动范围。应对机房划分区域进行管理，区域和区域之间设置物理隔离装置，在重要区域前设置交付或安装等过渡区域；重要区域应配置第二道电子门禁系统，控制、鉴别和记录进入的人员。

（2）人员身份识别。主要包括以下两方面。

1）PIN 码使用。明确每个用户使用 PIN 码的责任，每隔 90 天修改 PIN 码口令，PIN 码的最短长度不得低于 6 位，且避免使用与个人有关数据（如生日、身份证号码、单位简称、电话号码、同事名字等）当作 PIN 码，也要避免在不同的应用情况下使用同样的 PIN 码。用户需要保守 PIN 码的秘密性，不要将密码告诉任何不相关的人；用户需要避免保留 PIN 码的字面记录或电子记录；用户需要避免将 PIN 码通过 Email、电话等任何电子的或纸质的方式传播出去。任何时候有迹象表明 PIN 码可能已经泄露或受损害，要立即更换。

2）用户生物体征。用户生物体征识别（生物体征）是指通过计算机利用人体所固有的生理特征或行为特征来进行个人身份识别和（或）验证目的。常用的生物特征包括指纹、掌纹、虹膜、脸像等。

指纹识别：计算机系统通过个体指纹生理特征的提取、比对、验证，从而达到身份识别目的。目前，指纹鉴定已经被各方广泛接受，成为一种有效的身份识别手段。指纹识别技术在所有生物特征识别技术中性价比最好。指纹门禁系统、指纹考勤系统是基于指纹的身份鉴别技术最直接的应用成果，随着网络化的更加普及，指纹识别的应用将更加广泛。

虹膜识别：一种新兴的生物特征识别技术，通过对个体虹膜图像提取、图像处理、虹膜特征提取、匹配与识别等手段达到身份识别目的。它具有唯一性、稳定性、可采集性、非侵犯性等优点。虹膜具有更高的准确性。目前，虹膜识别的错误率是各种生物特征识别中最低的。

（3）设备的使用授权安全。主要包括以下两方面内容。

1）外来访问者设备使用管理规范。主要包括以下四方面：访问者预先提出申请并由相关负责人审批，确认访问者身份和许可证明。需要记录访问相关信息。对设备上的敏感信息进行一定的保护。授予相应访问权限。记录离开相关信息并收回相应的访问权限。

2）内部员工管理方法。主要包括以下四方面。

第一，内部员工的访问控制管理办法应采取分权、分级并基于角色和应用相结合的授权方法（这里的内部员工是指在同一部门工作的人员，非该部门内人员都不属于内部员工概念的范畴，而属于外来访问者）。

第二，通过人事系统中员工的情况授予其相应的设备相关权限和承担的责任。以书面的方式将员工的权限和相应的责任提交给员工本人。根据员工权限和责任的大小确认是否需要签署相关的保密协议。

第三，在日常工作中记录员工的安全区域访问日志信息。

第四，员工一旦离职或调动岗位，应立即收回或调整其访问的权限。

（二）硬件设备相关安全管理

1. 设备网络管理

对网络设备的配置文件进行日常的管理，包括对配置文件的备份和对比（包括运行文件和启动文件）。系统支持批量备份。系统支持将历史备份的配置文件写到相关的设备上，便于对设备的配置进行恢复。系统支持定时备份的功能，系统管理员可以依据本单位的管理规定，设置定期备份周期，可以按天、周、月、季、年等方式进行相关设置，从而达到对网络设备实时备份的需要。

（1）合规性检查。依据本单位或相关行业的安全管理规范，定义相应的规则、规则组和策略，依据该策略对当前的网络设备进行扫描和安全检查，对不符合安全策略的配置进行标注和提醒，并依据不同的违反级别生成相应的合规性检查报表，也可产生相应的告警。使管理员对全局的网络设备有个清楚的了解，从而提高安全级别，保障业务的正常开展，为本单位的生产提供安全的环境。

（2）远程设备维护。对远程网络设备进行密码维护，用户不需要打开命令行窗口而是直接在系统里运用系统提供的操作界面就可以对远程的网络设备进行密码的修改和维护，支持批量修改密码。当密码使用一段时间后，系统可以定期提醒管理员进行密码的修改，保证设备的密码安全。系统支持密码操作的审计，支持市面主流网络设备，特殊设备支持定制开发。

（3）自动化运维。系统管理员需要定期对设备进行巡检，系统提供了定时巡检的功能，管理员只需要在操作界面上通过配置命令集合的方式就可以实现对远程设备进行巡检，巡检的结果被存放到系统中，便于查看。可以分为有结果的巡检和无返回结果的巡检。系统还提供智能化的命令执行窗口，将需要执行的命令在窗口里输入，选择需要执行的设备，就可以执行相关的命令并把执行的结果显示出来，方便管理员日常的管理，不需要再一个个地登录设备去分别执行，以此提高日常管理的效率和质量，实现自动化巡检功能。

2. 设备接口管理

外设是微机系统的重要组成部分。正由于外设种类繁多、物理特性各异，所以任何外设都必须通过 I/O 接口连接到系统总线上，并在 I/O 软件的控制和管理下，屏蔽了具体设备的物理特性，降低了用户使用设备的复杂性。

（1）I/O 设备概述。现代计算机系统通常配备大量的 I/O 设备，用于计算机系统与外部世界（如用户、其他计算机或电子设备等）进行信息交换或存储。I/O 设备又称为外围设备或外部设备，简称外设；主要用于内存和 I/O 设备之间的信息传送操作。

（2）按信息传输方向划分 I/O 设备。输入设备是将外界信息输入计算机，如键盘、鼠标等；输出设备将计算结果输出，如显示屏、打印机等；输入输出设备既可以输入信息，也可以输出信息，如网卡、磁盘等。

（3）按交互功能划分 I/O 设备。人机交互设备用于用户与计算机之间的交互通信，如鼠标、键盘、显示器等；存储设备持久性地存储大量信息并快速检索，如磁盘、光盘等；机机通信设备用于计算机和计算机之间的通信，如网卡、调制解调器等。

（4）按设备管理划分 I/O 设备。字符设备以字符为单位进行信息交换，如大多数人机交互设备；块设备以固定大小的数据块进行信息交换，如磁盘；网络设备是用于与远程设备通信，如网卡。

3. 设备资源分配管理

资源管理器是系统中的"大管家"，帮助人们管理电脑中的文件。不管是文字、声音还是图像，最终都将以文件形式存储在计算机上。

（1）计算资源分配。计算资源即 CPU。主流的计算机通常有一个或多个 CPU，或者一个 CPU 中有多个核（即多核 CPU）。从操作系统的角度来看，有多个 CPU 或一个多核 CPU 意味着可以同时执行多个任务。所以，操作系统必须合理地安排和调度任务，使得多个 CPU 或多核尽可能地利用起来，避免出现竞争或闲置的情形。在支持多任务并发的操作系统中，这一职责称为任务调度。

在现代操作系统中，由于任务是由进程或线程来完成的，操作系统的这部分功能也称为进程调度或线程调度。因为任务的数量可能超过 CPU 或核的数量，所以，多个任务可能共用同一个 CPU 或核，这就需要有一种硬件机制能够让操作系统在不同的任务之间实现切换，这是任务调度的硬件基础。通常，计算机提供的时钟中断可以让操作系统很方便地做到这一点，也就是说，每隔一定的时间，硬件系统会触发一个中断；操作系统截获此中断，按照某种算法暂停当前正在执行的任务，并选择一个新的任务，从而实现任务的切换；到下一个时钟中断到来时，再继续这样的切换过程。因此，多个任务可以在一个 CPU 或核中被轮流执行。操作系统可以设定时钟中断间隔的长度，也可以选择不同的算法来安排这些任务被先后执行，这样就形成了各种不同的调度算法。

（2）存储资源分配。存储资源通常包括内存（RAM）和外存（也称为辅助存储器）。由于外存是通过标准的 I/O（输入/输出）来管理的，而内存是 CPU 直接通过系统总线来访问的，所以，在讨论输入/输出的时候再介绍外存，此处仅考虑内存资源的管理。内存是 CPU 执行一个任务的物质基础，CPU 内部的寄存器具备计算的能力。除了寄存器（其本身也是一种存储资源）以外，数据的来源是系统内存。在现代操作系统中，每个任务都有其独立的内存空间，从而可以避免任务之间产生不必要的干扰，所以操作系统有责任为每个任务提供相对独立的内存空间。把连续编址的物理内存划分成独立的内存空间，典型的做法是段式内存寻址管理和页式虚拟内存管理。不同的硬件体系结构可能支持不同的方案。

在支持多任务的系统中，若所有任务的内存需求加起来的总量超过了当前系统的物理内存总量，那么，系统或停掉一些任务，或把一些任务转移到外存（如磁盘）中，以后当内存空闲时再把这些任务转换回来，或系统有选择地把部分不常用的内存转换到外存，并且根据适当的规则将来再慢慢地转换回来。虚拟内存的映射以及物理内存不足时的换出和换入操作，这都是操作系统管理内存资源的重要任务。前者依赖于硬件提供的机制，而后者则更多地由操作系统自己来控制。

（3）I/O 资源分配。除了计算资源和内存资源的管理以外，操作系统对其他资源都通过 I/O 来管理。例如，上面提到的外存资源，如磁盘，在现代计算机中是不可或缺的部件；另外，键盘和鼠标通常是标准的输入设备，而显示器和打印机往往是标准的输出设备。操作系统为了跟 I/O 设备打交道，需要三方面的技术保障——CPU 通过特定的指令来控制 I/O 设备，I/O 设备通知 CPU 发生了特定的事情，以及在系统主内存和设备之间传输数据。

（4）计算机硬件维护与管理的策略。需注意以下四点。

第一，重视对计算机网络硬件的维护与管理。计算机主要由软件和硬件两大部分组成。目前，针对计算机软件的开发、更新技术迅速发展，先进的网络防御系统保障了计算机数据的安全。但是，对计算机硬件的发展投入有待提高，要对其硬件进行相关设备的采购和添置，使计算机的硬件设备能与软件设备协同发展，提高其整体的防御性。

第二，加强对计算机硬件设备的分层维护与整体管理。计算机的外围硬件主要包括显示器、鼠标和键盘。对其进行硬件设备的维护与管理，首先要从这几个硬件入手分别维护，整体管理。针对显示器，使用时确保显示器干燥、不可反复开关显示器，对其内部灰尘使用专业清洁剂和毛刷定期除尘。鼠标是极易出现问题的输入设备，使用时要特别注意，不能用力过猛进行点击，以免对按键造成破坏，感光板要注意清洁，用拭镜纸进行擦拭，避免感光性下降。键盘要防止短路和腐蚀问题的出现，尤其要注意避免将液体洒入键盘，打字时敲击力度不要太大，也不要长期按住个别按键，以免损坏，最后注意防尘，定期除灰。

第三，重视对计算机硬件中内部元器件的维护与管理。计算机内部元器件主板、硬盘和光驱是计算机硬件内部极为重要的组成部分，对这些器件做好日常的维护工作，有利于延长计算机寿命，发挥最大价值。主板是计算机的重要组成之一，其损坏会造成计算机系统的整体瘫痪。因此，不能随便插入或者拔出主板，注意设备之间的接触要有安全保障，清洗主板后选择阴干、防止腐蚀，也要避免暴晒。硬盘是计算机内的数据存储设备，对于用户来说极为重要，而且硬盘极为脆弱，所以要避免硬盘损坏，要注意使用时降低硬盘使用负荷，避免同时开启多个下载任务。光驱容易出现的问题是无法读取或者读取较慢，可能是积灰太多引起的，也可能是激光头老化引起的，要及时排查问题，解决问题，以免影响计算机的工作。

第四，营造整洁的计算机工作环境。计算机硬件是计算机的重要设备，外部环境会在一定程度上对计算硬件产生很大影响，因此在使用计算机进行工作时，一定要重视其外部环境的营造。首先，做好防潮工作。定期检查计算机插头、插座和引脚处是否有潮湿或者变色现象，一旦有潮湿现象，要立即停止计算机在潮湿环境中工作，否则会造成接触不良，影响计算机正常工作。其次，做好除尘工作。要尽量为计算机使用创造一个干净整洁的环境，防止大量尘土进入计算机内部。同时也要定期清洁，避免灰尘过多而影响计算机的运行速度。

二、硬件安全测试方案

基于以上保障计算机硬件安全的方法与管理措施，计算机硬件安全至少要从以下三个方面加以保障。

（一）物理环境设施应用

计算机的使用环境一般指对其工作的物理环境方面的要求。一般的微型计算机对工作环境没有太大的要求，通常在办公室等条件下就可以使用。但是基于数据中心的安全考虑，其物理环境应更为全面。

1. 物理环境供电安全

保证云计算数据中心具有充足的电能是非常关键的，可通过采用后备电能供给系统来保障云计算数据中心电能的供给。目前有三种后备电源供给方式，即 UPS、电源连接器和备用电源。如果电力中断的时间超过了 UPS 电源能够持续的时间，这时就需要使用备用电源。备用电源可以是从另一个变电站或者从另一个发电机接来的后备电力线，用来提供主要电能，或者给 UPS 的电池充电。

在建设云计算数据中心时，首先确定要有不间断电源保护。其次，估计备用电源能够提供多久的电能及每台设备需要多少电能。一些 UPS 提供的电能仅够系统完成一些后续工作，但是有些系统可能需要工作更长时间。针对云计算业务的特点，在选用 UPS 时要选用当云计算数据中心断电的情况下，能够支持系统继续运行以完成关键业务的 UPS。再次，还需定期检测备用电源，保证它能够正常运行并达到预期的要求。具体需要做到如下三点：

第一，设备配电电源应符合设备制造商规定的相关技术规范。

第二，确保关键级设备获得持续的电力供应、保证供电可靠性。有三个方案可供选择：防止电源单点故障的多路供电；配备不间断电源（UPS）；配备备用发电机。

第三，应对供电设备定期检测维护，具体包括：应对 UPS 设备定期检查，以确保 UPS 有充足的电量，同时应按照供应商的测试建议进行测试。发电机安装后，应按照供应商说明的测试方法进行必要的测试，应配备充足的燃料以确保发电机能够长时间供电。所有的楼房应安装防雷保护装置，雷电的防护过滤器应当安装在外部的通信线上。如有停电计划，应提前通知有关部门，防止突然断电造成的不必要损失。

2. 物理环境线缆安全

第一，无论电力电缆还是通信电缆应尽可能埋在地下，或必须得到其他适当的保护。

第二，网络电缆线路应提防未经授权的截取或损坏。

第三，电源电缆应与通信电缆分离，以防干扰。

第四，定期对线路进行维护，包括线路巡视检查和线路技术指标测试，及时发现线路故障隐患。

第五，对于敏感或重要的设备，应考虑采用进一步的控制。例如，电缆检查点和端点放在带锁的房间或盒子里，用专门的检查工具来检测与电缆连接的非法仪器，或采用数据加密技术对传输的数据进行加密等。

（二）硬件设备使用日志和权限审计

计算机中的日志是按正常工作状态记录的，所以冗余量很大。此处的日志类似于来访的信息记录。

1. 硬件设备变更情况管理

登记记录的内容应该包括：设备名称信息；操作人的姓名、证件号码、访问的日期和进出时间；更改原因和相关的审批人；更改的内容，包括原来的内容、变更的部分内容和变更后的内容；访问的设备和媒介的名称、数量、编号、进出时间、申请批准证明、批准者；监测、报警系统的报警时间，现场勘测人员的姓名、到达时间，以及现场的其他情况。

2. 硬件设备日志文件保留时间

日志中的信息组成部分和保留日期可根据需求动态调整和定义。关键级设备使用登记记录应该至少保留一年，以备审计用，超过保留期限的日志应监督销毁；重要级别设备使用登记记录应该至少保留三个月，以备审计用，超过保留期限的日志应监督销毁。

3. 日志文件定期审计和权限审计

根据日志文件的保留时间，可依据重要程度动态调整和定义。

（1）日志定期审计。关键级设备的日志文件每 6 个月审核一次；重要级设备的日志文件每 12 个月审核一次。

（2）内部人员权限定期审计。关键级设备的人员权限每 3 个月审核一次；重要级设备的人员权限每 6 个月审核一次。

（三）硬件设备维护与处置

计算机中硬件的维护与后期处置是保障计算机稳定运行的基本条件之一，因此工作人员要定期对计算机硬件进行设备维护和处置。

1. 硬件设备维护安全

设备的维护不当会引起设备故障，从而造成信息的不完整甚至不可用。因此，应按照相应设备供应商提供的维护手册上的要求进行维护，或自行制定相应的设备维护政策对设备进行适当的维护，确保设备处于良好的工作状态，即保持设备的可用性和完整性。对设备的维护应当考虑以下几点：

- 按照供应商推荐的保养时间间隔和规范进行设备保养；

- 重要级及以上级别设备只有经授权的专业人员才能维修和保养维护；

- 维修人员应具备一定的维修技能和专业资质；

- 应储备一定数量的备品与配件，并保留所有有疑问或实际缺陷以及所有预防和纠正措施的记录；

- 当将设备送外进行保养时，应采取适当的控制，防止敏感信息的泄露；

- 未经许可，不得擅自拆开设备或调换设备配件；

● 关键级的设备应采用冗余的设置；

● 设备维护时应采取相应的数据保护措施，维护含有敏感数据的设备时应有信息安全员在场；

● 对设备进行维修时，必须记录维修的对象、故障原因、排除方法、主要维修过程及维修相关的情况。

2. 硬件设备处置和重用安全

信息设备到期报废或淘汰，或改变设备原来的使用用途时，如果粗心大意会造成敏感信息的泄露。如不需要的磁盘驱动器被卖掉或扔掉时，可能会泄露保存在上面的数据。因此，为确保设备处置和重用的安全，应遵守以下规定。

（1）在设备处置或重复利用之前，应采取适当方法将设备内存储的敏感数据和软件清除。例如，将计算机硬盘进行格式化。如果采取删除文件的办法，数据仍有可能保存在硬盘上，可能会被人恢复并利用。

（2）在确认敏感信息及许可软件被清除后，应履行相应的审批流程。例如，向相关安全部门提出设备报废申请→报废设备承载信息安全性确认→确保报废设备上无敏感信息→批准物理销毁、报废处理或重利用。

（3）对于某些特殊的设备，应保守考虑该设备可能含有的技术秘密。因为其本身可能也包含了结构、工作原理等方面的技术信息，如果研发出一种仅适合自己使用的设备，那么在该种设备使用寿命结束时应对其进行处置。

第二节　云计算系统安全管理

考核知识点及能力要求：

● 熟悉系统安全的保障方法。

● 掌握云计算平台安全架构的设计知识。

一、保障系统安全的方法

云计算的出现是传统 IT 和通信技术发展、需求推动以及商业模式变化共同促进的结果。自从云计算诞生以来，就一直受到各种安全问题的考验，云服务提供商为了建立起用户的信心，安全性保障成为其首要考虑的问题。当前，无论在产业界、学术界还是标准化领域，云计算安全都受到了广泛的关注，各国政府也针对云计算安全纷纷发布了一系列政策，云计算安全组织也发布了一些云计算安全参考模型，如云立方体模型、CSA 模型等，同时已经形成云计算安全产业生态。

（一）云计算安全的定义与特征

云计算安全或云安全指一系列用于保护云计算数据、应用和相关结构的策略、技术和控制集合，属于计算机安全、网络安全的子领域，或更广泛地说属于信息安全的子领域。

1. 云计算安全的定义

云计算安全（也称为云安全）一直以来都是云计算发展中最为重要的问题之一。

现阶段对云计算安全的定义主要有两种。

定义一：云计算安全即云计算信息系统自身的安全防护，包括云计算的数据中心安全、基础设施安全、业务系统安全、应用服务安全、用户数据安全等。

定义二：云计算安全也称为云计算安全服务，即使用云计算的形式提供和交付安全能力，提升安全系统的服务能力，是云计算技术在信息安全领域的具体应用，如基于云计算的防病毒技术、挂马检查技术等。

目前，在云计算安全方面，主要有三种不同的研究方向。第一种是主要研究如何保障云计算信息系统自身及云上的数据与应用的安全；第二种是主要研究安全基础设置的云化方式，即如何使用云计算技术整合安全基础设施资源，优化安全防护机制，提升风险的预判及安全事件的控制能力；第三种是主要研究云计算安全服务，即如何使用云计算的资源为用户持续提供安全服务。

2. 云计算安全的特征

云计算安全与传统信息安全特征的不同表现在以下三点。

（1）安全防护理念不同。在传统信息系统的安全防护中，有一个很重要的原则就是基于边界的安全隔离和访问控制，所以各个安全区域之间有明晰的边界，针对不同的安全区域设置差异化的安全防护策略。但在云计算中，存储和计算资源高度整合，基础设施统一化，安全设备的部署边界消失。

（2）虚拟机安全的问题。云计算平台存在着大量的虚拟机，涉及如何监控虚拟机之间的流量，如何实现虚拟机之间的安全隔离，传统的网络安全设备如何进行虚拟化部署等问题。

（3）数据安全的权利与职责问题。在云计算中，数据的拥有者与数据本身存在物理分离，产生了用户隐私保护与云计算可用性之间的矛盾，同时数据的使用权和管理权分离，数据保护的权利和责任发生变化，如何科学地区分权利与责任问题也是云计算亟待解决的问题。

上述特征在公有云中尤为突出。在公有云中，用户会租用基础设施资源和虚拟机，存在着一台物理机上有多个用户的现象。如何对同一物理机上的不同用户进行网络隔离、流量监控、访问控制，构建完整的审计链，都需要运用有效的技术手段来解决。

（二）云计算系统安全管理体系

云计算安全服务包括安全控制和进程改进，旨在增强系统安全、发出关于潜在攻击者的警告，并检测所发生的突发事件。云计算安全注意事项还应包括网络安全、数据安全、应用安全和安全管理。

1. 安全管理机构

为防止发生安全泄露或其他灾难，在云计算系统安全管理体系中加入了安全管理机构，更大程度地避免了安全问题的产生。

（1）岗位设置。应设立负责信息安全管理工作的职能部门，设立安全主管等安全管理各个方面的负责人岗位，并定义各负责人的职责。设立系统管理员、网络管理员、安全管理员等岗位，并定义各个工作岗位的职责。成立指导和管理信息安全工作的委员会或领导小组，其最高领导由单位主管领导委任或授权，并制定文件明确安全管理机构各个部门和岗位的职责、分工和技能要求。

（2）人员配备。配备一定数量的系统管理员、网络管理员、安全管理员，其中专职安全管理员不可兼任。关键事务岗位应配备多人共同管理。

（3）授权和审批。根据各个部门和岗位的职责明确授权审批事项、审批部门和批准人，并针对系统变更、重要操作、物理访问和系统接入等事项建立审批程序，按照审批程序执行审批过程，对重要活动建立逐级审批制度。定期审查审批事项，及时更新需授权和审批的项目、审批部门和审批人等信息，记录审批过程并保存审批文档。

（4）沟通和合作。加强各类管理人员之间、组织内部机构之间以及信息安全职能部门内部的合作与沟通，定期或不定期召开协调会议，共同协作处理信息安全问题。加强与兄弟单位、公安机关、电信公司的合作与沟通；加强与供应商、业界专家、专业的安全公司、安全组织的合作与沟通。建立外联单位联系列表，包括外联单位名称、合作内容、联系人和联系方式等信息。聘请信息安全专家作为常年的安全顾问，指导信息安全建设，参与安全规划和安全评审等。

（5）审核和检查。安全管理员应负责定期进行安全检查，检查内容包括系统日常运行、系统漏洞和数据备份等情况。由内部人员或上级单位定期进行全面安全检查，检查内容包括现有安全技术措施的有效性、安全配置与安全策略的一致性、安全管理制度的执行情况。应制定安全检查表格实施安全检查，汇总安全检查数据，形成安全检查报告，并对安全检查结果进行通报；应制定安全审核和安全检查制度，规范安全审核和安全检查工作，定期按照程序进行安全审核和安全检查活动。

2. 网络安全管理

网络安全是一种保护计算机、服务器、移动设备、电子系统、网络和数据免受恶意攻击的技术，这种技术也称为信息技术安全或电子信息安全。该术语适用于从业务到移动计算的各种环境。

（1）结构安全。首先，保证网络设备的业务处理能力具备冗余空间，满足业务高峰期需要。保证网络各个部分的带宽满足业务高峰期需要。在业务终端与业务服务器之间进行路由控制，建立安全的访问路径。绘制与当前运行情况相符的网络拓扑结构图，并根据各部门的工作职能、重要性和所涉及信息的重要程度等因素，划分不同的子网或网段，并按照方便管理和控制的原则为各子网、网段分配地址段。其次，避免将重要网段部署在网络边界处且直接连接外部的信息系统，重要网段与其他网段之间采取可靠的技术隔离手段。按照对业务服务的重要次序来指定带宽分配优先级别，保证在网络发生拥堵的时候优先保护重要主机。

（2）访问控制。首先，在网络边界部署访问控制设备，启用访问控制功能。其次，不允许数据携带通用协议通过。再次，根据数据的敏感标记允许或拒绝数据通过。最后，不开放远程拨号访问功能。

（3）安全审计。第一，对网络系统中的网络设备运行状况、网络流量、用户行为等进行日志记录。审计记录应包括事件的日期和时间、用户、事件类型、事件是否成功及其他与审计相关的信息。第二，能够根据记录数据进行分析，并生成审计报表。第三，对审计记录进行保护，避免受到未预期的删除、修改或覆盖等。第四，定义审计跟踪极限的阈值，当存储空间接近极限时，能采取必要的措施，当存储空间被耗尽时，终止可审计事件的发生。第五，根据信息系统的统一安全策略，实现集中审计，始终保持与时钟服务器同步。

（4）边界完整性检查。首先，能够对非授权设备私自联到内部网络的行为进行检查，准确定位并对其进行有效阻断。其次，能够对内部网络用户私自联到外部网络的行为进行检查，准确定位并对其进行有效阻断。

（5）入侵防范。在网络边界处监视的攻击行为包括端口扫描、强力攻击、木马后门攻击、拒绝服务攻击、缓冲区溢出攻击、IP碎片攻击和网络蠕虫攻击等。当检测到攻击行为时，应记录攻击源IP、攻击类型、攻击目的、攻击时间，在发生严重入侵事件时，应提供报警并自动采取相应动作。

（6）恶意代码防范。在网络边界处对恶意代码进行检测和清除。维护恶意代码库的升级和检测系统的更新。

（7）网络设备防护。对登录网络设备的用户进行身份鉴别。对网络设备的管理员登录地址进行限制，网络设备用户的标识应唯一，主要网络设备应对同一用户选择两种或两种以上组合的鉴别技术来进行身份鉴别。

3. 主机安全管理

主机安全的核心内容包括身份鉴别、访问控制、可信路径、安全审计等。它包括硬件、固件、系统软件的自身安全，以及一系列附加的安全技术和安全管理措施，从而建立一个完整的主机安全保护环境。

（1）身份鉴别。对登录操作系统和数据库系统的用户进行身份标识和鉴别。操作系统和数据库系统管理用户身份标识应具有不易被冒用的特点，口令应有复杂度要求并定期更换，并且启用登录失败处理功能，可采取结束会话、限制非法登录次数和自动退出等措施。设置鉴别警示信息，描述未授权访问可能导致的后果，对服务器进行远程管理时，应采取必要措施，防止鉴别信息在网络传输过程中被窃听，应为操作系统和数据库系统的不同用户分配不同的用户名，确保用户名具有唯一性，采用两种或两种以上组合的鉴别技术对管理用户进行身份鉴别，并且至少有一种身份鉴别信息是不可伪造的。

（2）访问控制。依据安全策略和所有主体和客体设置的敏感标记控制主体对客体的访问，控制的粒度应达到主体为用户级或进程级，客体为文件、数据库表、记录和字段级。根据管理用户的角色分配权限，实现管理用户的权限分离，仅授予管理用户所需的最小权限。

（3）可信路径。在系统对用户进行身份鉴别和用户对系统进行访问时，系统与用户之间应能够建立一条安全的信息传输路径。

（4）安全审计。审计范围应覆盖到服务器和重要客户端上的每个操作系统用户和数据库用户。审计内容应包括重要用户行为、系统资源的异常使用和重要系统命令的使用等系统内重要的安全相关事件。审计记录应包括日期和时间、类型、主客体标识、事件的结果等；能够根据收录信息生成审计报表；保护审计进程，避免受到未预期的中断；保护审计记录，避免受到未预期的删除、修改或覆盖等；能够根据信息系统的统一安全策略，实现集中审计。

（5）入侵防范。能够检测到对重要服务器进行入侵的行为，能够记录入侵的源IP、攻击的类型、攻击的目的、攻击的时间，并在发生严重入侵事件时提供报警；对重要程序的完整性进行检测，并在检测到完整性受到破坏后具有恢复的措施。

操作系统应遵循最小安装的原则，仅安装需要的组件和应用程序，并通过设置升级服务器等方式保证系统补丁及时得到更新。

（6）恶意代码防范。首先，安装防恶意代码软件，并及时更新防恶意代码软件版本和恶意代码库。其次，主机防恶意代码产品应具有与网络防恶意代码产品不同的恶意代码库。最后，应支持防恶意代码的统一管理。

（7）资源控制。通过设定终端接入方式、网络地址范围等条件限制终端登录，根据安全策略设置登录终端的操作超时锁定。对重要服务器进行监视，包括监视服务器的 CPU、硬盘、内存、网络等资源的使用情况，应限制单个用户对系统资源的最大或最小使用限度，对系统的服务水平降低到预先规定的最小值进行监测和报警。

4. 应用安全管理

应用安全就是保障应用程序使用过程和结果的安全。简言之，就是针对应用程序或工具在使用过程中可能出现计算、传输数据的泄露和失窃等隐患，通过应用安全管理策略来消除。

（1）身份鉴别。提供专用的登录控制模块对登录用户进行身份标识和鉴别，对同一用户采用两种或两种以上组合的鉴别技术实现用户身份鉴别，其中一种是不可伪造的。提供登录失败处理功能，可采取结束会话、限制非法登录次数和自动退出等措施，启用身份鉴别、用户身份标识唯一性检查、用户身份鉴别信息复杂度检查以及登录失败处理功能，并根据安全策略配置相关参数。

（2）访问控制。提供自主访问控制功能，依据安全策略控制用户对文件、数据库表等客体的访问，自主访问控制的覆盖范围应包括与信息安全直接相关的主体、客体及它们之间的操作。由授权主体配置访问控制策略，并禁止默认账户的访问，授予不同账户为完成各自承担任务所需的最小权限，并在它们之间形成相互制约的关系，通过比较安全标记来确定是授予还是拒绝主体对客体的访问。

（3）剩余信息保护。保证用户的鉴别信息所在的存储空间，以及系统内的文件、目录和数据库记录等资源所在的存储空间被释放或再分配给其他用户前得到完全清除，无论这些信息是存放在硬盘上还是在内存中。

（4）软件容错。提供数据有效性检验功能，保证通过人机接口输入或通过通信接口输入的数据格式或长度符合系统设定要求。使用自动保护功能，当故障发生时，自动保护当前所有状态；提供自动恢复功能，当故障发生时，立即自动启动新的进程，恢复原来的工作状态。

（5）资源控制。第一，当应用系统中的通信双方中的一方在一段时间内未做任何响应，另一方应能够自动结束会话。第二，能够对系统的最大并发会话连接数进行限制，能够对单个账户的多重并发会话进行限制。第三，能够对一个时间段内可能的并发会话连接数进行限制。第四，能够对一个访问账户或一个请求进程占用的资源分配最大和最小限额。第五，能够对系统服务水平降低到预先规定的最小值进行监测和报警。第六，提供服务优先级设定功能，并在安装后根据安全策略设定访问账户或请求进程的优先级，根据优先级分配系统资源。

5. 数据安全管理

云计算系统安全服务是一个广义术语，涵盖了旨在保护云体系架构中数据和信息的技术与最佳实践。云计算安全服务可确保在云环境中存储的数据的完整性、保密性和可恢复性。由于云计算具有分布性和动态性，因此，就保护云端数据而言，有一些特别事项需要注意。

（1）数据完整性。第一，能够检测到系统管理数据、鉴别信息和重要业务数据在传输和存储过程中完整性受到破坏，并在检测到完整性错误时采取必要的恢复措施。第二，应对重要通信提供专用通信协议或安全通信协议服务，避免来自基于通用通信协议的攻击，破坏数据完整性。

（2）数据保密性。第一，采用加密或其他有效措施实现系统管理数据、鉴别信息和重要业务在数据传输和存储过程的保密性。第二，应对重要通信提供专用通信协议或安全通信协议服务，避免来自基于通用协议的攻击，破坏数据保密性。

（3）备份和恢复。第一，应提供数据本地备份与恢复功能，全部数据备份至少每天一次，备份介质场外存放。第二，建立异地灾难备份中心，配备灾难恢复所需的通信线路、网络设备和数据处理设备，提供业务应用的实时无缝切换，完成异地实时备份功能，利用通信网络将数据实时备份至灾难备份中心。第三，采用冗余技术设计网络拓扑结构，避免存在网络单点故障，提供主要网络设备、通信线路和数据处理系统的硬件冗余，保证系统的高可用性。

（三）云计算系统安全运维管理

云计算系统安全运维管理是后期服务关键阶段，运维系统和业务保障都是最艰难的部分。在当前企业 IT 系统向云架构转型的时刻，运维系统再一次面临着新的挑战。所以，在运维数据中心的时候，运维人员应该注意如下问题。

1. 环境管理

指定专门的部门或人员定期对机房供配电、空调、温湿度控制等设施进行维护管理，指定部门负责机房安全，并配备机房安全管理人员，对机房的出入、服务器的开机或关机等工作进行管理。

建立机房安全管理制度，对有关机房物理访问、物品带进或带出机房、机房环境安全等方面的管理做出规定；加强对办公环境的保密性管理，规范办公环境人员行为，包括工作人员调离办公室应立即交还该办公室钥匙，不在办公区接待来访人员，工作人员离开座位确保终端计算机退出登录状态并且桌面上没有包含敏感信息的纸档文件等。对机房和办公环境实行统一策略的安全管理，对出入人员进行相应级别的授权，对进入重要安全区域的活动行为实时监视和记录。

2. 设备管理

对信息系统相关的各种设备（包括备份和冗余设备）、线路等指定专门的部门或人员定期进行维护管理，建立基于申报、审批和专人负责的设备安全管理制度，对信息系统的各种软硬件设备的选型、采购、发放和领用等过程进行规范化管理。

建立配套设施、软硬件维护方面的管理制度，对其维护进行有效的管理，包括明确维护人员的责任、涉外维修和服务的审批、维修过程的监督控制等，对终端计算机、工作站、便携机、系统和网络等设备的操作和使用进行规范化管理，按操作规程实现设备（包括备份和冗余设备）的启动/停止、加电/断电等操作。应确保信息处理设备必须经过审批才能带离机房或办公地点。

3. 系统安全管理

根据业务需求和系统安全分析确定系统的访问控制策略，定期进行漏洞扫描，对发现的系统安全漏洞及时进行修补。安装系统的最新补丁程序，在安装系统补丁前，首先在测试环境中通过测试，并对重要文件进行备份后，方可实施系统补丁程序的安装。建立系统安全管理制度，对系统安全策略、安全配置、日志管理、日常操作流程等方面做出具体规定；指定专人对系统进行管理，划分系统管理员角色，明确各个角色的权限、责任和风险，权限设定应当遵循最小授权原则。

依据操作手册对系统进行维护，详细记录操作日志，包括重要的日常操作、运行维护记录、参数的设置和修改等内容，严禁进行未经授权的操作，定期对运行日志和审计数据进行分析，以便及时发现异常行为。管理人员应随时注意系统资源的使用情况，包括处理器、存储设备和输出设备，对系统资源的使用进行预测，以确保充足的处理速度和存储容量。

4. 恶意代码防范管理

提高所有用户的防病毒意识，及时告知防病毒软件版本，在读取移动存储设备上的数据以及网络上接收文件或邮件之前，先进行病毒检查，对外来计算机或存储设备接入网络系统之前也应进行病毒检查。指定专人对网络和主机进行恶意代码检测并保存检测记录，对防恶意代码软件的授权使用、恶意代码库升级、定期汇报等做出明确规定。定期检查信息系统内各种产品的恶意代码库的升级情况并进行记录，对主机防病毒产品、防病毒网关和邮件防病毒网关上截获的危险病毒或恶意代码进行及时分析处理，并形成书面的报表和总结汇报。

5. 备份与恢复管理

识别需要定期备份的重要业务信息、系统数据及软件系统等，建立备份与恢复管理相关的安全管理制度，对备份信息的备份方式、备份频度、存储介质和保存期等进行规定。根据数据的重要性和数据对系统运行的影响，制定数据的备份策略和恢复策略，备份策略须指明备份数据的放置场所、文件命名规则、介质替换频率和将数据离站运输的方法。

建立控制数据备份和恢复过程的程序，记录备份过程，对需要采取加密或数据隐藏处理的备份数据，进行备份和加密操作时，要求两名工作人员在场，所有文件和记录应妥善保存。定期执行恢复程序，检查和测试备份介质的有效性，确保可以在恢复程序规定的时间内，完成备份的恢复。根据信息系统的备份技术要求，制订相应的灾难恢复计划，并对其进行测试，以确保各个恢复规程的正确性和整体计划的有效性，测试内容包括运行系统恢复、人员协调、备用系统性能测试、通信连接等，根据测试结果，对不适用的规定进行修改或更新。

6. 应急预案管理

在统一的应急预案框架下制定不同事件的应急预案，应急预案框架应包括启动应急预案的条件、应急处理流程、系统恢复流程、事后教育和培训等内容。从人力、设备、技术和财务等方面，确保应急预案的执行有足够的资源保障，对系统相关的人员进行应急预案培训，应急预案的培训应至少每年举办一次。

定期对应急预案进行演练，根据不同的应急恢复内容，确定演练的周期，规定应急预案需要定期审查和根据实际情况更新内容，并按照其执行。随着信息系统的变更，定期对原有的应急预案重新评估，加以修订和完善。

二、云计算平台安全架构设计

如今，将数据和服务迁移到云端已经让很多公司反思它们的安全策略和措施。它们是否需要云计算安全架构？云计算安全架构该怎么部署，有什么不同？下面将从云计算安全架构和云计算安全部署进行介绍。

（一）云计算安全架构

在进行云计算安全建设时，不论公有云还是私有云，不论只提供 IaaS，还是提供 IaaS、PaaS 和 SaaS，都应遵循安全建设原则，来保护基础设施安全、网络安全、数据安全、应用安全。在面对云计算信息系统建设新需求时，更应该注意对虚拟化的支持、安全威胁的防护、风险的快速反应等问题。

为了更好地指导云计算的安全建设，应坚持云计算安全建设基本原则，充分考虑云计算安全建设重点问题，结合云计算技术体系、管理体系、运维体系，构建云计算安全总体架构。

1. 云计算安全标准及政策法规

云计算安全标准及政策法规是进行云计算信息系统安全建设的基础，在进行云计算安全建设时，必须符合"信息安全技术网络安全等级保护基本要求"等相关标准，严格遵循"网络安全法"等相关法规。

2. 云计算安全技术

云计算可以根据需求访问计算、存储和网络资源。这些资源可以来自数据中心，也可以来自云供应商。根据选择的服务类型和部署模型，云计算可以管理成本，同时快速推出新产品或服务，它还能扩展到新的位置，最大限度地提高性能和生产力。

（1）云计算安全接入。在进行云计算信息系统安全建设时，首先要考虑云计算安全接入问题，可通过云边界防护、传输通道安全、可信接入和 API 安全使用等技术来保障云边界接入的安全。

（2）物理安全。物理安全包括环境安全和设备安全。云服务提供商需要将云计算数据中心构建在一个相对适宜的环境中，通过电磁防护、防静电、温湿度控制等手段保障环境安全，并使用防盗系统、监控系统、云监控等保障设备安全。

（3）IT 架构安全。基础设施安全是 IT 架构安全的基石，基础设施包括计算设备、存储设备、网络设备，不仅要从物理上保障这些基础设备的安全性，还要通过部署一定的安全策略保护其不受攻击和非法访问。基础设施的安全性直接关系到虚拟化安全，云服务提供商需要进行 Hypervisor 安全、虚拟机安全、虚拟网络安全和虚拟管理系统安全等方面的部署，提高云计算信息系统抵御攻击的能力。

（4）运行安全。在 PaaS 中，云服务提供商需要保证租用 PaaS 的系统之间的隔离性及 PaaS 运行环境的安全性，保障云计算 PaaS 安全、稳定运行。

（5）应用安全。在 SaaS 中，云服务提供商需要从应用（迁移）安全、Web 安全和内容安全三个方面来保障应用安全，增强用户对 SaaS 的信任。

（6）数据安全。数据安全从数据加密与检索、用户隐私与保护、完整性保护验证、数据备份与容灾、用户数据隔离、残留数据处理几个方面进行安全保护。数据的安全性将直接影响云服务提供商的信誉问题，对云服务的可持续性具有重要意义。

（7）用户管控。用户管控主要从访问控制、身份鉴别和行为审计三个方面进行部署，通过用户管控增强云计算资源的可控性。

3. 云计算安全管理

云计算安全管理平台借助专业安全技术和基础硬件设施，目的是降低企业在信息化建设中用于安全管理方面的投入成本。通过自动安全解决方案，让每个企业的网络管理员可以摆脱复杂的部署、升级和管理的束缚；自动防范已知和未知威胁。

（1）物理安全管理。云服务提供商需要从资产分类管理、安全区域管理、设备安全管理和日常管理四个方面进行部署，为云计算信息系统提供一个安全、可靠、稳定的物理环境。

（2）IT 架构安全管理。云服务提供商需要从网络安全管理、配置信息管理、资源计量与计费、云服务时间管理、安全测试、补丁管理、事故管理、合规管理方面来部署安全管理措施，保障云计算信息系统的 IT 架构安全。

（3）应用安全管理。应用安全管理需要从身份管理、权限管理、策略管理、内容管理四个方面进行部署，提高云应用的安全性。

除此之外，在整个云计算安全管理过程中还需要进行用户管控、安全监控与报警管理部署，提高云计算信息系统的安全性。

4. 云计算安全运维

在云计算信息系统运行期间，需要从系统的物理安全，安全事件的事前、事中和事后进行安全运维管理。物理安全包含环境管理、资产管理、介质管理和设备维护管理；事前管理包含配置管理、密码管理、漏洞和风险管理、恶意代码防范管理；事中管理包含应急预案管理和安全事件处置；事后管理包含变更管理、备份与恢复管理。除此之外，还可将运维服务外包给专业的安全运维公司，保障云服务的业务连续性。

5. 云计算安全测评与云计算安全认证

在云计算信息系统建设完成后，需要对云计算信息系统和云服务进行安全评估，通过取得认证来增强云计算信息系统和云服务的安全可信可靠程度，从而获得用户的信任。

（二）云计算安全部署

云计算安全架构对于云计算信息系统的安全建设具有重要的指导意义，它明确地指出了云计算安全建设在技术、管理、运维等多个方面需要注意的问题。在建设云计算信息系统时，要从环境安全部署、角色管控部署、安全防护部署、安全监控和管理部署等多个角度对云计算信息系统进行全面防护，建立纵深防护体系。

1. 环境安全部署

选址问题关系到云计算信息系统的长远发展，要重点考虑到云计算信息系统周围的电力能源、水利能源、通信发展、税率、交通条件、人才聚集、社会安保、城市环境质量、城市气候等因素。

2. 角色管控部署

人类财富的私有化极大地促进了生产热情，大大推动了生产力的提升。系统中角色的本质是信息或权限的私有化，从某种程度上来说，角色的管理也是权力的体现。

（1）用户。用户可以通过多种终端来访问云计算信息系统，所以对于用户来讲，选择安全的终端至关重要。目前可以通过可信计算、数据加密等技术来保障终端的安全。此外，对于云服务提供商来说，应通过用户认证技术来保障用户身份的合法性，采用云计算信息系统认证的核心方法——分级认证，实现用户对数据的访问控制。

（2）云服务提供商。云服务提供商对云的威胁主要来自内部工作人员，可以采用加密、认证、访问控制等技术手段（如 OAuth 认证）来防控内部工作人员的恶意行为。

3. 安全防护部署

目前，许多组织已经将业务系统迁移到云平台上，云平台已经成为组织重要的 IT 基础设施。云计算技术给传统的 IT 基础设施、主机、网络、虚拟化、应用、数据以及运营管理等都带来了革命性改变，对于安全防护部署来说，既是挑战，也是机遇。

（1）主机安全。云计算中的主机不仅是进行计算和存储的载体，也充当着虚拟机的宿主机角色，对上层虚拟机的安全性保护至关重要。所以，要保证主机上运行的程序和数据资源一定是"干净"的，要求其所承载的资源务必来自正确的安全区域。虽然云计算技术的提出将传统信息系统的安全边界模糊化，但是安全区域的思想可以体现在云计算中，设定不同级别的安全区域，并针对安全区域进行保护。

（2）网络基础设施安全。如前文所述，云计算信息系统面临着多样化的安全威胁，因此，首先需要在网络基础架构上进行安全加固。可以通过部署防火墙、IPS、VPN、防毒墙等一系列安全设备进行多层防护，来应对各种混合型攻击。

（3）虚拟化安全。根据需要，可将不同的 VM（虚拟机）划分到不同的安全区域进行隔离和访问控制。可通过 EVB 协议（如 VEPA 协议）将不同 VM 之间的网络流量全部交由与服务器相联的物理交换机进行处理。

4. 安全监控和管理部署

云计算信息系统架构复杂，管理难度很高，一旦出现任何异常，很难对其进行定位。所以要建立实时监控系统，对云计算中心进行 7×24 小时监控，并建立不同级别的安全监控措施，做到监控工作的分级管理。此外，云计算日志审计中心、可视化安全管理也是亟待解决的问题，只有这样才能随时掌握全局安全态势，为安全建设、监控、响应、优化提供科学依据。除了以上内容，还需要一支专业的信息安全团队，负责云计算中心的安全建设、安全管理、安全运维和安全事件分析等工作。

第三节 云计算服务安全管理

考核知识点及能力要求：

● 熟悉服务安全的保障方法。

● 掌握云服务安全的架构设计知识。

一、保障服务安全的方法

云计算使用者对云服务可用性的要求可达到 99.9%～99.99%，无法容忍云服务中断所带来的损失，因此，如何保障云计算业务安全成为云服务提供商特别关注的问题。根据有关部门发布的数据，在所有的计算机安全事件中，属于管理方面的原因比重高达 70%以上，故云计算安全管理在保障云计算业务中占据重要地位。

（一）云计算安全技术体系

虽然传统安全技术在云计算中仍然适用，但是云计算面临的独具特色的风险必然带来新的安全技术的应用，如虚拟化安全技术、数据共享模式下的数据安全保护技术。这些新的安全技术的应用使传统安全技术体系发生了变化，所以对于云计算，亟待重新构建云计算安全技术体系。结合云计算安全产业界、学术界的研究进展，遵循纵深防御的原则，从云计算物理层、主机层、网络层、虚拟平台层、应用层、数据层、公共支撑层七个层面构建云计算安全技术体系。

1. 物理层安全

物理层安全包括环境安全、设备安全、电源系统安全和通信线路安全。环境安全主要指机房物理空间安全，安全控制措施包括防盗、防毁、防雷、防火、防水、防潮、防静电、温湿度控制、出入控制等；设备安全主要指硬件设备和移动存储介质的安全，安全控制措施包括防丢、防窃、安全标记、分类专用、病毒查杀、加密保护、数据备份、安全销毁等；电源系统安全包括电力能源供应、输电线路安全、保持电源的稳定性等；通信线路安全包括防止电磁泄漏、防止线路截获以及抗电磁干扰。

2. 主机层安全

主机层安全防护技术包括端口检测、漏洞扫描、恶意代码防范、配置核查、入侵监测等技术。使用端口检测技术定期对主机开放的端口进行扫描、检测，一旦发现高危端口应及时关闭，防止被非法利用；使用漏洞扫描和恶意代码防范技术可检测主机中存在的安全漏洞和病毒等，并对病毒等恶意代码进行防范；使用检查技术可以自动地检测主机参数配置是否满足等级保护、分级保护等相关规定要求；使用入侵监测技术能够及时发现并报告系统中的入侵攻击，从而进行防护。

3. 网络层安全

网络层安全即云计算平台网络环境安全，包括网络访问控制、异常流量监测、抗DDoS攻击、APT防护、VPN访问、入侵监测等技术。网络访问控制主要指在网络边界处部署防火墙，设置合理的访问控制规则，防止非授权访问；异常流量监测是指对平台流量进行检测、过滤，发现异常流量时及时阻断；抗DDoS攻击是指部署抗DDoS攻击设备，增强云计算平台网络抗DDoS攻击能力；APT防护是指通过恶意代码检测、实时动态异常流量监测、关联分析等技术发现已知威胁、识别未知风险，提升高级持续性威胁防护能力；VPN访问是指部署专用的VPN访问通道，采取安全可靠的方式访问云计算平台；入侵监测是指在网络边界、关键节点处部署入侵监测设备，及时发现网络入侵行为，保障网络安全。

4. 虚拟平台层安全

虚拟平台层安全是指虚拟资源管理平台安全，包括用户隔离、虚拟主机防护、虚拟化防火墙、虚拟化漏洞防护和容器安全等技术。用户隔离是指在虚拟化平台上不同用户的虚拟机之间采取有效的隔离措施，确保用户间的网络隔离、计算资源隔离、存储空间隔离等，防止用户之间相互攻击或相互影响；虚拟主机防护是针对虚拟化平台采取安全防护措施，包括入侵防护、恶意代码检测、身份鉴别、访问控制等技术；虚拟化防火墙是指部署在虚拟平台网络边界处、用户虚拟机之间的虚拟化防火墙，并设置访问控制规则；虚拟化漏洞防护是指定期对虚拟化平台进行扫描和检测，并根据漏洞危险等级及时采取防护措施；容器安全是指对容器整个生命周期的安全防护，包括镜像创建、镜像传输、容器运行过程安全。

5. 应用层安全

应用层安全指的是应用层的安全问题，通过漏洞扫描、WAF 防护、网络防篡改、CC 防护、网络安全监控等技术，解决 Web 应用层攻击的检测和防范问题。漏洞扫描是指对应用系统中存在的安全漏洞进行扫描检测；WAF、CC 防护是指部署云 WAF 设备、应用抗 DDoS 攻击网关等进行实时攻击拦截、抵御 CC 攻击；网络防篡改是指针对 Web 系统进行挂马扫描、篡改扫描等主动探测服务；网站安全监控即部署或构建网站安全监控平台，对应用层的安全状态进行实时监控。

6. 数据层安全

围绕数据生成、数据传输、数据存储、数据使用、数据共享、数据归档、数据销毁等数据生命周期的各个阶段，使用数据加密、数据脱敏、数据水印、数据完整性校验、数据备份与恢复、残留数据处理、数据库审计等技术进行安全防护。使用数据加密技术可对敏感数据进行加密保护，使用数据脱敏技术可对敏感信息进行隐私遮蔽，使用数据水印技术可实现数据外发可追，使用数据完整性校验可保障数据精确可靠，使用数据备份与恢复可实现数据的容灾性，使用残留数据处理技术可完全清除数据并且不可恢复，使用数据库审计技术可实现对数据全部操作的记录。

7. 公共支撑层安全

公共支撑层安全包括身份认证、权限管理、密码服务、审计服务和态势感知等技术。身份认证是指在云计算系统中确认操作者身份的过程，防止非法用户获取资源的访问权限，保障系统和数据的安全。权限管理是指基于用户身份对云计算系统进行权限的控制，设计基于多维度的权限管理策略，避免因权限控制缺失或操作不当引发操作错误、数据泄露等问题。密码服务包括密码基础设施建设、密码应用服务开发、密码应用安全性评估等，保证云计算密码服务调用的高性能、高质量实现。审计服务是指对云计算信息系统进行实时审计，以保障安全事件有据可查。态势感知可以帮助云服务提供商准确、高效地感知云计算信息系统的安全状态以及变化趋势，从而及时发现内、外部的攻击行为，并采取相应的防护措施保障云计算安全。

（二）云计算安全产品体系

随着云计算安全技术的快速发展，云计算安全产品也在不断丰富。目前，国内云计算安全市场已形成了以云主机安全为核心，主机安全、网络安全、数据安全、应用安全、安全管理、业务安全和智能安全为重要组成部分的云计算安全体系。

1. 主机安全

提供面向云主机的安全防护，产品的主要功能包括入侵行为监测、告警、漏洞管理、异常行为监测、基线检查等。例如，华为云提供的企业主机安全产品 HSS，能够提升主机整体安全性，帮助企业构建服务器安全防护体系，降低服务器面临的风险。

2. 网络安全

关注云计算所受的外部网络攻击，主要产品为云抗 DDoS 攻击，它能够结合云节点实现性能灵活扩展，基于海量带宽和高速传输网络有效抵御 DDoS 攻击和 CC 攻击，突破了传统防护设备单点部署的性能瓶颈。例如，阿里云盾中的 BGP 高防可提供国内 T 级 BGP 带宽资源，可抗超大流量 DDoS 攻击。与静态 IDC 高防相比，云抗 DDoS 攻击天然具有灾备能力、线路更稳定、访问速度更快等优点。

3. 数据安全

保障云上数据存储、传输和使用的安全性，主流产品包括数据加密服务和云数据库审计。数据加密服务提供云上数据的加密或解密功能，支持弹性扩展以满足不同加密算法对性能的要求。例如，腾讯云提供的数据加密服务 CloudHSM 产品，该产品利用虚拟化技术，提供弹性、高可用、高性能的数据加/解密、密钥管理等云上数据安全服务，符合国家监管合规要求，可满足金融、互联网等行业的加密需求，保障用户的业务数据隐私安全。云数据库审计主要提供云数据库的监控与审计功能，能够监测异常操作、SQL 注入等风险，实现云上数据的高效安全防护，帮助用户满足合规性要求。例如，启明星辰的天玥云数据库审计产品，专门适用于云计算的数据库审计及防护，可兼容主流云计算平台，能够对云计算中的数据库操作进行实时审计及防护。

4. 应用安全

侧重用户云上 Web 应用的安全防护，目前应用较为成熟的产品包括两类，分别为云 WAF 防护和网站威胁扫描。云 WAF 防护可保护 Web 应用远离外部攻击，与传统硬件或软件部署相比，云 WAF 防护部署简单、运维成本低，可实时更新防护策略，能够有效防护 0 day 等漏洞。例如，腾讯云的网站管家就是基于 AI 的云 WAF 防护产品，可以有效防护 SQL 注入、XSS 跨站脚本、木马上传、非授权访问等攻击，还可以有效过滤 CC 攻击、检测 DNS 链路劫持、提供 0 day 漏洞补丁、防止网页篡改等。网站威胁扫描可以挖掘 Web 应用的内在威胁，无须部署，具备强大的并发扫描能力。例如，阿里云的网站威胁扫描系统（WTI）结合情报大数据、白帽渗透测试实战经验和深度机器学习，可进行全面的网站威胁检测。

5. 安全管理

主要产品为云身份管理和云堡垒机。云身份管理可提供云计算中的统一身份与策略管理，实现 IaaS、PaaS、SaaS 中云资源的访问控制，解决传统身份管理模式在云上身份管理与认证的割裂、无序问题。例如，华为云提供的统一身份认证服务，可以实现身份的权限管理、安全认证等功能。云堡垒机可帮助企业用户构建云上统一的运维通道，满足云端人员和资产权限管理、运维操作审计、安全合规等需求。例如，天翼云提供的云堡垒机可针对云主机、云数据库、网络设备等的运维权限、运维行为进行管理和审计。

6. 业务安全

依托云计算的强大计算能力和大数据分析技术，可提供内容安全、交易反欺诈、信贷反欺诈、营销反欺诈和防钓鱼等业务安全产品。例如，腾讯云提供的天御业务安全防护是针对互联网业务场景提供的多功能安全产品，它基于腾讯云先进的安全技术架构，无论是注册保护、登录保护、活动防刷等用户交互安全服务，还是消息过滤、图片鉴黄等内容安全服务，都能为用户提供准确、全面的业务安全保障。

7. 智能安全

运用人工智能技术保障云计算平台的安全，是近几年云计算安全市场的新方向。

目前国内已进入应用阶段的智能安全类产品主要分为两类，一类是智能安全检测与防护产品，如用户行为分析（UBA）、高级威胁防护（API）及威胁情报；另一类是智能安全管理产品，如态势感知平台等。

（三）云计算安全管理体系

在信息安全领域，安全管理已经从传统的网络时代进入到云计算时代。在云计算时代，安全管理面临诸多挑战，如管理权与所有权分离问题、企业与云服务提供商的管理需求一致性问题、云服务提供商内部人员管理问题，这些问题都给云计算安全管理带来了巨大的挑战。如何合理、有效地对云计算安全非技术因素进行安全管理，成为亟待解决的问题。针对云计算安全管理，从保障性管理和支撑性管理两个方面构建了云计算安全管理体系。

1. 保障性管理

保障性管理是指在进行云计算信息系统建设过程中，对需要采取的保障性措施所实施的管理，包括组织管理、建设管理、人员管理、制度管理、合规管理，通过对上述保障性措施实施的管理，能够明确云计算信息系统建设的安全管理主体，落实参与各方的权限和责任，建立健全安全管理工作机制，保障云计算信息系统建设的合法与合规。

（1）组织管理。组织管理是指在云计算信息系统构建初期需成立建设组织机构，并明确参与建设各方的职责与分工。组织机构一般包括领导小组、管理部门及执行部门，也可以在组织机构中包含第三方安全机构和专家小组。其中，领导小组负责云计算信息系统安全建设统筹规划和重大事件的决策；管理部门负责云计算安全保障工作；执行部门负责落实领导小组及管理部门下发的关于云计算安全建设的相关工作；第三方安全机构负责对云计算信息系统建设过程中与安全相关的工作落实情况进行监督、评估与审计；专家小组负责参与重要安全工作的审议并提供专业咨询建议。

（2）建设管理。建设管理主要对云计算信息系统建设过程中的重点问题进行安全管理，包括供应商管理、外包管理、系统交付管理。在选择供应商时，应选择安全合规的供应商，规定供应商的权限与责任，并与选定的供应商签订安全保密协议。在选择外包商时，需要选择合规的外包商，并与其签订相关安全约束条约来约束外包商的行为。在系统交付时需要对负责软硬件交付的技术人员进行安全培训，保证其在实施软硬件部署安装期间遵守公司内部安全管理制度。

（3）人员管理。人员管理旨在营造安全文化氛围，建立问责审查机制，提升全员安全意识。在招聘入职时，进行背景审查，签署劳动合同和保密协议，实施入职安全培训；在职期间进行审计考核、安全问责、定期安全教育；在转岗离职时，要注意权限注销、资产注销并平稳交接工作；在对外合作时，要进行背景调查、资质审查、签署保密协议并进行安全培训。

（4）制度管理。制度管理是指针对云计算信息系统建设及应用，制定安全管理制度并保证制度的实施与执行。制度管理主要包括四个层级的制度。第一层级是安全策略，制定云计算安全工作的总体方针和安全策略，说明安全工作的总体目标、范围、原则和安全框架等；第二层级是管理规范，通过对组织安全、人员安全、网络安全等级保护、业务连续性、资产安全、云计算信息系统建设安全、云计算信息系统运维安全、物理环境安全和其他云计算安全管理工作等多方面建立管理规范，指导、约束云计算安全管理行为；第三层级是操作手册，即云计算安全技术标准、操作手册，规范云计算安全管理制度的具体技术实施细节，要求管理人员或操作人员在执行日常管理行为中严格遵守；第四层级是操作记录，在云计算安全管理办法及细则、操作规程的实施过程中填写相关的操作记录。

（5）合规管理。合规管理主要指云计算信息系统在建设运营过程中，要符合网络安全相关法律法规的要求，并保证建立的云计算安全管理制度能够得到实际执行。云服务提供商应建立一套行之有效和及时响应的合规管理机制，并在第三方安全服务机构的配合下，在相关业务环节和内部运营流程中，开展关键信息基础设施、网络安全等级保护等工作，完成网络安全法、网络安全等级保护、重要数据保护等法律法规的合规义务识别、合规风险评价、合规风险控制等过程，实现对云计算的全生命周期安全防护。

2. 支撑性管理

支撑性管理是指针对云计算信息系统所处的物理环境、部署的相关技术及运营的服务所部署的安全管理措施，可将其划分为物理安全管理、平台安全管理和应用安全管理三个层次的管理内容。

（1）物理安全管理。物理安全管理是为保障云计算信息系统物理环境安全所实施的安全管理措施，包括区域管理、资产管理、介质管理和设备维护管理。在区域管理方面，应对云计算所处的区域进行安全区域划分，敏感程度较高设备应存放在高安全级别的区域，并且区域与区域之间应进行物理隔离；在资产管理方面，首先应进行清点资产，编制并保存资产清单，然后对资产进行标识管理，标注资产责任部门、重要程度和所处位置等内容；在介质管理方面，首先需要确保介质存放在安全的环境中，防盗窃、防毁坏、防发霉等，其次要对各类介质进行控制和保护，保护介质内的数据安全；在设备维护管理方面，需要建立配套设施、软硬件维护方面的管理制度，对其维护进行有效的管理。

（2）平台安全管理。平台安全管理是指对云计算平台实施的安全管理措施，包含密码管理、补丁管理、配置管理、变更管理、风险管理和安全基线管理。密码管理是指在云计算信息系统的整个生命周期中定义和执行综合密钥管理，包括创建、使用、存储、备份、恢复、升级和销毁密钥，保障密钥的合规使用；补丁管理是指对一个正在运行的云计算信息系统，进行补丁的收集、测试、升级和检查，弥补安全漏洞并保障云计算的稳定性；配置管理通常包括配置变更管理和配置发布管理，通过监测、记录配置的变更和配置的发布，可减少因错误配置引起的操作风险，促进云计算的安全和稳定；变更管理是指对云计算基础设施或服务进行修改、补充、优化等变更过程的管理，确保使用标准方法有效且迅速地处理所有变动，降低云服务被中断的风险；风险管理是指围绕云计算的风险而展开的评估、处理和控制活动，在对云计算进行风险管理时，要辨别风险，评估风险出现的概率及产生的影响，然后建立一个规划来管理风险；安全基线管理是指对云计算信息系统建立最低的安全标准，在云计算信息系统的整个生命周期的各个环节，对设备以及系统进行定期检查，确保其遵守安全基线，保障云计算的稳定运行。

（3）应用安全管理。应用安全管理是指在云服务过程中，配合云计算应用层所部署的安全技术，对用户身份、权限及系统一致性的管理，包含身份管理、权限管理、策略管理、时间管理和开发管理。身份管理是指对云计算中身份全生命周期以及身份认证的管理，包括身份注册、身份更改、身份删除、认证凭证管理等，还需保证跨系统的用户身份一致性，实现身份信息共享；权限管理是指对身份的授权、权限更改、权限回收等进行管理，通过权限管理保障系统资源的安全；策略管理是指对访问策略的管理，包括基于身份的策略管理、基于资源的策略管理等，通过策略管理可简单、精确地实现对资源的访问控制；时间管理是指对跨时区云服务时间一致性的管理，解决因系统时间不一致而引发的审计和安全问题；开发管理是指对应用软件开发流程中的相关安全活动以及开发文档的安全管理。

（四）云计算安全运维体系

由于云计算信息系统的开放性，遭受攻击是不可避免的，亟待建立有效的安全运维机制，做到"事前主动防护，事中监控响应，事后总结追踪，保障云计算业务的连续性"。结合传统信息系统安全运维管理的实践经验，充分考虑云计算业务连续性的高要求，建立了云计算安全运维体系，该体系包括三个层次，分别为事前主动防护、事中监控响应、事后总结追踪。

1. 事前主动防护

事前主动防护是指在建设及运营过程中，对云计算信息系统进行安全防护，明确边界，划分安全区域，提高入侵的门槛与难度，主要包括日常运维管理、定期评估巡检、攻防应急演练和安全通告预警。

（1）日常运维管理。日常安全运维服务是整个安全运维体系的基础，是安全运维团队主要的日常工作内容，主要包括桌面终端安全运维、安全设备运行状态检查、安全设备系统升级、安全设备故障处理、安全设备防护告警监测、安全漏洞整改跟踪、安全咨询支持和安全运行情况统计分析。

（2）定期评估巡检。合理的定期评估巡检有利于及时发现云计算信息系统中存在的不足，提前做出预案。具体评估巡检服务内容可分为安全基线检测服务、漏洞扫描服务、渗透测试服务、安全加固协助服务、回归测试服务等。

（3）攻防应急演练。攻防应急演练是维护云计算安全的重要手段，是有效提升云计算安全事件应急响应和处置能力的基础。具体包括模拟演练和实战演练。通过模拟演练，讨论和推演应急决策及现场处置过程，从而促进相关人员掌握应急预案中所规定的职责和程序，提高指挥决策和协同配合能力。通过实战演练，针对事先设置的突发事件情景及其后续的发展情景，在现有安全应急响应设备和资源条件下，通过实际决策、行动和操作，完成真实应急响应的过程，从而检验和提高相关人员的临场组织指挥、队伍调动、应急处置技能和后勤保障等应急能力。

（4）安全通告预警。收集和整理最新安全漏洞、安全事件、安全资讯等信息，定期向有关部门发送安全通告预警，在遇到紧急高危漏洞或重大网络安全事件时及时通告。通告内容包含系统漏洞信息、病毒信息、安全事件预警、最新攻击方式信息、防护措施、网络安全监管要求以及监管部门对云计算安全行业的最新要求。

2. 事中监控响应

事中监控响应指在云计算信息系统运行中进行动态监控，时刻观察攻击者的动向，一旦发现异常，立即进行响应。事中监控响应主要包括异常流量监控、入侵防护监测和应急响应支撑。

（1）异常流量监控。通过流量智能识别检测、多源信息安全分析及多元网络安全策略协同，实现安全威胁可视化、资产可视化、风险可视化、安全态势可视化；借助全网高效协调能力，实现快速安全响应和恢复能力。

（2）入侵防护监测。从网络层、主机层到应用层，进行深度安全防护，及时监测僵尸网络、黑客攻击、蠕虫病毒、木马后门、间谍软件或阻截带有攻击的数据流量。

（3）应急响应支撑。当出现安全事件，造成系统无法正常对外提供服务时，安全运维团队应在规定的安全应急响应时间内，派出应急响应专家协助完成包括网络病毒灾难恢复等在内的灾难恢复工作。

3. 事后总结追踪

处理完安全事件后，应对下次可能发生的攻击事件做好安全预案，对入侵者进行追踪取证，分析总结此次安全事件。事后总结追踪包括网络安全预案、入侵追踪取证和事件总结备案三个环节。

（1）网络安全预案。针对网络访问流量异常、非授权访问行为、网络相关的风险情报等网络安全场景，分别确定对应的网络安全预案。预案需要在人员、流程及系统层面针对性地做出应对，包括响应时间、通报机制、应对步骤、升级机制、系统控制点及操作方案等。

（2）入侵追踪取证。在发生攻击事件后，要定位网络攻击的源头并获取相关证据，构建网络攻击链和证据链，追究入侵者的法律责任，对潜在的攻击者起到震慑和警告作用。

（3）事件总结备案。在系统出现各类型安全事件后，安全运维团队应对安全事件进行分析，总结此次安全事件发生的原因，从而发现防护体系与监控体系的漏洞，针对安全事件加强安全教育培训，将事件进行总结备案，并总结经验，防止此类安全事件再次发生。

二、云服务安全架构设计

早在 1999 年，很多公司就已开始提供电子邮件过滤服务，为用户数据和隐私提供安全保障。随后安全托管服务逐渐兴起，安全托管服务提供商为用户提供了安全管理服务，虽然安全托管服务的意图是对企业用户的安全设备进行远程管控，但是实际上用户的设备还是在本地运行，与远程运行模式有所不同。随着云计算概念的提出，安全即服务开始出现并逐渐成为主流的安全服务提供方式。目前已有一些安全厂商采用自己构建的云计算平台提供安全服务，并作为一种集成产品提供服务，即云计算安全服务。下面将从云计算安全服务的含义、优势、架构和典型案例等方面对云计算安全服务进行介绍。

（一）云计算安全服务含义与优势

云计算安全服务，又称为安全即服务（Security as a Service，SECaaS），是将云计算技术和业务模式用于网络安全领域的一种技术和业务模式。SECaaS 通过提升网络安全能力（包括身份认证、访问控制、DDoS 防护、病毒和恶意代码的检测及处理、网络流量的安全检测和过滤、邮件等应用的安全过滤、网络扫描等特定应用的安全检测、数据加密与检索等）的资源集群和池化，以云服务的方式交付安全能力，提供安全产品或服务，使用户在不需要管理安全设施的情况下以最小化成本获取安全服务。云计算安全服务的优势包括如下几点。

1. 人员力量增强

保障信息系统安全需要很大的人力成本，云计算信息系统的复杂性使其安全保障需要更多的人力成本，虽然很多安全工作可以通过自动化来完成，但最终还需要人工判断。系统始终不间断地记录着信息，但是这些信息需要足够的专业人员来进行分析，如果不进行分析，安全设备的部署就等于形同虚设。而云计算的特征是以资源共享的方式实现规模经济，云计算安全服务的交付模式可以指派信息安全管理团队处理特定安全活动（如监控日志），由多用户分摊安全服务成本，与企业自建安全管理平台相比，可降低生产成本。

2. 提供先进的安全工具

对于企业 IT 运维人员来说，无论购买专业安全工具，还是下载使用开源安全工具，都需要投入大量的人力及时间成本。例如，启动 IDS 需花费大量时间来寻找 Snort规则。云计算安全服务的提供商拥有专业的安全运维团队，能够熟练使用各种商用、开源安全工具，可以通过专业的安全工具箱快速、全面地发现应用系统的风险，保障用户应用系统的安全运行。

3. 提供专业技术知识

在企业里，由于信息安全专业人员掌握安全知识过于单一或者不够深入而导致对风险评估失败的事件时有发生，而云计算安全服务可以解决这个问题。云计算安全服务提供商可以侧重于信息安全的某个特定方面来提供安全服务。例如，一些云计算安全服务提供商提供基于云的漏洞扫描服务，另一些云计算安全服务提供商则围绕如何抵御拒绝服务攻击来构建自己的服务。这样，企业就可以利用这些专家和资源的优势来控制企业信息安全风险。

4. 降低安全运营成本

传统的安全业务部署方式操作复杂，无法满足业务快速部署的需求。将安全能力作为服务集成于云计算中，用户可根据应用的安全需求快速申请并自动化部署相关安全策略，有效解决安全业务部署的效率问题。

（二）云计算安全服务的架构

1. 云计算安全服务的本质

云计算安全服务的本质是软件定义安全（Software Defined Security，SDS），即将物理及虚拟的网络安全设备与其接入模式、部署方式、实现功能进行解耦，将底层抽象为安全资源池里的资源，顶层通过软件编程的方式进行智能化、自动化的业务编排和管理，以完成相应的安全功能，从而实现一种灵活的安全防护。在工作机制上，SDS可以分解为软件定义流量、软件定义资源、软件定义威胁模型，三个部分环环相扣，形成一个动态、闭环的工作机制。

（1）软件定义资源。通过统一的管理中心对安全资源进行统一注册、池化管理、弹性分配。在虚拟计算环境下，管理中心还要支持虚拟安全设备模板的分发和设备的创建。

（2）软件定义流量。采取软件编程的方式实现网络流量的细粒度定义和转发控制管理，通过将目标网络流量转发到安全设备上，实现安全设备的逻辑部署和使用。

（3）软件定义威胁模型。对网络流量、网络行为、安全事件等信息进行自动化采集、分析和挖掘，实现对未知威胁甚至一些高级安全威胁的实时分析和建模。之后自动基于建模结果指导流量定义，实现一种动态、闭环的安全防护。

2. 基于 SDS 的云计算安全服务架构

包括底层基础设施、安全资源池和安全控制平台三个部分。

安全资源池通过网络功能虚拟化（Network Function Virtualization，NFV）技术将各类软硬件安全设备（如防火墙、入侵监测系统、WAF、负载均衡器等）进行池化处理，根据上层的安全资源需求动态分配对应的安全资源，支持弹性扩展、快速交付和按需使用。被分配的安全资源作为安全服务策略的承载者，动态部署在应用和访问者之间，根据用户配置的安全策略执行对应的安全业务逻辑。

安全控制平台实现策略管理、安全分析和安全编排，通过响应用户的安全服务需求，将安全需求解析成抽象的安全策略，分发给虚拟安全设备和网络设备，申请安全服务所需的资源，然后通过标准的接口（API）向用户提供安全服务部署所需的能力，实现安全防护的智能化、自动化、服务化。

3. 基于SDS的云计算安全服务架构

可以解决云计算应用中的众多安全问题，如流量可视化、微隔离、全网行为分析、安全功能更新、安全服务灵活扩展、支持业务迁移等。

（1）流量可视化。在云计算安全服务架构中，安全模块能够对任一虚拟机上的任一端口或任一任务进行流量监控，每个安全模块监控到的局部流量可以汇总到统一控制平台，从而能够实现细粒度和全局性的流量可视化。

（2）微隔离。用于分割处于同一虚拟网络上的不同业务虚拟机，检测并遏制源自内部的攻击。基于SDS的云计算安全服务架构可以对用户虚拟机的任一端口或整个用户虚拟网络实施微隔离，通过安全模块上的默认策略和安全策略的配置，实现对单一业务或一组业务虚拟机的安全防护。

（3）全网行为分析。可以对每个安全模块监测到的局部流量信息、业务信息和攻击事件进行汇总，结合虚拟机、接口、网络、用户等全局信息，在整个云计算数据中心视角下进行业务分析、威胁分析和安全防护。

（4）安全功能更新。基于软件的安全功能编排、与硬件安全设备的解耦，使安全功能的更新不再依赖硬件安全设备的升级，控制层全局化，使安全功能更容易根据云计算数据中心实时运行情况做出调整。

（5）安全服务灵活扩展。针对单一报文或单一数据流的监测和防护，可以在安全模块上完成包括防火墙、攻击防护、应用识别、入侵监测和URL过滤等。针对多机、多网络、非实时性的检查，可以通过灵活扩展安全模块的形式来完成。

（6）支持业务迁移。安全策略能够随业务虚拟机实时迁移，当业务虚拟机完成迁移时，安全状态也完成迁移，保证了虚拟机上的业务不中断。

（三）云计算安全服务典型案例

目前，国内外安全服务提供商提供的较为成熟的云计算安全服务产品主要聚集在网络安全防护、身份管理和认证授权（IDAAS）、数据加密和密钥管理、安全信息和事件管理（SIEM）等领域。下面以典型的网络安全防护云服务——阿里云的云盾为例，介绍其功能和优势。

云盾是基于阿里云云计算平台打造的云计算安全服务产品，是我国首个百万级用户的云计算安全服务产品，每天保护着全国超过 37% 的网站，致力于成为互联网安全的基础设施。云盾提供全景的安全情报分析、安全态势感知、攻击溯源回溯、基础安全防护等功能。

1. 先知安全情报平台

先知安全情报平台提供安全众测服务，包括渗透测试、漏洞修复、漏洞复测等，可帮助用户全面发现业务漏洞及风险。

2. 态势感知平台

态势感知平台通过机器学习和数据建模发现潜在的入侵行为和攻击威胁，并通过溯源系统追踪黑客身份，帮助用户建设自己的安全监控和防护体系，从而解决因网络攻击导致企业数据泄露的问题。态势感知平台提供的功能包括安全监控、入侵监测、弱点分析、可编程引擎、威胁分析和可视化大屏，能够还原黑客攻击链路，发现正在发生的攻击，展现全景的安全视图。

3. 服务器安全防护

云盾中针对服务器安全防护服务的产品是安骑士，它是一款集安全配置核查、漏洞管理、入侵防护于一体的轻量级主机安全产品。安骑士由轻量级代理和云端组成，通过代理和云端大数据的联动，提供网站后门查杀、Web 软件 0 day 漏洞修复、安全基线巡检、分布式主机防火墙等功能。用户可按需获取这些功能组件，定制、搭建自身专属的防护系统。

4. 网络安全防护

云盾中针对网络安全防护服务的产品有 DDoS 高防 IP 和 Web 应用防火墙。用户可以通过购买配置高防 IP，降低遭受 DDoS 攻击后服务不可用的风险。网络应用防火墙（Web Application Firewall，WAF）是阿里自主研发的安全产品，可防护 SQL 注入、XSS 跨站脚本、常见服务器插件漏洞、木马上传、非授权核心资源访问等常见攻击，保障网站的安全性与可用性。

5. 数据安全防护

云盾中针对数据安全防护服务的产品有加密服务和证书服务。加密服务使用多种加密和解密算法保障用户数据的机密性，并对密钥进行管理。同时，加密服务器使用经国家密码管理局认证的硬件密码机，帮助用户满足数据安全方面的监管合规要求。证书服务为用户提供证书签发和证书生命周期管理服务，证书签发提供在云上签发 Symantec、CFCA、SSL 证书服务，保障网站防劫持、防篡改、防监听。证书生命周期管理服务可以对云上证书进行统一管理，提供一键分发服务。

6. 业务安全防护

云盾中针对业务安全防护服务的产品有数据风控和绿网。数据风控提供注册防控、登录防控、活动防控、消息防控和其他风险防控等服务，解决用户账号、活动、交易等关键业务环节存在的欺诈威胁。绿网提供图片、视频、文字等多媒体的内容风险智能识别服务，不仅能帮助用户降低色情、暴恐、涉政等违规风险，还能解决广告推广、谩骂等用户体验痛点，而且能大幅度降低人工审核成本。

7. 移动安全防护

移动安全防护为移动应用提供覆盖设计、开发、测试到上线的全生命周期安全服务，其安全产品为"移动安全"。该产品能够准确发现应用中的安全漏洞、恶意代码、仿冒应用等风险，大幅提高应用反逆向、反破解能力。

8. 安全服务

安全服务包括混合云防护和安全管家。混合云防护以阿里云互联网攻防技术为核心，以数据与情报联动分析为驱动，能够在用户自有 IDC、私有云、公有云、混合云等多种业务环境下，为用户建设涵盖网络安全、应用安全、主机安全、安全态势感知的全方位互联网安全攻防体系。安全管家为用户提供全方位安全技术和咨询服务，包括场景描述、安全事件管理、安全检查、策略管理、漏洞管理、安全架构咨询等功能，旨在为用户建立和持续优化云计算安全防护体系，保障用户业务安全。

（四）零信任安全和软件定义边界 SDP

零信任安全策略可帮助组织提高网络弹性，管理断开连接的业务环境所面临的风险，同时允许用户访问相应的资源。这是一个模型，也是一个计划，它使用上下文在正确的时间和正确的条件下，将正确的用户安全地连接到正确的数据，同时还能保护数据免受网络威胁。

1. 零信任安全

零信任安全是一种 IT 安全模型。零信任安全要求对所有位于网络外部或网络内部的人和设备，在访问专用网络资源时，必须进行严格的身份验证。零信任安全需要通过多种网络安全技术实现。零信任安全技术特性包括：①零信任网络背后的理念是假设网络内部和外部都存在攻击者，因此不应自动信任任何用户或计算机。②零信任安全性的另一个原则是最小特权访问。即只向用户提供所需的访问权限，从而可以最大限度地减少每个用户可以访问的网络敏感资源。③零信任网络使用了微分段概念。微分段是一种将安全边界划分为小区域的做法，以维护对网络各个部分的单独访问。例如，使用微分段的文件位于单个数据中心的网络可能包含数十个单独的安全区域。未经单独授权，有权访问这些区域之一的个人或程序将无法访问任何其他区域。④零信任安全强化了多因素身份验证（MFA）的使用，用户需要使用多个证据来进行身份验证，仅输入密码不足以获取访问权限。

除了对用户进行访问控制之外，零信任还要求对用户所使用的设备进行严格的控制。零信任系统需要监视有多少种不同的设备正在尝试访问其网络，并确保每台设备都得到授权。这进一步最小化了网络的攻击面。

2. 软件定义边界（Software-Defined Permeter，SDP）

SDP 是实现零信任安全性的一种方法。用户和设备都必须经过验证才能连接，并且仅具有所需的最小网络访问权限。

SDP 旨在使应用程序所有者能够在需要时部署安全边界，以便将服务与不安全的网络隔离开来。SDP 将物理设备替换为在应用程序所有者控制下运行的逻辑组件。SDP 仅在设备验证和身份验证后才允许访问企业应用基础架构。

SDP 去除了需要远程访问网关设备的缺点。在获得对受保护服务器的网络访问之前，SDP 要求发起方进行身份验证并首先获得授权。然后，在请求系统和应用程序基础架构之间实时创建加密连接。

3. SDP 架构

SDP 架构如图 7-1 所示，从图上可以看出如下三个信息：①SDP 控制器确定哪些 SDP 主机可以相互通信。SDP 控制器可以将信息中继到外部认证服务。②SDP 连接发起主机（IH）与 SDP 控制器通信，以请求它们可以连接的 SDP 连接接受方（AH）列表。在提供任何信息之前，控制器可以从 SDP 连接发起主机请求，诸如硬件或软件清单之类的信息。③默认情况下，SDP 连接接受主机（AH）拒绝来自 SDP 控制器以外的所有主机的所有通信。只有在控制器指示后，SDP 连接接受主机才接受来自 SDP 连接发起主机的连接。

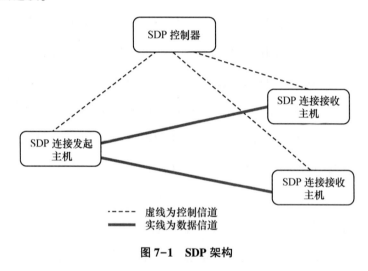

图 7-1　SDP 架构

（五）云原生安全及 DevSecOps

云原生安全指云平台安全原生化和云安全产品原生化。云原生安全作为一种新兴的安全理念，不仅解决云计算普及带来的安全问题，更强调以原生的思维构建云上安全建设、部署与应用，推动安全与云计算深度融合。

1. 云原生安全应用

在企业上云的全程融入安全能力，或直接选择安全实力更强的云计算平台，有助于解决传统安全建设理念存在的弊端。云原生安全理念将安全能力内置于云计算平台中，实现云化部署、数据联通、产品联动，可以充分利用安全资源，降低安全解决方案使用成本，实现真正意义上的普惠安全。

依托云原生安全思路，企业级客户能够构建全面完善的云上安全体系。云原生计算环境安全产品适应云上主机、容器、应急响应和取证等计算环境新安全需求，数据安全分类治理、数据安全审计、敏感数据处理、密钥管理系统、凭据管理系统等云原生数据安全产品保障云上数据安全可靠，DDoS 防护、云防火墙、Web 应用防火墙等云原生网络安全产品有效抵御云上网络威胁，安全运营中心等云原生安全管理产品应对云上安全管理新挑战，原生托管安全服务等云原生安全服务缓解云上安全运营痛点。

2. DevSecOps 现状

GitLab 公司的年度 DevSecOps 报告发现，在使用 DevOps 的组织中，安全性显著提高。事实上，72%的安全专家将他们自己组织的安全努力评为"良好"或"强大"。再者，DevOps 中运行安全扫描的也比以往多，超过一半运行了 SAST，44%运行了 DAST 扫描，接近 50%扫描了容器和依赖。所有这些都表明，行业对 DevSecOps 方法的接受程度在不断提高。实际中，70%的安全团队表明安全已经左移了。

为了减少手动测试和扫描，DevOps 从业者开始利用 AI/ML 工具和技术。GitLab 的 DevSecOps 调查报告发现，四分之一的受访者声称实现了全自动化测试，比 2020 年增长了 13%。调查进一步发现，使用 AI/ML 或者机器人来测试和评审代码的数量在急剧飙升。75%的团队已经在用或者正在计划使用此技术，比 2020 年上升了 41%。CI/CD 平台正在加强其 ML 能力，以实现更顺畅、更安全的 DevOps 流程，这些工具的使用在未来几年只会越来越普遍。

自动 DevSecOps 成为主流以来，已经取得了一些进展，在企业开始以积极主动的心态对待安全问题之前，他们不会成功采用 DevSecOps。由于安全和 IT 部门在一个单一的愿景上保持一致，成功地执行一个既定策略，并使他们的工作流程现代化和安全化，他们的被动将减少，主动将增加，同时更具协同性。

3. DevSecOps 框架

有效采用 DevSecOps 的一个最大的障碍就是人们认为它会与进入市场的速度相悖。现如今，企业的成功取决于快速部署和快速迭代开发。最初，实施 DevSecOps 框架可能会感觉到在 CI/CD 管道中设置了减速带。新的安全流程有可能会给优先考虑安全问题的安全团队和专注于推进发布的 IT 团队带来挑战，但伴随着这种"摩擦"也会带来

DevSecOps 实施的最初结果——端到端的安全处于起步阶段。实施后不需要很长时间就能看到积极的结果。

随着组织的演变，扩容是 DevSecOps 扩容的另外一个常见痛点。企业在扩大业务规模时，可能很难预测扩展 DevSecOps 的成本。除此以外，云工具链也变得越来越复杂，因此很难在一个工具中设置策略或工作流程，并知道它们在整个工具链中得到了遵守。然而，这些问题可以通过采用单一的、包括安全在内的端到端 DevOps 工具来解决。单一的 DevSecOps 平台有可能实现检测和缓解应用程序威胁的全新方法，同时比非集成平台更有效地做到这一点。

企业可以通过以下方式确保他们正在进行适当的安全调查，加强他们的供应链，并改进他们的 DevSecOps 方法。主要包括以下几方面：①保持依赖的可视化，确保开发软件的每个人都熟知依赖；②利用 CI/CD Pipeline 将 SAST 和 DAST 测试自动集成到开发流程中；③让开发人员在编写代码时完成漏洞和依赖性扫描，甚至在提交或合并之前就完成；④实现自动化的 AI/ML 工具，增加支持扫描、监控和审查；⑤调研在多云环境中敏感信息管理的解决方案。

思考题

1. 可以从哪些方面保护硬件安全？分别举出三例。

2. 简述云计算安全的定义。

3. 国内云计算安全市场有哪些重要组成部分？

4. 有哪些云管理平台安全控制措施？并简述这些措施如何实现。

5. 在云计算安全体系中如何保障数据安全？分别简述。

6. 云计算安全服务的本质是软件定义安全，请简述后者由哪三部分构成。

第八章
云技术服务理论知识

根据埃森哲对全球云计算用户的调研结果，超过90%的企业都以某种形式采用云技术，但是近三分之二的企业尚未实现预期成果。多数企业的云化进程仅实现了20%~40%，而且其中大部分是容易完成的简单任务。部分机构无法突破实验心态，对迈向云端的具体方向深感迷茫；另一些则在推广云技术时，难以明确其可行性。

因此，面向政府、企业等各类组织的业务需求，提供专业的技术咨询、解决方案设计、培训与指导等技术服务，并持续推进云系统的优化改进，对于助力各类组织的云化转型，促进云技术落地，实现用户价值至关重要。本章即对云计算技术服务进行介绍，主要包括以下四个部分内容：

- 技术咨询服务。
- 解决方案设计。
- 指导与培训。
- 优化与管理。

第一节 技术咨询服务

考核知识点及能力要求:

- 了解技术服务咨询的整体工作流程。
- 了解调研与分析的步骤。
- 了解方案设计阶段的步骤。

云计算技术咨询主要指当面向客户的业务需求时,利用自身的专业能力和知识、经验储备,给出云计算技术选型和发展建议,并指导项目实施。

一、技术咨询服务项目整体工作流程

一个完整的云计算技术咨询项目工作主要分为如下几个阶段——项目准备与启动阶段、现状调研与分析阶段、技术方案设计阶段、实施指导阶段。各阶段主要工作内容如图 8-1 所示。

图 8-1 技术咨询服务工作流程

项目准备与启动阶段的主要工作是与客户初步沟通，确认客户希望达到的目标和需求，评估技术咨询项目的可行性，并根据项目需要组建项目团队。通过启动会的形式，与各方干系人统一目标和愿景，并确认各方干系人对项目的参与。

现状调研与分析阶段的主要工作是通过访谈等方式了解客户的业务现状和技术现状，明确痛点和需求，为具体的方案设计提供思路。该阶段的工作内容主要有业务现状调研、技术现状调研、调研结果整理与分析、现状调研与分析工作总结汇报等。

技术方案设计阶段的主要工作内容是根据现状调研与分析的结果，针对差距和痛点，形成技术整改和云化建设方案。该阶段的工作内容主要有关键技术选型讨论与决策、技术方案设计、方案总结汇报三项。本阶段工作可能需要反复迭代进行，最终形成一个资金允许、技术可行、能够有效解决客户实际问题并对后续实施工作形成指导的技术方案，如必要还可以引入外部专家评审。

部分技术咨询项目还需要咨询提供方对方案的实施进行指导。技术咨询服务团队参与指导实施过程，也有助于保障技术方案落地，确保客户问题得到有效解决。在实施指导阶段，咨询服务团队需要持续跟进实施过程，协助客户评审实施方案和具体技术实现方案，及时提示发现的风险。在技术方案实施过程中遇到的技术问题，咨询服务团队应当协助解答。

上述前三个阶段是技术咨询服务的主体，本节后续内容将对前三个阶段的工作内容详细展开。

二、项目准备与启动阶段

该阶段主要开展四项工作——确认目标与需求、评估可行性、组建团队、召开项目启动会。

（一）确认目标与需求

在项目启动之前首先要确认项目目标与总体需求。

1. 工作内容

通过与客户交流或者分析咨询项目招标文件，明确需要咨询的目标与总体需求。

对于需要开展咨询项目的客户，其目标和需求往往是不够明确的，因此与客户沟通确认希望达到的目标、需求和预期交付成果，有助于准确评估项目难度、工作量和需要的团队能力，这是项目成功的重要前提。不但要与客户对齐技术目标与需求，非技术内容同样重要，包括客户的主营业务方向及发展愿景、组织架构、每年信息化资金投入情况及未来预算等。技术咨询的核心目的是为客户提供一个匹配业务发展的切实可行的方案，促进云技术的用户价值实现。

2. 主要参与人

主要参与人有咨询服务团队、客户方项目负责人和客户高层代表。

3. 工作产物

工作主要产出《客户访谈纪要》和《咨询目标与总体需求说明》。

（二）评估可行性

目标与需求确认之后需要评估可行性。

1. 工作内容

根据项目目标与总体需求，估算所需工作量及对咨询服务团队的能力要求。评估咨询提供方是否有能力在预算范围内完成技术咨询服务。

2. 主要参与人

主要参与人为咨询服务团队。

3. 工作产物

工作主要产出《可行性评估简报》。

（三）组建团队

评估项目可行后，协调需求方和委托方共同组建项目团队。

1. 工作内容

根据项目目标和工作开展需要，组建具备对应能力的项目团队。

项目团队中除了咨询服务提供方人员外，还应当包括客户方的项目负责人和项目干系人代表。项目干系人指任何将从组织的云化转型中受到实质性影响的人。不同的项目干系人通常对问题有不同的看法和不同的需要，这些在解决问题时必须加以考虑。

2. 主要参与人

主要参与人为咨询服务团队、客户方项目负责人和项目干系人代表。

3. 工作产物

工作主要产出《项目组成员及分工备忘录》（或《项目组通讯录》）。

(四) 召开项目启动会

通过一个正式的启动会开始咨询项目，有助于统一认知，为项目的顺利执行和最终成功打下基础。

1. 工作内容

协同客户召开项目启动会，与客户方项目负责人及各方干系人统一目标和愿景，确认各方对项目的投入。

要充分重视项目启动会。只有深入了解组织内各部门与核心岗位人员的现状、愿景与需要，才能保证咨询项目的执行和结果是符合客户实际期望的。因此，咨询项目开展过程中会涉及大量与各方干系人代表的访谈交流。通过项目启动会，由客户方项目负责人或高层管理人员向干系人代表宣贯咨询项目的意义，提出时间与精力投入要求，由咨询服务团队代表汇报项目目标与具体工作内容，有助于各方统一认知，共同促成项目成功。

2. 主要参与人

主要参与人为咨询服务团队、客户方项目负责人和项目干系人代表。

3. 工作产物

工作主要产出《项目启动汇报材料》（可以用 PPT 或其他易于展示汇报的形式）和《项目启动会议纪要》。

三、现状调研与分析阶段

该阶段的主要工作包括业务现状调研、技术现状调研、调研结果整理与分析、调研分析工作汇报。

（一）业务现状调研

业务现状调研是对客户的业务现状进行调研。

1. 工作内容

通过与各方干系人代表进行访谈或问卷调研，对生产车间、线上店铺等实体和虚拟工作场所进行考察等方式，了解客户的组织架构、主营业务现状及发展计划、组织架构、对 IT 能力期望等。

2. 主要参与人

主要参与人为咨询服务团队、客户项目负责人和项目干系人代表。

3. 工作产物

工作主要产出《业务现状访谈纪要》和《业务现状调研问卷及结果统计》。

（二）技术现状调研

技术现状调研是对客户的技术现状进行调研。

1. 工作内容

通过客户访谈及系统数据导出等方式，了解云技术等信息技术的应用和开发现状。

访谈对象根据咨询目的不同而有所不同。例如，涉及自身产品的云化演进咨询的客户多为正在或计划践行 SaaS 业务的软件厂商、推进硬件产品云原生化与合作伙伴云计算平台融合的 IT 设备厂商等，主要访谈对象是客户的研发人员、交付和售前工程师等；涉及内部 IT 云化的客户多见于各行业正在推进数字化转型的企业和政府部门等，主要访谈对象是客户的 IT 部门工作人员，包括 IT 系统架构师、应用开发工程师、运维工程师、安全专家等。

涉及内部 IT 云化的技术咨询项目中很大一部分属于云解决方案咨询，这类项目具体的技术现状调研与分析工作方法和相关工具将在本章的第二节"解决方案设计"中进行介绍。

2. 主要参与人

主要参与人为咨询服务团队和客户的 IT 技术岗位工作人员。

3. 工作产物

工作主要产出《技术现状访谈纪要》《云计算平台与云技术应用现状调研统计表》《DevOps 成熟度调研统计表》《应用系统调研统计表》《基础设施资源调研统计表》《基础软件调研统计表》。

(三) 调研结果整理与分析

调研结果整理与分析阶段需要整理调研产物并进行分析。

1. 工作内容

对上述调研工作产生的调研问卷及信息收集表格等调研产物，进行汇总整理和综合分析，得出结论。在分析过程中发现调研结果不清晰或缺失的环节，有针对性地对其进行二次或多次调研沟通。

2. 主要参与人

主要参与人为咨询服务团队。

3. 工作产物

工作主要产出《现状调研与分析报告》。

一个典型的《现状调研与分析报告》文档包括如下部分：

● 项目背景。

● 调研工作回顾。

● 业务现状调研总结。包括单位总体情况概述、主营业务现状及发展目标、组织架构、当前业务与 IT 的关系、数字化转型计划等内容。

● IT 现状调研总结。包括 IT 总体情况概述，调研数据表格汇总，应用系统现状，基础设施资源、基础软件、IT 部门组织架构及工作流程、规章制度，灾备/安全等内容。

● 调研结果分析。包括业务对 IT 的依赖程度、利用情况及问题，现状与预期的主要差距，与行业领先者的差距分析，数字化转型对 IT 云化能力的要求与业务价值分析。

● 总结。

● 附录。包括调研数据表格汇总，其他调研材料汇总。

（四）调研分析工作汇报

调研分析工作汇报需要总结调研工作过程及结果，撰写汇报材料并组织汇报会议。

1. 工作内容

对现状调研与分析工作进行总结，为技术方案设计提供依据，同时形成面向客户的汇报材料。组织汇报会议，对客户项目负责人和各方干系人就调研分析的结果进行说明。汇报会议的主要目的是向客户陈述调研过程中发现的问题，对接技术需求并取得客户的确认，为技术方案的设计做准备。

2. 主要参与人

主要参与人为咨询服务团队、客户项目负责人和项目干系人代表。

3. 工作产物

工作主要产出《现状调研与分析汇报材料》和《现状调研与分析汇报会纪要》。

其中，《现状调研与分析汇报材料》可基于《现状调研与分析报告》，采用 PPT 或其他易于展示汇报的形式制作。

四、技术方案设计阶段

方案设计阶段的工作主要包括关键技术选型讨论与决策、技术方案设计、方案总结汇报等。若在此阶段发现在现状调研与分析中未识别的风险，应及时与客户确认并体现在技术方案中。

本阶段工作的产物将作为后续实施的重要依据，如关键技术决策及方案设计中涉及的某些技术选型和技术指标，可以直接作为实施阶段招标的技术参数。另外，方案总结汇报中，一些非技术内容如成本预估、相关的管理改进建议、培训赋能等组织能力提升建议等也很重要。

以下对该阶段的各项工作具体说明。

（一）关键技术选型讨论与决策

关键技术选型需要与客户共同对关键技术的选型进行讨论并做出决策。

1. 工作内容

承接现状调研与分析阶段的工作成果，针对差距和痛点，给出技术选型和方案设计思路，和客户充分讨论，做出关键技术决策。

2. 主要参与人

主要参与人为咨询服务团队、客户项目负责人和项目干系人代表。

3. 工作产物

工作主要产出《关键技术建议书》。

（二）技术方案设计

技术方案设计需要设计具体的技术方案，解决客户的痛点。

1. 工作内容

以一套完整的逻辑，将各项关键技术组织成一个可实施的整体，匹配客户的业务发展需求和组织能力，成体系地利用云技术帮助客户解决面对的问题。

这部分可能需要反复与客户沟通讨论，不断细化，最终达到切实可行并能帮客户解决问题的目标。与客户充分沟通有助于提升方案的可行性，避免返工，降低后续实施阶段的风险。

2. 主要参与人

主要参与人为咨询服务团队和项目干系人代表。

3. 工作产物

工作主要产出《技术方案书》。

（三）方案总结汇报

方案总结汇报需要将形成的技术方案对客户和项目干系人代表做出汇报。

1. 工作内容

与客户充分沟通，详细汇报技术方案的各项内容，包括项目背景与目标、工作开展过程与取得的成果、现状调研与分析、关键技术与关键举措、技术方案概述、技术方案详述、实施周期与成本预估等。并且提出与技术方案匹配的组织能力的提升改进建议。

方案总结汇报中应注意呼应项目启动会上提出的项目目标。

2. 主要参与人

主要参与人为咨询服务团队和项目干系人代表。

3. 工作产物

工作主要产出《方案总结汇报材料》。

第二节　解决方案设计

考核知识点及能力要求：

- 能够进行云解决方案需求分析。

- 能够设计云解决方案。

- 能够撰写解决方案并汇报。

"云解决方案"或"云计算解决方案"，指的是通过一些云产品和云服务的有机组合，运用云技术应对组织在发展中面对的一系列挑战的方案。

几乎所有的云项目在进入采购和实施环节前，都需要有经过客户或组织内部认可的解决方案。对项目中需要用到哪些软件和硬件、拟解决什么问题、如何使用这些云技术以及需要进行哪些开发工作等问题，都要进行说明。云解决方案是云项目的蓝图，是云项目实施的前置条件。

在云产品的规划设计和客户认可等环节中，也经常会用"行业解决方案"的形式来阐述产品的功能、价值、集成与被集成关系，以引导研发和市场工作。云解决方案也是很多云计算技术咨询项目的目标产物。

因此，云解决方案在云计算技术体系中的重要性不言而喻。本节将从需求分析出发，逐步对云解决方案设计进行介绍。

一、云解决方案需求分析

解决方案的价值最终体现在对用户业务的助力，用户对技术的采用目的往往也是解决业务的痛点。因此，进行解决方案设计的第一步是从客户的业务目标出发，逐步细化各项功能，形成完整的业务与功能需求分析，为后续的非功能性技术需求分析和方案设计提供参考内容。值得一提的是，IT 系统尤其是软件的需求分析与需求工程是一个复杂的领域，本书针对云计算系统的特点讨论云解决方案的需求分析，不对需求工程和软件需求分析方法进行赘述。

（一）业务目标梳理

客户的业务发展目标，代表了客户的战略需求。大型组织的业务目标非常复杂，可重点关注与业务数字化相关的目标。例如，对于政府，可重点关注数字政府建设规划；对于高校，可重点关注数字校园发展目标；对于企业，可重点关注业绩增长目标及研发、生产、营销、运营等各环节的数字化转型目标。

（二）IT 现状调研及分析

IT 现状调研与分析的基本思路是通过对 IT 系统及人员的现状进行调研，对比业务目标，分析现状与目标之间的差距，与客户沟通拟采取的措施，提炼对云解决方案的需求。

1. IT 现状调研及分析的基本思路

以下通过一个例子对这一基本思路进行说明。

某企业的业务目标包括通过数字化转型实现精细化生产和运营，促进营收持续增长。而现状是当前使用的 ERP 系统和 CRM 系统均为三年前采购的成熟商用软件，不能满足数字化转型的需求，客户拟采用自主研发的方式对已有的 ERP 和 CRM 系统能力进行扩展并逐步替代现有系统。目前的 ERP 和 CRM 系统都是部署在数据库一体机和物理服务器上，硬件与软件同期立项采购。该企业的大部分 IT 系统均采用此种建设模式，部分系统采用了某国外厂商的虚拟化软件提升服务器资源管理的灵活性和资源使用率。在该企业的业务数字化演进过程中，IT 系统的规模和复杂度将不断增长，同时，服务中断对业务的影响将越来越大，业务部门对应用系统的可用性要求将显著提升，开发和运维的敏捷性也将直接影响业务转型和发展的速度。为匹配客户业务发展的需要，系统对支持灵活扩展的软件定义基础设施、支持复杂应用持续敏捷构建和交付的微服务治理、容器和 CI/CD 流水线平台等云技术的需求显著提升。

2. IT 现状调研的主要内容

IT 现状调研可从以下几个方面进行。

（1）应用系统。了解应用系统的种类、用户、规模、部署方式、业务连续性要求和逻辑关系等。

（2）数据架构。了解客户的数据种类、结构和规模，以及数据的可靠性、可用性和保密性要求，为数据架构的优化、数据上云规划以及数据可靠性和安全保障机制等提供设计依据。

（3）信息安全。包括对抗恶意攻击的安全防护手段和灾备等信息系统保护手段及未来诉求。为云安全方案设计和云环境的灾备设计提供有效参考内容。

（4）IT 部门组织情况。了解 IT 部门的组织架构、人员构成、现有的 IT 服务模式以及存在问题，为后续在云模式下构建合理的 IT 服务模式提供有效的信息支撑。同时通过了解 IT 考核目标，为云化建设目标和路径提供指引。

3. 调研结果收集与汇总

为了得到可量化的 IT 现状调研结果，可采用调研问卷和从 IT 管理系统中导出数据的方式形成调研表格，并对结果进行汇总。几种典型的调研问卷和信息收集表格示例见表 8-1、表 8-2 和表 8-3。

表 8-1　　　　　　　　　云原生 PaaS 需求访谈问卷

序号	需求维度	调研问题	说明
1	开发情况	业务是否由自己的开发团队独立开发的？	有自己的开发团队才有相关 PaaS 诉求。如果是外包，除非甲方关注应用架构向微服务转型或规范 DevOps 流程，否则甲方不可能要求外包使用云原生 PaaS

序号	需求维度	调研问题	说明
1	开发情况	开发部门一共有多少开发人员？	通常开发人员越多、开发项目越多，对效率、流程的优化诉求越强烈
		平均每年有多少个开发项目？	
		平均每个月发布或更新应用到生产环境的频率是多长？	发布频率越高，对效率、流程的优化诉求越强烈
		平均每个项目业务部署到生产环境的周期是多长？	周期越长，越需要通过云原生 PaaS 优化提升效率
		平均发布故障恢复的时间是多长？	时间越长，越需要通过云原生 PaaS 优化提升
2	管理情况	开发和信息中心是不同的业务部门，还是隶属于信息中心管理？	需要分区，如果是分开的需要单独找开发部门沟通。只找 IT 部门难以了解诉求
		开发人员是否同时负责应用的开发和运维？	大部分情况需要通过云原生 PaaS 帮助开发提升业务运维效率
		开发人员是否具备基础架构如服务器/虚拟机的管理权限？	如果没有，开发人员排查问题会受到 IT 运维影响，需要通过云原生 PaaS 提升权限管理范围
3	战略情况	公司是否开始开展 2C 业务，或者互联网业务？	业务往互联网转型，才会促使开发模式的变化，对效率、流程提出更多诉求
		开发总监或者 IT 总监是否提出了或正在践行 DevOps 和云原生转型？	高层对业务开发的认知，决定项目是否能有效推进
4	基础设施运维情况	分配给开发团队的开发测试资源有多少台物理设备，多少台虚拟机？	
		是否经常因资源不足向基础架构部门提出申请新的资源？	虚拟机分配粒度大，资源利用率不高，申请频率高，需要通过容器优化
		重新申请新的资源消耗多长时间？	通过容器细粒度资源划分，减少资源申请频率
		重新部署应用环境消耗多长时间？	通过容器打包环境，减少环境部署时间，减少发布失败率

续表

序号	需求维度	调研问题	说明
4	基础设施运维情况	重新申请资源和重新部署应用环境所消耗的时间，对开发效率影响有多大？（严重影响/有些影响/影响不大）	影响越大，通过容器技术优化资源申请和环境部署效率的价值越大
		有没有基于开源自己搭建了K8s？遇到什么问题？	如果自己搭建，具备一定的认知能力，沟通和测试难度会降低。但是开源 K8s 会存在一些使用问题，需要通过商业化平台解决
		有没有业务开发开始基于微服务架构？遇到什么问题？	决定着使用自己的微服务平台还是使用云原生 PaaS 上的微服务平台
		有没有建立 CI/CD 流程和相应工具？相关修成和工具的应用情况如何？	判断对于 DevOps 流水线的需求程度

表 8-2　　　　　　　　　　　　　应用系统调研表（部分）示例

系统名称	系统类型	服务范围	工作时段	应用服务器名称	服务器型号	系统软件版本	CPU 核数及利用率	内存容量及利用率	存储类型、容量及利用率	IP 地址
OA	生产系统	对内	7×24	OA-WEB-Server 01	KVM 虚拟机	Window Server 2019	12 核 15%	32 G 70%	服务器本地存储200 G 50%	192.168.1.16/24
				O-业务逻辑服务器	KVM 虚拟机	CentOS 7.8				192.168.1.17/24
				OA-数据库服务器	IBM System x3650 M5	CentOS 7.8			服务器本地存储200 G 50% SAN 存储卷 5 TB 70%	192.168.2.10/24

表 8-3　　　　　　　　　　　　　存储基础设施调研（部分）示例

厂家及型号	规格	存储协议	磁盘槽位（已用/总数）	磁盘规格	数据盘总容量	数据盘冗余模式	已用容量/可用容量
华为 OceanStor XX	2U 控制器，4U 硬盘框	NFS、CIFS	20/32	2.5 寸	20×4 T SAS	RAID5+热备	60 T

(三) 需求分解及细化

按照云计算技术体系的特点,对需求进行分解和细化,各类云服务的最终用户各不相同,需求各异。例如,关系型数据库服务 (Relational Database Service, RDS) 的最终用户是客户的数据库管理员和应用开发与运维工程师;容器服务的最终用户往往是基于容器开发和运维云原生应用的工程师;云主机的最终用户可能非常广泛,涉及组织内部的各类 IT 人员,甚至覆盖到组织外部人员,应用软件供应商可能需要基于云主机为客户部署应用软件。各类云服务的最终用户可能都包括安全管理员或安全工程师。

数据库管理员会非常关注 RDS 对数据库的性能监控功能,而应用开发与运维工程师可能更关心 RDS 支持的数据库管理系统 (DBMS) 的种类和版本,他们会更倾向于使用与应用进行过全面兼容性测试的 DBMS。

云原生应用工程师会关心容器服务所基于的 Kubernetes 是哪个版本,因为这涉及 API 的兼容性以及一些功能是否可用。例如,索引作业 (Indexed Job) 只有在 Kubernetes 1.21 或之后的版本中才支持。而对于安全工程师来说可能更关注容器网络策略 (Network Policy) 能否自动继承安全组策略、对于重要业务系统云计算平台是否能提供云原生的灾备能力以满足等级保护要求等安全特性。

对于应用最广泛的云主机服务,应用软件供应商可能会关注是否支持 GPU 及 GPU 的型号,是否支持异构镜像导入,以及云计算平台对云主机调度的网络拓扑感知能力,是否能协助应用达到可用性指标等。

以上是一些关于云系统最终用户需求的例子,由于云解决方案的复杂性和涉众的广泛性,本节限于篇幅不能对云系统最终用户需求进行全面的罗列。在实际工作中,可以参考上述例子,结合本书其他章节介绍的知识,进行分析和细化。

除了最终用户以外,云解决方案需求分析还应当关注平台管理员和租户管理员等角色的需求,这对于私有云和混合云项目是必不可少的,包括工单管理、租户配额的申请与管理、子账户管理、计量与计费、云资源的监控、云资源的生命周期管理、多地域管理、自动化运维能力等。云计算平台管理员、租户管理员、最终用户三者的区别与联系如图 8-2 所示。

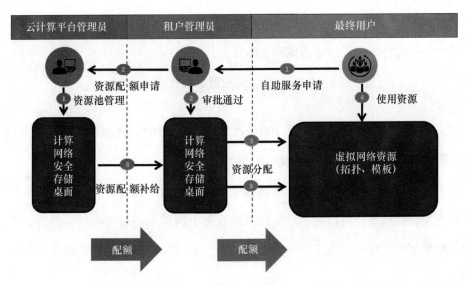

图8-2　云计算平台管理员、租户管理员、最终用户三者的区别与联系示意图

（四）非功能性需求与设计约束

云解决方案所涉及的典型非功能性需求包括云服务的性能、云计算平台管理服务和各类资源服务的可用性、容量需求、可扩展性与弹性等。

1. 云服务的性能

云服务的性能包括数据面性能和控制面性能两方面。

比较典型的数据面性能包括云主机能够达到的网络带宽、包转发效率、云硬盘的IO性能和vCPU的主频。由于云系统的资源共享特点，性能的稳定性也是需要考虑的因素，如果用户对性能稳定性要求很高，需要采用额外的资源隔离和QoS保障技术。

控制面性能主要体现为策略、规则、配置下发的效率和处理生效的速度，在较大规模云环境中，用户对控制面性能的感知较为明显。

2. 云计算平台管理服务和各类资源服务的可用性

服务的可用性用来表示用户对服务中断的可接受水平，这个指标可由系统正常运行的时间的比例计算得出：

$$云主机的可用性 = \frac{云主机正常运行时间}{云主机正常运行时间+停机时间} \qquad (8-1)$$

可用性目标为99.95%的云主机服务，用户的云主机在一年中的停机的平均时间不应超过 4.38 小时。

服务的可用性也可以按请求成功率来计算：

$$可用性 = \frac{成功请求次数}{总请求数} \tag{8-2}$$

如果一个 API 服务一天要接受 100 万次请求，其可用性目标是 99.99%，则该 API 服务每天出现的请求失败次数不能超过 100 次。

由于云计算平台的各组件复杂的依赖关系，可用性问题非常复杂，但是采用基于软件实现的容错机制，可以在不可靠的基础设施上构建出高度可用的云服务。典型措施包括部署冗余的组件以防止单点故障的发生，采用隔离机制防止故障在系统中引起连锁反应等。

3. 容量需求

容量需求指用户所需要的计算、存储和网络资源量。常常以可接入的节点数量、可供使用的 vCPU 核数、内存容量、持久化存储容量、网络吞吐率等指标来描述。有时也用最大可承载的云主机数量、容器数量或者微服务实例数量来衡量云系统的容量，这些指标能更直接地表达业务系统的需求，但是在设计阶段也更难以预估。

对于云系统的容量需求的估算需要考虑五个方面因素。

（1）存量。对于客户拟迁移上云的系统目前在云上所使用的资源量。

（2）新增。对于客户计划新增的应用系统，或者对已有的应用系统进行扩容（如将 OA 系统用户数量从 5 000 人增加到 10 000 人），软件供应商给出的建议配置是否能实现。

（3）虚拟化。由于物理资源被虚拟化以后，可以被多个虚拟实例共享，从而提高资源利用率，降低了总体物理资源容量需求。vCPU 超分就是其中的典型。

（4）冗余。为了提升系统的可用性和可靠性所预留或额外消耗的容量，例如，为了实现应用容灾预留的 CPU 和内存资源；为了防止硬件故障导致数据丢失而进行多次备份。软件定义存储技术多采用纠删码分片或副本数据，纠删码分片或副本数据会消耗额外的存储容量。

（5）未来发展预估。根据客户的业务发展目标和技术发展目标，参考同行业领先组织，预估未来发展对容量的需求。网易云音乐曾披露过一组数据，在践行云原生 DevOps 之后，生产力得到了释放，开发与测试环境对容量的需求迅速增长。如图 8-3 所示为网易云音乐在实践云原生 DevOps 后容量需求的增长。

图 8-3　网易云音乐在实践云原生 DevOps 后容量需求的增长

4. 可扩展性与弹性

可扩展性指系统规模扩展的潜在能力，典型的可扩展性要求包括增加节点数量、扩展到不同地理位置的多个数据中心、纳管更多的集群等。可扩展性需求经常表述为——最多可管理多少台物理服务器、最多可管理多少个 Kubernetes 集群、最大有效存储空间可扩展到多少 PB 等。

可扩展性的潜在要求还包括随着规模扩展性能得到提升，或者在系统规模扩展后性能不会衰减。若一个系统的容量扩展的同时，性能随容量线性提升，称该系统具备线性扩容能力。

弹性指在访问量突发增长的时候，系统可根据策略动态增加相应的资源，以保障业务可用性；当访问量回落之后，系统可释放相应的资源，避免不必要的浪费。弹性需求常用单位时间内能够创建的云主机数量、容器数量或微服务实例数量来描述。

5. 设计约束

设计约束是对解决方案设计的一些限制条件，如要求使用国产的 CPU 和数据库。资金限制和机房空间限制也是云解决方案中常见的设计约束。

二、云解决方案设计

详尽的需求分析为解决方案设计奠定了基础，本节将从云解决方案设计原则、云计算平台方案设计和应用上云方案设计三个角度来阐述如何进行云解决方案设计。关于云解决方案中涉及的一些具体技术，在本书其他章节中已经有详尽阐述，本节重点介绍云解决方案设计的原则、方法和注意事项。

（一）云解决方案设计原则

常见的云解决方案设计原则有如下几条。

（1）满足需求。根据需求分析结果进行设计毫无疑问是解决方案设计的第一准则。在设计过程中若发现需求分析工作有疏漏或错误的地方，应及时向客户反馈，如有必要可提出需求变更。

（2）合规开放。云计算平台是客户开展业务的平台，将来客户需要基于云解决方案部署、开发和对接各种软件与系统，各类接口和技术体系的开放性对于用户未来数字化持续推进和业务成功至关重要。开放性应当以遵从相关标准和规范为前提，有助于避免潜在的兼容性问题，也有利于信息安全防护。

（3）适度投资。不进行过度建设。对客户已经采购的软件和硬件，考虑通过云计算平台实现纳管和利旧。

（4）先进稳定。尽量使用先进技术帮助用户享受技术红利，同时应当注意满足客户对 IT 系统稳定性的诉求，不贸然在客户核心业务采用成熟度未充分验证的新技术。

（5）面向未来。解决方案设计应当具备一定的前瞻性，在规模和部署物理位置上具备可扩展性，在功能和组件上具备增加、升级和替换的能力，淘汰老旧硬件的同时不影响系统的运行。

（6）绿色环保。在满足需求等前提下，优先使用低功耗的方案，例如对访问频率低的冷数据进行归档，存放在磁带库、光盘库等低功耗的介质上。

（二）云计算平台方案设计

云计算平台方案设计是根据用户需求进行硬件选型，规划基础设施资源池，设计应用支撑服务及其实现方式，匹配运维、管理和安全防护体系，形成完整的云计算平台方案。如图 8-4 所示是某政务云的云计算平台方案。

1. 基础设施资源池设计

根据需求对计算、存储、网络三大基础设施资源池的设计，包括硬件选型和规模、

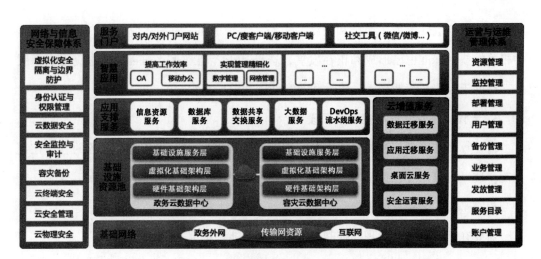

图 8-4　某政务云的云计算平台方案

对虚拟化及池化技术的选型、部署方式和拓扑关系等。这部分的设计主要和客户 IT 系统现在及未来的规模和性能需求相关。

虽然基础设施资源池位于云计算平台的底层，与客户业务距离较远，但在设计过程中，除了技术因素外，一些管理因素也不容忽视。例如，对于基础设施管理运维岗位人员较少的客户，或者某些基础设施管理人员投入较少的场合，比如边缘机房、应用软件的研发环境等，比较适合采用超融合架构；而对于基础设施运维专业分工程度较高的客户，采用计算和存储分离的架构，更有利于发挥客户技术人员的专业能力，进行更精细的运维管理。

2. 应用支撑服务设计

应用支撑服务指对云上应用的开发、构建、部署和运维起直接支撑作用的服务。典型的云应用支撑服务有数据库服务和信息资源服务、容器服务、数据共享交换服务、DevOps 流水线服务、大数据服务等。被划为 PaaS 层的服务基本都属于这类服务。这部分的设计主要和客户的业务系统上云发展有关，有自主开发团队的客户往往对应用支撑服务有更强烈的需求。

应用支撑服务种类、开源实现和厂商众多，产品特点各异，兼容性不一，成本差别较大。因此，在设计和选型时要注意和客户的需求相匹配。

目前这一类服务有容器化和高度云原生化发展的趋势，Kubernetes 正在成为各类应用支撑服务组件部署、编排和调度的核心。由于 Kubernetes 在业界被广泛接受，容器相关的技术标准也已形成和正在发展，选择基于容器和 Kubernetes 构建应用支撑服务，有助于保持系统架构的一致性和兼容性，避免厂商锁定。

3. 云计算平台管理与控制平面设计

云计算平台管理与控制平面主要实现对基础设施资源池和各类云服务的管理控制功能。这一部分内容包括管理与控制节点设置、多租户设计、混合云与多云管理、管理与控制平面的架构及原理等。

需要在云计算平台管理与控制平面实现的功能包括但不限于以下几点。

（1）对各类云服务和云资源的管理和操作。这是云计算平台管理与控制平面的基本功能。

（2）支持多租户的运营管理功能。具备多级用户体系和对应的资源访问控制能力；支持租户自服务，提供租户自服务门户及面向租户的服务目录 API；支持流程化工单、配额管理、计量计费等一系列运营功能。

（3）协同各类服务组件。例如，云主机服务与云端网络服务协同，使得云主机能够接入数据中心 SDN 实现通信；租户在使用灾备服务时只能对当前租户内有访问权限的数据进行备份，等等。

（4）对多集群、多可用区和多地域的统一管理，对不同架构（例如 x86 和 ARM 架构）、不同虚拟化技术以及物理服务器等异构资源池的统一管理，以及多云和混合云的统一管理。跨可用区、地域和跨云管理能力，也为基于云的备份和容灾提供了支撑。

管理与控制平面组件本身的高可用性保障、数据备份与容灾、跨多中心的部署架构等，也是云计算平台管理与控制平面设计所需要重点考虑的内容。

4. 网络与部署架构设计

云计算平台网络从逻辑上主要包括五类网络。

（1）管理网。它是云计算平台控制平面流量使用的网络。

（2）业务网。租户的云主机或者容器东西向通信所使用的网络。

（3）对外服务网络。租户部署在云上的应用系统对外提供访问所使用的网络。

（4）存储网。租户的云主机或者容器读/写存储系统时所使用的网络。

（5）IPMI 网络。硬件设备的管理网。

5. 云环境运维体系设计

云环境运维体系阐述与云环境相关的监控与运维技术，从云系统构建的层次角度来看，包括基础设施运维、PaaS 层运维和应用运维等；从组织架构和角色分工的角度来看，包括平台管理与运维、租户资源管理与运维、安全管理与运营等。

6. 安全防护体系设计

安全防护体系分为云计算平台安全和云上业务系统安全两个方面，可参考网络安全等级保护等相关的法规和标准进行设计。

对云上业务系统的安全防护，需要采用 NFV（Network Function Virtualization，网络功能虚拟化）技术在租户空间内提供防火墙、上网行为管理、数据库审计、日志审计、堡垒机等安全防护组件。

7. 云灾备体系设计

与安全防护类似，云灾备同样分为云计算平台本身的灾备和云上业务系统灾备。云计算平台本身的灾备主要管理平面数据的备份与恢复。

由于云资源的虚拟化和软件定义特性，对云上业务系统的备份不仅限于业务系统的数据，服务器（云主机）规格、网络（SDN）拓扑等在传统 IT 架构中的硬件在云上也都是用数据表示的，因此可以将这些基础设施资源配置和应用数据一起备份，一起恢复。基于备份镜像可以直接拉起云主机，不再需要执行传统 IT 架构中的数据导入过程恢复业务。

对于微服务架构应用等云原生应用，配置中心数据和应用数据同等重要，配置不正确可能导致应用启动失败。若备份时没有保存配置中心数据，应用拉起时需要通过其他途径甚至手动配置应用，过程耗时易错，会对业务连续性造成较大的负面影响。另外，由于应用的部署采用编排文件，可以将编排文件随应用数据一同备份、一同恢复。

（三）应用上云方案设计

应用上云指的是将应用从传统 IT 环境迁移到云环境，或者在云上开发新的应用。

只有实现了应用上云，云平台的建设才能发挥业务价值。应用上云方案是云解决方案的重要组成部分。

根据应用的技术架构现状和组织的 IT 演进策略不同，应用上云可采用平迁上云、容器化上云、重构上云等方式，以下对这三种方式分别进行介绍。

1. 平迁上云

平迁上云指不对应用进行改造，直接平行迁移到云环境中。

（1）产品与服务对标选型。针对应用平迁上云，首先需要对应用部署在传统 IT 环境中用到的各类硬件设备和基础软件进行对标选型，如图 8-5 所示。

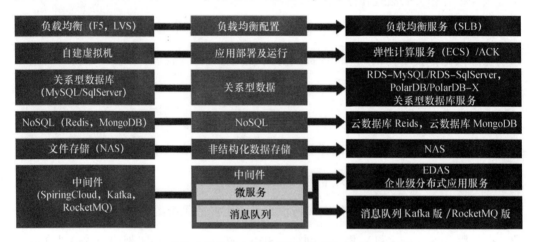

图 8-5　传统应用平迁上云所用到的产品与服务对标选型

（2）迁移工具和迁移方案。如图 8-6 所示，采用云服务商提供的云迁移服务或第三方迁移工具，通过 P2V 和 V2V 迁移的方式将传统应用平迁上云。

（3）微服务等架构风格的分布式应用平迁上云。一个微服务架构应用由多个微服务构成，因此微服务架构应用平迁上云与传统架构应用显著不同，它往往需要对组成一个完整应用的多个微服务分阶段、逐步迁移上云。在迁移过程中，当有一些微服务在云下，另一些微服务在云上时，仍然要保证应用的正常运行。因此需要采用双注册和双订阅模式（如图 8-7 所示），保证已迁移的服务和未迁移的服务能够相互调用。

2. 容器化上云

以 Kubernetes 为代表的容器技术正成为云计算新界面。容器提供了应用分发和交付标准，将应用与底层运行环境进行解耦。将应用容器化并基于 Kubernetes 构建业务

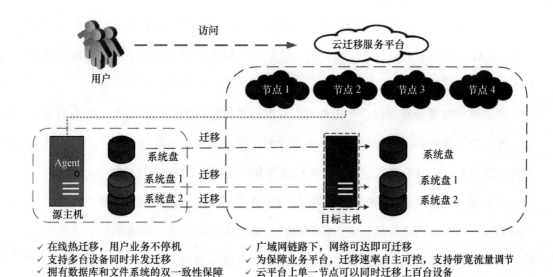

图 8-6　采用 P2V 和 V2V 的方式将传统应用平迁上云

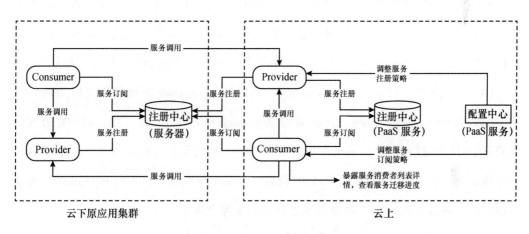

云下原应用集群　　　　　　　　　　　　　　　　　　云上

图 8-7　采用双注册和双订阅模式迁移微服务架构应用

系统，有助于提高开发—运维协同效率，提升组织数字化业务的敏捷性。如图 8-8 所示，传统应用容器化大致分为五个步骤。

图 8-8　传统应用容器化上云步骤

（1）应用现状分析。梳理应用使用的资源、系统的逻辑架构拓扑、应用服务的所有数据依赖、应用上下游服务依赖关系、服务所依赖的进程、系统中需要保留的重要日志及数据、数据和文件权限等。

（2）迁移方案规划与设计。根据前期对应用系统现状的调研和分析，结合容器平台特性，产出新的系统架构图和迁移改造计划，内容涉及是直接容器化上云还是改造后再容器化上云，以及容器化后业务系统功能和性能测试方案、系统的割接方案等。

（3）编写 Dockerfile。若要打包应用程序在 Docker 中运行，需要编写脚本文件 Dockerfile，用于自动执行所有应用程序部署时需要执行的步骤。这通常包括一些 Shell 配置命令，以及用于复制应用程序包、设置所有依赖项的指令，也可以解压缩已压缩的存档或安装包。Docker 镜像是一个特殊的文件系统，除了提供容器运行时所需的程序、库、资源、配置等文件外，还包含了一些为运行时准备的一些配置参数（如匿名卷、环境变量、用户等）。在 Docker 镜像使用中，最好把经常变化的内容和基本不会变化的内容分开，把不怎么变化的内容放在下层，创建一个基础镜像供上层使用。

（4）生成镜像。使用 docker commit 命令将某个 Container 的环境提交成为持久化的 Docker Image，或使用 docker build 命令基于 Dockerfile 构建镜像。第二种构建方式的优势在于可以通过 docker history 命令溯源镜像的生成过程，并且消除了 docker commit 命令可能把一些不需要的东西误提交的隐患。镜像构建成功后，只要有 Docker 环境就可以使用，通过 docker push 命令将镜像推送到镜像仓库中去。

（5）应用部署。将 Docker 镜像部署到云环境中的 Kubernetes 集群。在 Kubernetes 集群上需要用到部署模板，在具体实施过程中，可以根据不同的模板部署到对应不同的集群。

3. 重构上云

随着组织的数字化业务发展，传统单体应用会面对复杂度高、迭代周期变慢等问题，使得组织的数字化和云化进程受阻。对于业务复杂的单体应用系统，可以以应用上云为契机，采用微服务化改造重构上云的方式，推进组织 IT 架构的云原生化演进，加速业务数字化。

微服务化改造方案需要针对不同的业务系统具体设计，但基本上可遵循以下共性原则。

（1）渐进式，不要"推倒重来，一步到位"。为了快速见效、快速收到回报，可挑选出高价值的模块先进行服务化改造，更早拿到结果来获得业务团队的支持。

（2）减少对单体应用的改动。单体应用的修改是不可避免的，重要的是要减少改动，同时保持数据一致性。

（3）改造主要从业务维度而不是技术维度入手。这里只需要少量的技术维度。

（4）拆分时做"垂直切分"。这一过程包含业务逻辑、库表结构等前后端逻辑。

三、解决方案撰写与客户认可

完成需求分析和解决方案设计工作后，积累了大量的工作产物，但只有当所有的分析与设计结果形成《解决方案报告》（或《解决方案书》），并取得客户的认可，解决方案设计工作才算真正取得成功。以下内容对解决方案撰写和汇报的要点进行介绍。

（一）解决方案的撰写

完整的云解决方案文档通常由如下几个部分构成。

1. 背景

交代解决方案设计的背景，包括客户概况、发展目标、行业趋势、面对的问题及需求的提出、组织上云的愿景和目标。

2. 现状与问题

陈述组织的信息化和云化建设现状，并分析存在的问题。

3. 需求分析

结合客户的业务发展目标与 IT 现状，对业务需求、云系统的各类功能需求和非功能性需求进行分析。

4. 方案概述

对解决方案进行整体概述，包括设计原则、技术选型、逻辑架构和部署架构等。内容上呼应需求分析结果。

5. 方案详细设计

对解决方案的各部分进行详细阐述，可参考本节关于云解决方案设计的内容进行展开。

6. 总结

对方案的要点和客户价值进行回顾总结。

7. 附录

调研访谈材料和所需要参考的第三方材料。

（二）解决方案汇报与客户认可

向客户汇报解决方案并取得认可是解决方案设计工作的重要环节，只有被客户认可的解决方案才能进入到更为具体的落地和实施阶段。这里的"客户"是泛指，可以来自组织外部，也可以是组织内部的决策者。

解决方案汇报材料的撰写可以遵循 WHWP（Why-How-What-Prof）范式。

1. "Why" 部分

回顾解决方案设计的初衷，即"为什么要做这个解决方案"，指出客户痛点和拟解决的问题，与客户就解决方案的目标达成一致。

2. "How" 部分

承接"Why"提出的问题，阐述解决问题的方法和原则，这一部分一般不需要对具体产品和技术进行说明。例如，若需要提升基础设施资源管理水平，则需要用到虚拟化和软件定义基础设施技术来构建资源池，但并不会阐述具体采用哪个厂商的何种产品。这部分可用适当篇幅说明所做的调研工作和需求分析逻辑。

3. "What" 部分

着重讨论"How"所阐述的方法和原则如何落地，采用哪些具体的产品和技术实施方案。这也是解决方案的主体内容，但是在汇报材料中要注意避免方案过于详细，解决方案汇报的对象是组织的管理者，汇报目的是取得客户对预期收益和可行性的认可，而不是对具体技术展开讨论。

4. "Prof" 部分

从过往成功案例、研发能力、技术成熟度等方面提供材料，证明技术团队有充分的能力交付这套解决方案。

第三节　指导与培训

考核知识点及能力要求：

● 了解培训方式和所需条件。

● 能够设计培训课程。

● 能够实施培训。

新技术的成功应用离不开培训和赋能工作，本节就云计算技术相关指导与培训工作的一些知识要点进行介绍。

一、培训方式与所需条件

培训方式可以分为线下和线上以及混合模式。

（一）线下培训

线下培训即采用现场面对面授课、实操演示和实践指导等方式对学员进行空间和时间上的集中培训。线下培训通常在会议室或者培训教室中进行，为了达到较好的培训效果，培训现场需要事先准备好分辨率和尺寸合适的显示设备，如投影仪或液晶大屏，以及白板、扬声器、麦克风等培训实施中必要的教具。为了创造较好的学习氛围，还可以在现场布置印有培训班名称或课程名称的条幅、糕点和饮料等茶歇用品等。

采用线下方式，培训讲师能够及时观察学员的反应，适时调整授课节奏和重点。对于实操环节，讲师还能够巡视学员的操作过程，提供必要的帮助和指导。但线下培训形式在规模、时间和空间上常受到客观条件的制约。由于需要将学员集中到培训场所，对于学员的日常工作影响也比较大。随着互联网技术的发展，线上培训方式由于不受空间限制、学习时间更为灵活等优势，被人们广泛接纳。

（二）线上培训

线上培训又可分为录播和直播两种。顾名思义，录播是把录制好的课程视频通过线上教学平台供学员们学习，而直播是通过直播平台让学员实时收看讲师的讲解。

线上培训往往需要借助专用的线上教学平台。不同于普通的视频点播和视频会议系统，线上教学平台可以跟踪学员的学习进度、掌握程度，提供讲义下载、答疑、讨论和考试等功能。比较完善的线上教学平台还可以针对云计算技术培训提供实操环境。相对于直播，录播课程可能还需要配备视频剪辑软件，对视频做一些后期处理。条件较好的机构为了保证视频效果，还会搭建或租用专用的摄影棚，棚内具备较好的隔音效果、专业的摄录设备和绿幕，用于提高音频和视频的质量和表现力。随着数码产品的技术进步，目前使用个人笔记本电脑和手机在办公室等日常环境中录制的效果已经能够满足云计算技术培训的需要。智能图像处理技术不需要绿幕也可以实现虚拟背景。这些技术进步都有效降低了线上培训的成本。

目前不少线上课程是把直播的内容录屏，直接转为录播课程使用。但事实上，这样并不能保证培训质量。形式的不同决定了讲师和学员的状态、学习时间和实际学习场所都是不同的，要达到好的培训效果，录播和直播课程都需要有针对性地进行设计。一般来说，由一两位讲师连续讲授且课时较多的课程，宜采用录播模式，避免长时间教学造成学员和讲师的疲劳。对于这类录播课程，可以设计为多个 10~15 分钟时长的视频片段，每个片段讲解一个知识点或者演示一项技术，适当穿插总结回顾。而对于总时长在 40 分钟之内，或者由多位专家讲师采用研讨会的方式分享的课程，宜采用直播方式。一方面可以避免专家讲师专门录制课程视频带来的额外工作负担，另一方面也便于创造学员与专家直接交流的机会。

（三）混合模式

线上方式能够突破时间和空间的限制，对企业在职员工的工作影响较小，尤其是采用录播方式时，不同基础的学员可以根据自己的具体情况安排学习节奏，对于难以掌握的知识点可以反复学习。但采用线上方式也会有一些问题，如讲师不能看到学员的学习状态。尤其是录播方式下，讲师和学员之间缺少交互。大多数情况下，无法有效组织小组讨论。在实操环节中学员遇到问题，讲师也很难提供辅导。

因此，为了更好地达成培训目标，也可以将线上和线下结合起来。例如，大部分内容在线上传授，再根据学员的学习情况，有针对性地组织线下答疑、讨论和项目实战。采用线上线下混合模式，类似于云计算领域的混合云，能够有效克服两者的缺点，发挥各自优势。

如图8-9所示，对线上、线下及混合模式的优缺点做了总结。

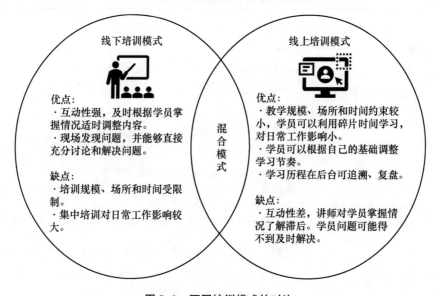

图8-9 不同培训模式的对比

二、云计算相关岗位需求与培训课程设计

各组织云计算相关岗位设置不同，有的多达十几种，但是根据需要掌握的技术知识与技能，这些岗位大体上可以分为五类——管理和销售等非专业岗位、云计算平台运维岗位、云计算平台开发岗位、云应用开发与运维岗位、售前与解决方案架构师岗位。

其中对管理与销售等非专业岗位的培训需求主要是提升对云计算模式、技术、应用及价值的认知。培训内容一般可以从以下几个方面展开：

- 云计算领域的各种模式和技术及其业务价值。

- 云计算发展趋势。

- 云计算和大数据、AI、5G、区块链和量子计算等其他新技术的关系。

对云计算平台运维、云计算平台开发、云应用开发与运维等岗位的能力要求，相关国家标准已经给出了详尽的说明，这里不再赘述。在实际工作中，课程设置需要结合企业的实际情况，下面给出的例子（见表8-4）是一个已经具备云化能力的企业为了增强自身云原生技术能力而设计的培训课程。

表8-4　　　　　　　　　　某企业云原生技术培训系列课程设置

序号	课程名称	课程目标
1	微服务架构应用开发工程师	掌握微服务架构的原理和基本设计方法 掌握如何基于 Spring Cloud 微服务治理框架，开发微服务架构应用 理解微服务架构应用中的事务问题，掌握常用的处理方法 了解 dapr 等其他微服务治理框架及服务网格
2	云原生应用开发工程师	掌握如何基于容器进行应用开发和发布 掌握如何基于 K8s 和服务网格，并结合 Spring Cloud、dapr 等框架，开发和调试微服务架构应用 深入理解声明式 API，掌握声明式 API 云原生应用的开发方法和相关技术 理解云—边协同，掌握云—边协同应用的开发方法和相关技术
3	K8s 及云原生平台开发工程师	了解 Go 语言特性，掌握 Go 语言开发技能 掌握 K8s 扩展开发技术，如 K8s API 及功能扩展开发、调度器扩展开发等 掌握 Operator 开发技术，深入理解服务网格的内部机制、原理，掌握相关开发技术 掌握如何基于 K8s 进行云—边协同平台和框架开发
4	容器云与 K8s 运维工程师	理解容器与 K8s 的原理，了解服务网格、DevOps 等云原生技术 掌握如何通过 Dockerfile 打包应用 掌握如何搭建 K8s 平台 掌握如何在 K8s 上部署和运维应用 掌握 K8s 排障基本技能 掌握如何基于 Istio 服务网格发布应用和进行流量管理

续表

序号	课程名称	课程目标
5	K8s 及云原生平台高级运维工程师	能够基于容器、K8s、Istio 等技术或开源软件搭建生产级云原生平台 掌握基于 Promethues+Grafana、EFK 等套件的云原生平台监控、日志分析等运维技术 掌握云原生平台的存储和网络运维、性能调优技术 掌握基于云原生技术的多云和混合云平台运维 掌握云原生平台及应用的备份和容灾
6	云原生架构师	全面理解云原生技术体系、发展趋势及业务价值 能够面对多样化的需求设计云原生解决方案，进行技术选型和开发工作规划 能够根据企业和组织机构的特点，设计云原生演进路径 协助 CIO 实现云原生相关的组织架构改进和组织能力提升

三、培训实施与反馈

完整的培训实施与反馈的流程由需求沟通、课前调研、方案确认、课程实施、反馈总结五个阶段组成。

（一）需求沟通

与客户沟通确认培训需求，这里的客户可以来自组织以外的企业或机构，也可以是本组织内部的人力资源部门（有的组织有专门的能力提升中心）和业务部门。沟通内容包括了解岗位设置、受众的工作经验和认知基础，了解客户希望达到的业务目标，分析组织能力现状和业务目标之间的差距，梳理培训需求和初步的课程设置方案。在此过程中也可以给出适当的岗位调整建议。

（二）课前调研

讲师设计调研问卷，并根据反馈结果细化课程内容。一个典型的调研问卷及结果如图 8-10 所示。

（三）方案确认

基于客户需求沟通和课前调研结果，专家讲师给出具体的培训方案并与客户确认，

容器培训实操调研

Q1:您是否有K8s使用/运维经验?

有1人

没有13人

选项回复情况
有1人
没有13人
回答总人数14人

Q2:您是否经常使用（最近三个月平均每周操作一次以上）？

是5人

不是9人

选项回复情况
是5人
不是9人
回答总人数14人

图 8-10　调研问卷示例

在此环节可能需要讲师再次与客户沟通，确认课程重点、实操环境等内容。

（四）课程实施

课程实施前助教与讲师充分沟通，确认培训地点、讲师行程、白板和大屏等现场条件需求等。在授课活动开始前，现场助教协助讲师确认授课条件。授课过程中，现场助教需要留意学员状态，并协助讲师和学员进行互动。如果课程对技术实操有较高要求，现场可能还需要配备一名技术助教负责实操环境的准备和故障响应。

（五）反馈总结

课程结束后，应及时收集学员反馈进行总结，并对教学效果进行评估。如图 8-11 所示，为一个培训结果反馈的例子。

一、课程内容评估

题目\选项	非常不满意	不满意	一般	满意	非常满意
1. 课程内容设计逻辑清晰、结构合理	0(0%)	0(0%)	0(0%)	3(37.5%)	5(62.5%)
2. 课程内容详实、准确、更新及时	0(0%)	0(0%)	0(0%)	2(25%)	6(75%)
3. 课程内容实用性强、切合实际需求	0(0%)	0(0%)	0(0%)	1(12.5%)	7(87.5%)
4. 课程内容达到预期目标	0(0%)	0(0%)	0(0%)	2(25%)	6(75%)
5. 对课程内容做一个整体评价	0(0%)	0(0%)	0(0%)	3(37.5%)	5(62.5%)

二、讲师授课体验

题目\选项	非常不满意	不满意	一般	满意	非常满意
1. 讲师备课质量	0(0%)	0(0%)	0(0%)	1(12.5%)	7(87.5%)
2. 讲师上课的语言表达效果	0(0%)	0(0%)	0(0%)	2(25%)	6(75%)
3. 课堂营造的学习氛围满意度	0(0%)	0(0%)	0(0%)	1(12.5%)	7(87.5%)
4. 讲师答疑环节	0(0%)	0(0%)	0(0%)	3(37.5%)	5(62.5%)
5. 讲师的教学准备	0(0%)	0(0%)	0(0%)	2(25%)	6(75%)
6. 本次讲师讲课的整体评价	0(0%)	0(0%)	0(0%)	1(12.5%)	7(87.5%)

图 8-11 培训结果反馈表样例

第四节 优化与管理

考核知识点及能力要求：

- 了解云解决方案演进路径规划的原则与方法。

- 了解云产品升级流程及风险管理。

- 了解云战略落地需要匹配的组织架构与管理能力。

云技术在持续发展，政府和企业上云也不是一蹴而就的，组织上云和用云的整个生命周期需要专业团队对云系统进行合理的规划、实施以及持续优化，推进组织更好地利用上云的优势促进业务发展。本节将从解决方案演进路径规划、云产品升级、与云战略匹配的组织管理三个方面对云系统的优化和管理展开讨论。

一、解决方案演进路径规划

云计算系统与平台的建设不是一蹴而就的，许多面向未来愿景的需求受制于资金预算、组织规模与发展水平、需求迫切性以及技术可行性等诸多因素，无法在同一期建设中全部实现。因此，云计算解决方案的演进路径规划对于组织的云计算系统设计至关重要。

（一）云解决方案演进路径规划的目的与原则

这些面向未来的需求计划在将来什么时间以何种技术手段满足？不同阶段建设内容的先后顺序和逻辑关系是怎样的？云计算系统的建设如何匹配组织的发展？这些都属于云计算解决方案演进路径规划所需要回答的问题。在过去的发展中，如图8-12所示，人们可以清晰地看到数据中心建设的主流模式经历了从"以设备为中心"逐步发展到"以应用为中心"的过程，云计算平台的定位也逐步从"资源平台"演进到"业务开展平台"。

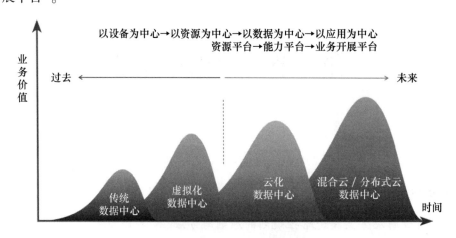

图8-12 数据中心云化演进历程

演进路径规划不追求具体的技术细节，主要是面向未来，指明发展方向，匹配组织的使命与价值观，给组织的管理者提供参考，在组织内部统一上云愿景。演进路径往往也不是一成不变的。云计算项目具体实施前，在提供云计算技术咨询服务及解决方案设计的工作中，即开始考虑演进路径。分期建设计划就是最常见也是最基础的演进路径规划。在云计算项目实施或者云计算系统研发和应用过程中，需要通过收集各方反馈，结合产业技术发展，改进和细化演进路径。

（二）云解决方案演进路径规划方法

本节介绍三种云解决方案演进路径规划的典型方法。

1. 参考同行业领先组织和行业发展规划

对标行业领先组织，寻找差距，结合行业发展趋势设计演进路径。一些行业领先客户的面向未来的演进规划同时会以一些行业发展规划的形式体现。《工业互联网创新发展行动计划（2021—2023 年）》中，明确提出了"加速已有工业软件云化迁移，形成覆盖工业全流程的微服务资源池""加快工业设备和业务系统上云上平台""推动行业龙头企业核心业务系统云化改造，带动产业链上下游中小企业业务系统云端迁移"。

2. 先试点后推广

伴随着 IT 云化和业务上云的推进，IT 团队需要面对缺乏应用经验的新技术和新模式，从循序渐进的角度出发，可以考虑从试点业务开始，逐步推广。以"速赢"为原则，制定业务系统上云优先级，即优先迁移上云难度低且上云收益高的应用，并明确迁移批次及计划。根据业务系统上云难度及上云价值收益，可以将上云优先级，划分低、中、高三个象限，优化级制定方法如图 8-13 所示。这里除了计划迁移已有的系统上云以外，还应当包括未来计划发展的新的业务系统。

应用上云批次确认后，根据组织战略和发展目标，规划组织应用系统上云的演进路径，示例如图 8-14 所示。

3. 从资源池化开始逐步构建云原生体系

规划云解决方案的演进路径，除了横向规划业务系统上云路径外，按照系统的技

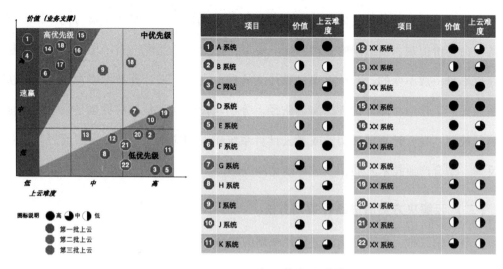

图 8-13　业务系统上云优先级制定方法

序号	应用名称	上云批次	第一批上云		第二批上云		第三批上云		
			2022.01-	2022.05-	2022.09-	2023.01-	2023.05-	...	2024
1	***	第三批次							
2	***	第三批次							
3	***	第三批次							
4	***	第三批次							
5	***	第三批次							
6	***	第二批次							
7	***	第三批次							
8	***	第二批次							
9	***	第一批次							
10	***	第一批次							
11	***	第一批次							
12	***	第一批次							
13	***	第二批次							
14	***	第二批次							
15	***	第一批次							
16	***	第一批次							
17	***	第二批次							
18	***	第一批次							
19	***	第一批次							
20	***	第一批次							
21	***	第一批次							

图 8-14　某企业应用系统上云规划

术层次还可纵向规划，实现从虚拟化、资源池化逐步向上发展，如图 8-15 所示。

这个发展策略也是与应用上云相匹配的。第一批次平迁上云的应用，对云计算平台的主要需求是提供云主机和存储资源。逐步发展到后面采用云原生架构重构或者新开发的业务系统，对云环境的要求随之提高，需要构建完整的具备混合云和跨云能力的云原生体系。

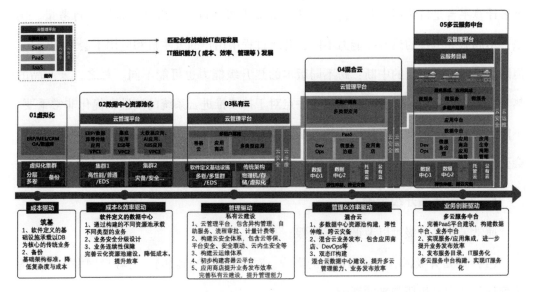

图8-15 从虚拟化起步逐渐演进构建云原生体系规划示例

二、云产品升级

产品升级指的是将云解决方案中的部分产品升级到新的版本，以获得更好的性能。云产品升级是实现云解决方案演进的重要途径。

（一）云产品升级方式

根据升级过程中服务的可用性，云计算产品升级大体上可以分为热升级和冷升级两种方式。热升级指在服务不停止的前提下，通过增加、修改、删除相关功能模块，达到产品升级的目的。冷升级则需要在升级过程中暂停服务。

需要注意的是，由于云产品的分布式特点，热升级是一个相对的概念，如根据升级过程中受影响范围的大小，可分为节点级热升级、机柜级热升级、区域级热升级和平台级热升级等。节点级热升级指的是升级过程中每个节点上的软件和服务都不需要停止；机柜级热升级指的是虽然部分节点在升级过程中需要停止运行，但是影响范围不会超过单个机柜，受影响节点上的业务可以迁移到同机柜的其他节点上继续运行；区域级热升级指的是升级的影响范围不会超过一个可用区或者地域；平台级（或集群级）热升级指的是虽然升级过程中部分节点、机柜或区域的可用性会受到影响，但整

云计算工程技术人员——云计算基础知识

个云计算平台是持续不中断运行的。热升级能力级别也可以从其他维度进行考量。例如，不同服务组件的热升级能力不同，升级过程中用户的云主机和应用不会停止运行，但网络可能出现短暂的中断；跨不同版本的热升级能力也可能不同。总之，云产品的热升级是一个相对的概念，认识到这一点对于持续推进云系统的演进和优化非常重要。不能因为某一个云产品声称支持热升级，就笼统地认为在升级过程中用户业务一定不会受到影响。

（二）云产品升级步骤

通常云产品升级可以遵循如下步骤。

（1）评估升级影响。从对业务的影响、对操作维护的影响、对客户网络的影响等方面评估此次升级所带来的影响。

（2）升级方案设计与评审。客户、架构师、实施人员共同讨论和评审升级方案，如有必要可以加入产品研发团队成员和第三方专家。

（3）升级准备。对系统中各组件的版本和健康状况进行检查。准备升级软件包和升级工具。对数据进行必要的备份，包括集群元数据。准备回滚和应急预案，以防升级失败。

（4）升级实施。按照预定的方案对系统进行升级，对于热升级方式，通常情况下需要进行滚动升级，即每次升级一个（或多个）节点或者一个可用区，升级完成后再进行下一个（或多个）节点及可用区的升级。在此过程中如果出现问题，应及时按照预案进行处理或回滚。

（5）结果检查。对升级以后系统各组件的版本和健康状况进行检查确认。

（三）云产品升级过程中的风险管理

在 IT 管理领域和软件工程领域，均对系统迭代、升级和演进过程中的风险管理有所阐述。涉及风险管理方面的内容本书不再赘述，重点从技术角度讨论在云系统在升级过程中需要关注的风险。

1. 管理与控制服务可用性风险

在升级过程中可能会导致云计算平台管理和控制平面的不可用，无法创建、管理

404

和删除云资源，但业务系统运行和网络不受影响。此类风险一般不会影响业务系统的正常访问，但是会影响业务系统的弹性扩缩、系统升级、自动容错、备份和恢复等运维操作，因此在某些情况下，业务系统可能会感知到偶发的可用性问题。

2. 业务系统可用性风险

升级过程造成业务系统访问中断，常见于数据平面组件升级。避免或减小此类风险的方法是业务系统部署采用冗余和高可用保障机制，云系统升级过程采用滚动升级，升级前平台管理员对业务系统所使用的资源（如云主机等）做迁移。

3. 数据丢失风险

升级过程中可能导致业务系统数据丢失，为避免或减小此类风险，升级前应对数据做必要的备份。

4. API 兼容性风险

升级后出现云计算平台 API 兼容性问题，间接导致云计算平台管理与控制服务和业务系统的可用性问题。避免或减小此类风险的方法是保持 API 向前兼容至少一个版本周期，并通知相关系统升级使用新版 API。

三、与云战略匹配的组织管理

要实现云战略成功落地，除了技术因素以外，组织管理能力也很重要。

(一) 组织上云过程中的核心工作

组织上云过程的核心工作主要有如下四方面内容。

1. 上云策略确立

从公司战略层面确定企业上云的动机和期望的业务结果。在充分论证企业上云的收益和风险后，最重要的是在公司上下充分传达和教育，确保公司高层、业务、研发、运维、财务、人力资源等各个相关团队统一认识，明确上云战略，配合做出相应的计划和调整。制定企业上云计划，包括业务范围、上云的计划节奏、各阶段目标以及最终结果。协调各部门准备相应的预算、调配人员和组建必要的团队。

2. 上云准备

准备上云的基础环境，对云系统进行学习和测试，选择小规模的业务进行迁移验证。设计业务上云的整体架构，其中包括迁移方案和基于云技术的创新。规划业务上云的流程，协调业务部门配合实施业务上云。分阶段逐步实施业务迁移上云，并在过程中调整方案，确保业务的连续性和稳定性。

3. 应用上云

梳理企业应用系统清单，调研应用上云兼容性等相关特征，筛选需要上云的应用，制定应用的上云策略。

4. 持续治理

充分预见和评估企业安全合规等风险，规划企业 IT 治理的整体方案、策略和基本规则，包括资源结构、身份权限、费用账单、合规审计、网络架构、安全策略以及监控规则等。在企业上云和用云过程中，通过治理规则预防、发现和及时治理风险。

（二）上云相关的管理团队及其能力

上云相关的管理团队主要包括管理层、云卓越中心和云管理团队。

1. 管理层

管理层需要明确云在组织的战略地位以及各个团队应该如何使用云。

2. 云卓越中心

该团队可以是虚拟的组织，设计提供云服务的模式和管理体系，并提供相应的技术准备。其中的成员包括以下几部分。

（1）架构师和专业技术人员。负责上云架构设计和业务上云迁移工作。

（2）安全、合规等领域专家。负责设计企业 IT 治理方案、预估风险和制定治理规则。

（3）财务专家。按成本分摊原则负责制定财务的管理流程。

3. 云管理团队

在企业业务全面上云之后，持续优化上云架构，为新业务提供云上环境。建立企业云上运维体系，搭建运维平台，以及通过自动化运维的方式，对云上环境进行持续治理和管理。根据新业务需求，分配所需云资源和所需权限，并对资源进行初始化配置后交付。应用运维团队只需用云，无需关注基础设施搭建。综上所述，平台运维工作也可细分为架构优化、云计算平台建设、资产管理、权限管理、云自动化等多种职责。

（三）租户与用户权限

在上云过程中，组织可以团队（实体部门或者项目团队）为单位在云上建立多个租户。租户之间资源隔离，分别计量计费。配合租户模式，相关人员在云上的权限管理见表8-5。

表8-5 相关人员在云上的权限管理

身份类型	身份权限
平台管理员	云管理团队，其成员需要拥有对云计算平台服务（如身份、权限、资源、合规、安全、网络、监控、备份等）的管理权限，无需拥有对计算、存储等业务所需资源的直接管理权限，但在需要时可以接管控制权。该团队还可以细分为财务管理员、安全合规管理员、网络管理员、数据库管理员等角色，侧重于某一方面的管理工作
企业员工	各业务团队成员，他们需要使用归属于本租户的云资源进行开发、测试、运维等工作，一般不允许访问其他租户的资源，但如果出现跨部门合作，也应该可以被授权访问其他租户的资源
企业外部人员	部分业务团队，需要合作伙伴获取本租户少量资源的读/写权限
企业客户	有些业务部门开发的应用提供代客户保存数据的服务，其业务场景需要允许客户直接访问由客户上传并保存在云存储中的数据

思考题

1. 技术咨询服务一般流程可以分为几个阶段？每阶段都包括哪些主要工作内容？

2. 云解决方案的需求分析可以从哪几个角度进行？

3. 应用上云有哪几种方式？分别应该如何实施？

4. 解决方案文档和汇报材料一般包括哪几个部分？

5. 线上和线下两种培训方式，分别有什么优缺点？

6. 实施云计算技术培训的完整流程一般包括哪几个环节？

7. 规划云解决方案演进路径的典型方法有哪些？

8. 云产品升级中需要考虑的典型风险有哪些？

9. 一个组织在践行云战略的过程中，除了技术因素，还需要考虑哪些管理因素？

参考文献

［1］李劲. 云计算数据中心规划与设计［M］. 北京：人民邮电出版社，2018.

［2］杨欢. 云数据中心构建实战：核心技术、运维管理、安全与高可用［M］. 北京：机械工业出版社，2014.

［3］吕云翔，张璐，王佳玮. 云计算导论［M］. 北京：清华大学出版社，2020.

［4］林子松，李润如，刘炜. 数据中心设计与管理［M］. 北京：清华大学出版社，2017.

［5］马永亮. Kubernetes 进阶实战［M］. 北京：机械工业出版社，2019.

［6］李琼峰，刘娜，王振伦，等. 基于数据流的柿竹园多源异构智能巡检应用方案［J］. 有色设备，2021（05）.

［7］英特尔亚太研发有限公司. OpenStack 设计与实现［M］. 北京：电子工业出版社，2020.

［8］沈建国，陈永. OpenStack 云计算基础架构平台技术与应用［M］. 北京：人民邮电出版社，2017.

［9］驻云科技乔锐杰. 阿里云运维架构实践秘籍［M］. 北京：机械工业出版社，2020.

［10］金永霞，孙宁，朱川. 云计算实践教程［M］. 北京：电子工业出版社，2016.

［11］Leo Xiao. 混合云场景与架构模式［EB/OL］. https：//bbs. huaweicloud. com/

blogs/178459. 2020. 06. 23.

[12] 陈驰，于晶，马红霞. 云计算安全 [M]. 北京：电子工业出版社，2020.

[13] 周凯. 云安全：安全即服务 [M]. 北京：机械工业出版社，2020.

[14] 徐保民，李春艳. 云安全深度剖析：技术原理及应用实践 [M]. 北京：机械工业出版社，2018.

[15] 叶和平，陈剑. 云计算安全防护技术 [M]. 北京：人民邮电出版社，2018.

[16] 陈驰. 云存储安全实践 [M]. 北京：电子工业出版社，2020.

[17] 王绍斌，卢朝阳，余波，等. 云计算安全实践：从入门到精通 [M]. 北京：电子工业出版社，2021.

[18] 何坤源. Linux KVM 虚拟化架构实战指南 [M]. 北京：人民邮电出版社，2015.

[19] 叶毓睿，雷迎春，李炫辉，等. 软件定义存储 [M]. 北京：机械工业出版社，2016.

[20] 杨春辉，孙伟. 系统架构设计师教程 [M]. 北京：清华大学出版社，2021.

[21] Cornelia Davis. 云原生模式 [M]. 北京：电子工业出版社，2020.

[22] 阿里云. 应用上云方案设计 [EB/OL]. https://help. aliyun. com/document_detail/300755. html. 2021. 09. 02. [2022-1-28].

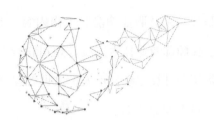

后记

过去十年是云计算突飞猛进的十年，全球云计算市场规模增长数倍，我国云计算市场从最初的十几亿增长到现在的千亿规模，各国政府纷纷推出"云优先"策略，我国云计算政策环境日趋完善，云计算技术不断发展成熟，云计算应用从互联网行业向政务、金融、工业、医疗等传统行业加速渗透。未来，云计算仍将迎来下一个黄金十年，进入普惠发展期。

工业和信息化部《云计算发展三年行动计划（2017—2019年)》指出，我国将以推动制造强国和网络强国战略实施为主要目标，以加快重点行业领域应用为着力点，以增强创新发展能力为主攻方向，夯实产业基础，优化发展环境，完善产业生态，健全标准体系，强化安全保障，推动我国云计算产业向高端化、国际化方向发展，全面提升我国云计算产业实力和信息化应用水平。

相关云计算发展调查报告显示，95%的企业认为使用云计算可以降低企业的IT成本，其中超过10%的用户成本节省在一半以上。另外，40%以上的企业表示使用云计算提升了IT运行效率，IT运维工作量减少和安全性提升的占比分别为25.8%和24.2%。可见，云计算将成为企业数字化转型的关键要素。

我国的云计算产业正处于全面高速发展的阶段，需要大量的专业人才为产业提供支撑。以《人力资源社会保障部办公厅　市场监管总局办公厅　统计局办公室关于发布人工智能工程技术人员等职业信息的通知》（人社厅发〔2019〕48号）为依据，在充分考虑科技进步、社会经济发展和产业结构变化对云计算工程技术人员专业要求的基础上，以客观反映云计算技术发展水平及其对从业人员的专业能力要求为目标，根据《云计算工程技术人员国家职业技术技能标准（2021 年版）》（以下简称《标准》）对云计算工程技术人员职业功能、工作内容、专业能力要求和相关知识要求的描述，人力资源社会保障部专业技术人员管理司联合工业和信息化部教育与考试中心，组织有关专家开展了云计算工程技术人员培训教程（以下简称教程）的编写工作，用于全国专业技术人员新职业培训。

云计算工程技术人员是从事云计算技术研究，云系统构建、部署、运维，云资源管理、应用和服务的工程技术人员。其共分为三个专业技术等级，分别为初级、中级、高级。其中，初级、中级各分为两个职业方向：云计算运维、云计算开发；高级不分职业方向。

与此相对应，教程也分为初级、中级、高级，分别对应其专业能力考核要求。初级、中级教程分别有两本，对应初级、中级的云计算运维、云计算开发两个职业方向，高级教程不分职业方向。同时，为适应读者进行理论学习的需求，本系列教程单独设置《云计算工程技术人员——云计算基础知识》，内容涵盖了《标准》中职业道德基本知识和法律法规知识要求、基础理论知识要求，以及初级、中级、高级的技术基础知识，可方便读者进行理论考试备考。

在使用本系列教程开展培训时，应当结合培训目标与受众人员的实际水平和专业方向，选用合适的教程。在云计算工程技术人员培训中涉及的基础知识是初级、中级、高级工程技术人员都需要掌握的；初级、中级云计算工程技术人员培训中，可以根据培训目标与受众人员实际，选用云计算运维、云计算开发两个职业方向培训教程的一至两本。培训考核合格后，获得相应证书。

初级教程包含《云计算工程技术人员（初级）——云计算运维》和《云计算工程技术人员（初级）——云计算开发》两本。《云计算工程技术人员（初级）——云计算运维》一书内容对应《标准》中云计算初级工程技术人员云计算运维方向应该具备的专业能力要求；《云计算工程技术人员（初级）——云计算开发》一书内容对应《标准》中云计算初级工程技术人员云计算开发职业方向应该具备的专业能力要求。

本教程适用于大学专科学历（或高等职业学校毕业）以上，具有较强的学习能力、计算能力、表达能力及分析、推理和判断能力，参加全国专业技术人员新职业培训的人员。

云计算工程技术人员需按照《标准》的职业要求参加有关课程培训，完成规定学时，取得学时证明。初级 128 标准学时，中级 160 标准学时，高级 192 标准学时。

本教程编写过程中，得到了人力资源社会保障部、工业和信息化部相关部门的正确领导，得到了一些大学、科研院所、行业龙头企业的专家学者的大力帮助和指导，同时参考了多方面的文献，吸取了许多专家学者以及行业优秀企业的研究成果，在此表示由衷感谢。

由于编者水平、经验与时间所限，本书的不足与疏漏之处在所难免，恳请广大读者批评与指正。

本书编委会